Volker Schreiber

Brücken

Computerunterstützung
beim
Entwerfen und Konstruieren

Volker Schreiber

Brücken

Computerunterstützung beim Entwerfen und Konstruieren

vieweg

D93
Volker Schreiber: Brücken – Computerunterstützung beim Entwerfen und Konstruieren.
Vollständiger Abdruck der Dissertation „Computerunterstützung beim Entwerfen und Konstruieren von Brücken", Universität Stuttgart, 1995.

Softcover reprint of the hardcover 1st edition 1996
Der Verlag Vieweg ist ein Unternehmen der Bertelsmann Fachinformation GmbH.

Gedruckt auf säurefreiem Papier

ISBN-13:978-3-322-83155-2 e-ISBN-13:978-3-322-83154-5
DOI: 10.1007/978-3-322-83154-5

Vorwort

Die vorliegende Arbeit entstand während meiner Tätigkeit am Institut für Tragwerksentwurf und –konstruktion der Universität Stuttgart. Die Arbeit an diesem Institut wird vor allem durch den Leiter, Herrn Prof. Dr.–Ing. Drs.h.c. J. Schlaich geprägt. Seine wissenschaftliche Tätigkeit ist gekennzeichnet durch die Suche nach anschaulichen Modellen zur Beschreibung des Tragverhaltens komplexer Strukturen. Ist doch das auf der Anschaulichkeit beruhende Verständnis der Zusammenhänge Voraussetzung für das innovative Entwerfen von Ingenieurbauwerken. Die große Bandbreite seines eigenen Schaffens spiegelt sich auch in der Arbeit seines Instituts wieder.

Herrn Dr.–Ing. K. Rückert gelang es während seiner Zeit am Institut, die Computermethoden für die hier entwickelte Methode der Stabwerkmodelle nutzbar zu machen und eine Basis für weitere Entwicklungen auf diesem Gebiet zu schaffen. Die gute Zusammenarbeit mit ihm war für mich der Grundstein für meine eigene computerorientierte Arbeit.

Die Fragestellung, mit der ich mich im folgenden beschäftigte, war vor diesem Hintergrund eigentlich naheliegend:

"Wie kann die Arbeit des entwerfenden Ingenieurs durch moderne Methoden erleichtert, unterstützt, ja vielleicht sogar verbessert werden ?"

Die Kreativität des Entwerfenden soll durch die Nutzung der Computermethoden gestützt keinesfalls eingeengt werden. Der entwerfende Ingenieur soll durch die Computerunterstützung verstärkt in die Lage versetzt werden, freie Tragwerksformen zu entwerfen und deren Qualität zu beurteilen. Computermethoden werden dabei als Werkzeug betrachtet; sie sollen sich der Entwurfstätigkeit unterordnen und nicht zum Selbstzweck werden. Die Beschränkung dieser Arbeit auf Brückenbauwerke lag darin begründet, daß der Ingenieur beim Entwurf der Brükken maßgebenden Einfluß auf alle entwurfsrelevanten Entscheidungen hat und auf diesem Gebiet am Institut eine außerordentliche Kompetenz vorhanden ist.

Für die wissenschaftliche Freiheit, die entscheidenden Wegweisungen zur rechten Zeit, die inhaltliche Betreuung sowie die Übernahme des Hauptberichtes bin ich Herrn Prof. Schlaich zu großem Dank verpflichtet.

Herrn Prof. Dr.–Ing. E. Ramm gilt ebenso mein großer Dank für die Übernahme des Mitberichts.

Herrn Prof. Dr.–Ing. K. Schäfer und meinen Kollegen am Institut sei an dieser Stelle noch einmal für die gute Zusammenarbeit gedankt. Hervorheben möchte ich an dieser Stelle vor allem Herrn Dr.–Ing. K.–H. Reineck, der für mich stets als kompetenter und engagierter Gesprächspartner da war und mir auch bei der Überwindung administrativer Probleme zur Seite stand. Außerdem nennen möchte ich Herrn Dipl.–Ing. L. Meese, der mich in der letzten Phase meiner Arbeit ganz wesentlich von den anfallenden alltäglichen Arbeiten am Institut entlastet hat. Bedanken möchte ich mich außerdem bei allen meinen wissenschaftlichen Hilfskräften, von denen Herr Deinhardt sicher den größten Anteil am Gelingen dieser Arbeit hat.

Zum Schluß gilt mein Dank noch einmal ganz besonders Herrn Dr. Rückert, der mich in die Welt der EDV einführte und mir den Spaß an der computerorientierten Arbeit vermittelte, sowie meiner Frau und meinen Eltern, die mich über die Jahre hinweg stets unterstützten und mir auch bei der redaktionellen Bearbeitung der Arbeit eine große Hilfe waren.

Stuttgart, Dezember 1995 Volker Schreiber

1 Einführung 1

2 Situationsanalyse 3

2.1 Der Entwurfsprozeß 4
2.1.1 Entwurfsidee 5
2.1.2 Umsetzung der Entwurfsidee in ein rechnerinternes Entwurfsmodell 5
2.1.3 Modellierung des Entwurfs 6
2.1.4 Bewertung des Entwurfs 7
2.1.5 Entscheidung über Veränderung 8
2.1.6 Veränderung des Entwurfs 9
2.2 Der Planungsprozeß im Brückenbau 10
2.2.1 Die Beteiligten 11
2.2.2 Die Planungsphasen 13
2.3 Programme – Stand der Technik 21
2.4 Schnittstellen, Datenaustauschformate 30
2.5 Hardware – Stand der Technik 33

3 Anforderungen 37

3.1 Anwendung 37
3.1.1 Formulierung des Entwurfs 38
3.1.2 Modellierung – Konsistenz 44
3.1.2.1 Statisches Modell 45
3.1.2.2 Bemessungs- und Konstruktionsmodell 46
3.1.2.3 Graphisches Modell 49
3.1.3 Darstellung von Untersuchungsergebnissen – Bewertung 50
3.1.4 Komfort – Sicherheit 50
3.2 Realisierung 51
3.2.1 Struktur 51
3.2.2 Programmierung 54
3.2.3 Datenmanagement 56

4 Konzept 58

4.1 Bauwerksbeschreibung 58
4.1.1 Die geometrische Form des linienförmigen Grundelements 62
4.1.2 Bauteilverband 69
4.1.3 Unterschiedliche Modellierungsvorschriften 71
4.1.4 Beispiel für die Integration verschiedener Modellierungsvorschriften 81
4.1.5 Wie wird die Lage eines Bauteils beschrieben? 84
4.1.6 Wie wird die Art der Verbindung festgelegt? 86
4.1.7 Zusammenfassung 90
4.2 Programmsystem 92
4.2.1 Struktur der Komponenten 96
4.2.2 Beschreibung der Einzelkomponenten 98
4.2.2.1 Entwurfsprogramm 98
4.2.2.2 Graphisches Interface 98
4.2.2.3 FE–Programm 99
4.2.2.4 CAD–Programm 100
4.2.2.5 Programme zur Unterstützung bei Bemessung und Konstruktion 100
4.2.2.6 Schnittstellen 100
4.2.2.7 Datenbanken 101
4.2.2.8 Zusatzmodule 101

5 Realisierung 103
5.1 Randbedingungen 103
5.2 Gesamtkonzept 105
5.3 CAD–Programm 106
5.3.1 3D–Struktur 107
5.3.2 Objektstruktur 109
5.3.3 Punktbezogene Achsdefinition 110
5.3.4 Elementhierarchie 112
5.3.5 Symbolverwaltung 113
5.3.6 Graphische Segmente 114
5.3.7 Programmierschnittstelle 115
5.3.8 Programmtechnische Realisierung 115
5.4 Entwurfsprogramm 117
5.4.1 Entwurf 117
5.4.2 Integration von Grundlagendaten 120
5.4.3 Graphische Modellierung 132
5.4.4 Berechnung 133
5.4.5 Konstruktion 138
5.4.6 Statische Modellierung von D–Bereichen bei räumlichen Problemen 139
5.4.6.1 Wahl einer geeigeneten statischen Modellierung 140
5.4.6.2 Modellbildung für den D–Bereich 140
5.4.6.3 Aufbringen der statischen Randbedingungen 141
5.4.7 Modellfindung für räumliche Stabwerkmodelle 149
5.4.7.1 Modellfindung mit Hauptspannungen 151
5.4.7.2 Modellfindung mit Spannungsschnitten und Resultierenden 156
5.4.7.3 Modellfindung mit Trajektorien 160
5.4.8 Auswertung 164
5.5 Programmierung 171
5.6 Datenmanagement 172

6 Beispiel 174
6.1 Entwurfsaufgabe 174
6.2 Entwurfsalternativen 176
6.3 Beurteilungsgrundlagen 177
6.4 Beschreibung des Entwurfsprozesses 188
6.4.1 Variante 1 188
6.4.2 Variante 2 188
6.4.3 Variante 3 189
6.4.4 Variante 4 189
6.4.5 Variante 5 189
6.4.6 Variante 6 190
6.5 Zusammenfassung 192

7 Zusammenfassung 194

Literatur 199

1 Einführung

Brücken sind Teil unserer gebauten Umwelt. Sie prägen das Bild der von uns geschaffenen Welt und unterliegen deshalb auch formalen Ansprüchen. Brücken werden in aller Regel von Bauingenieuren entworfen und gebaut. Entwerfen heißt dabei, ausgehend von den gegebenen Randbedingungen eine ganzheitliche Lösung für die gestellte Bauaufgabe zu finden. Verschiedene Lösungsansätze sind miteinander zu vergleichen, um die für die gestellte Aufgabe beste Lösung zu finden. Als Vergleichskriterien sind bei der Auswahl der endgültigen Lösung sowohl objektive, rationale als auch subjektive, emotionale Kriterien anzuwenden.

Der Ingenieur neigt aufgrund seiner Ausbildung dazu, objektive Kriterien in den Vordergrund zu stellen; eine Entscheidung wird dadurch im mathematisch naturwissenschaftlichen Sinne belegbar und erscheint somit als richtig. Er tut sich im allgemeinen schwer im Umgang mit freien Formen, ist in der Regel kaum geübt im räumlichen Vorstellungsvermögen und unsicher, ob seine subjektiven Eindrücke beim Betrachten eines Bauwerks auch für andere nachvollziehbar sind. Außerdem ist er sich seiner Verantwortung im Hinblick auf die Auswirkungen seines Bauwerks auf die gebaute Umwelt häufig nicht bewußt. Verursacht wird dies sicher auch durch eine Ausbildung, die zu sehr auf Fachkompetenz in Detailfragen abhebt, ganzheitliches Denken und Handeln jedoch vernachlässigt.

Ziel der vorliegenden Arbeit ist es, zu untersuchen, wie der Ingenieur beim Brückenentwurf möglichst effizient mit Mitteln der EDV unterstützt werden kann und wie damit ein Beitrag dazu geleistet werden kann, den dargestellten Mißstand zu beheben. Durch die heute zur Verfügung stehenden Mittel der EDV kann fehlendes Vorstellungsvermögen durch eine realitätsnahe Modellierung am Computer ersetzt werden. Jeder kann sich bereits in einem frühen Stadium der Planung ein Bild von der formalen Wirkung seines Entwurfs im bestehenden Umfeld machen. Er kann damit noch mehr seiner Verantwortung zur gut gestalteten Brücke gerecht werden.

Die vollständige Modellierung des Bauwerks im Computer soll dabei aber in Zukunft nicht nur der Untersuchung gestalterischer Fragestellungen dienen, sondern gleichzeitig auch die konsistente Grundlage für Untersuchungen im statisch–konstruktiven Sinne bilden, denn natürlich dürfen beim Entwurf konstruktive und ökonomische Aspekte nicht vernachlässigt werden. Auch hier gibt es ein Defizit, was den sinnvollen Einsatz der heute verfügbaren numerischen Kapazitäten anbelangt. Noch immer wird der Computer nahezu ausschließlich zum "Zeichnen" oder zum "Rechnen" eingesetzt. Die einzelnen Schritte der Bearbeitung sind unzureichend miteinander verknüpft; viele Arbeitsschritte werden im Verlauf des Planungsprozesses mehrfach wiederholt. Durch eine konsequentere EDV–Unterstützung läßt sich zum einen die Qualität der Planung verbessern und zum anderen auch die Zeit bei der Bearbeitung einsparen, die dann dem eigentlich wichtigsten Teil des Planungsprozesses – dem Entwurf – zugeführt werden sollte.

In der vorliegenden Arbeit wird zunächst der Entwurfsprozeß, wie er sich heute darstellt, analysiert. Im Anschluß daran werden diejenigen Anforderungen, die sich aus der Situationsanalyse ergeben, sowie Anforderungen, die grundsätzlich an jede integrierte EDV–Struktur zu stellen sind, dargestellt. Ausgehend vom status quo, auch im Hinblick auf Hard– und Software, wird dann ein Konzept für eine integrierte EDV–Unterstützung vorgestellt. Dieses Konzept wurde schließlich teilweise realisiert, da nur durch diese Realisierung ein wirklichkeitsnahes Konzept gewährleistet ist. Im weiteren wird der Stand der Realisierung in allen Bereichen des Programmsystems beschrieben und abschließend an einem komplexen Beispiel demonstriert.

Die Umsetzung des Konzepts sollte in der Anwendung dazu führen, daß wieder freiere Entwürfe möglich werden. Die formale Gestaltung der Brücke wird bereits zur Entwurfszeit auch für den im Zeichnen weniger geübten Ingenieur beurteilbar. Dem ökonomischen Zwang zur Konformität kann mit der konsequenten Ausnutzung der heute verfügbaren und in der Zukunft jedermann zur Verfügung stehenden numerischen Kapazitäten begegnet werden. Der Entwurfsprozeß hat von der Entwicklung in diesem Bereich kaum profitiert. Die Vorgehensweise bei der Planung und Erstellung von Tragwerken oder Bauwerken allgemein trägt dieser Entwicklung nur sehr wenig Rechnung. Vor allem im Bereich der Produktion hat sich trotz der revolutionären Entwicklung im Bereich der Computer nur wenig verändert. So wird noch heute der Entwurf oft vom gewählten oder möglichen Fertigungsverfahren diktiert. Von den Möglichkeiten der nc–gesteuerten Fertigung von Schal–, Bewehrungs–, Guß– oder Halbfertigteilen wird nahezu kein Gebrauch gemacht. Deshalb sind frei geformte Bauwerke heute unbezahlbar und damit eine Rarität; der Formenkanon wurde im Laufe der Zeit minimiert.

2 Situationsanalyse

Ausgehend vom heutigen Zustand in der Brückenplanung soll ein Konzept für die wirksame und zielgerichtete Unterstützung der Planer beim Brückenentwurf und der daran anschließenden weiteren Durcharbeitung des Brückenbauwerks entwickelt werden. Dieses Konzept muß sich – um realisierbar zu sein – an die heutigen Gegebenheiten anlehnen. Es muß Rücksicht nehmen auf die in der Brückenplanung vorhandenen und teilweise ja auch bewährten Strukturen. Die vielfältigen Vorgehensweisen verschiedener Ingenieure bei verschiedenen Aufgaben kann nicht vereinheitlicht werden; für jedes Problem kann eine andere Vorgehensweise erforderlich sein. Dies muß auch in der Konzeption einer effizienten EDV–Unterstützung erkennbar sein.

Die Entwicklung von Programmen – soweit sie für die Umsetzung des Konzepts in ein Programmsystem notwendig wird – findet dabei nicht von null an statt, sondern muß sich ebenso an Vorhandenem und Zukünftigem orientieren. Eine Einbindung vorhandener eigener Bausteine muß ebenso überprüft werden, wie die Anbindung kommerzieller Software über geeignete Schnittstellen.

Die Situationsanalyse umfaßt folgende Teilaspekte:

- *Entwurfsprozeß*
  Der eigentliche Vorgang des Entwerfens soll analysiert und dabei vor allem im Hinblick auf eine mögliche EDV–Unterstützung untersucht werden.
- *Die Planung von Brückenbauwerken*
  Der gesamte Planungsprozeß wird dargestellt; die am Planungsprozeß beteiligten Personen oder Institutionen werden mit ihren Aufgenbereichen beschrieben. Der Informationsfluß während der gesamten Bearbeitungsphase wird untersucht und dargestellt.
- *Programmsysteme – Stand der Technik*
  Der Einsatz der EDV ist im Ingenieuralltag nicht mehr wegzudenken. Obwohl der Computer für den Ingenieur ein unerläßliches Hilfsmittel geworden ist, kann der Einsatz des Computers und der Stand der zur Zeit angebotenen Software kaum befriedigen. Der heutige Stand der möglichen Programmunterstützung soll über den gesamten Planungsprozeß hinweg beschrieben werden.
- *Computer – Hardware*
  Ein Überblick über die bereits vorhandene und in Zukunft jedermann zur Verfügung stehende Hardware ist eine weitere Voraussetzung für die Entwicklung des Softwarekonzepts.

2.1 Der Entwurfsprozeß

Der Entwurfsprozeß ist Teil des gesamten Planungsprozesses. Die Einbettung des Entwurfsprozesses in den übergeordneten Planungsprozeß wird später verdeutlicht. Hier liegt das Augenmerk zunächst darauf, die Charakteristik des "Entwerfens" im Hinblick auf eine mögliche Computerunterstützung zu beschreiben und eine Aufteilung des gesamten Prozesses in Teilschritte vorzunehmen, soweit dies möglich ist.

Der für die vorliegende Arbeit zentrale Begriff des Entwerfens oder des Entwurfsprozesses soll dazu zunächst definiert werden. Unter Entwerfen wird hier der gesamte Prozeß verstanden, der vom Entwerfenden durchlaufen werden muß, bis das Bauwerk, von später auszuarbeitenden Details einmal abgesehen, in seiner Form feststeht. Dazu gehört der rein kreative Teil, im weiteren mit "Entwurfsidee" bezeichnet, ebenso wie die kritische Betrachtung dieser Idee, im folgenden "Bewertung" genannt.

Für die Bewertung einer Entwurfsidee für eine Brücke sind viele verschiedene Kriterien zu untersuchen. Die Untersuchung nach jedem Kriterium erfordert die Abbildung des Bauwerks auf ein entsprechendes Modell (z.B. statisches Modell für Tragfähigkeitsuntersuchung). Der Entwurf wird nach den einzelnen Kriterien bewertet, die Einzelbewertungen werden anschließend zu einer Gesamtbeurteilung des Bauwerks zusammengefaßt.

Für die vorliegende Arbeit ist entscheidend, daß es mehrere unterschiedliche Bewertungsvorgänge zur Gesamtbeurteilung eines Bauwerks gibt, die parallel stattfinden und die jeder für sich oder alle gemeinsam zu der Veränderung der zunächst gedachten Entwurfsidee führen können. Der Entwurfsprozeß stellt also insgesamt einen intuitiven, zielgerichteten, iterativen Vorgang dar. Er kann in fünf Phasen unterteilt werden:

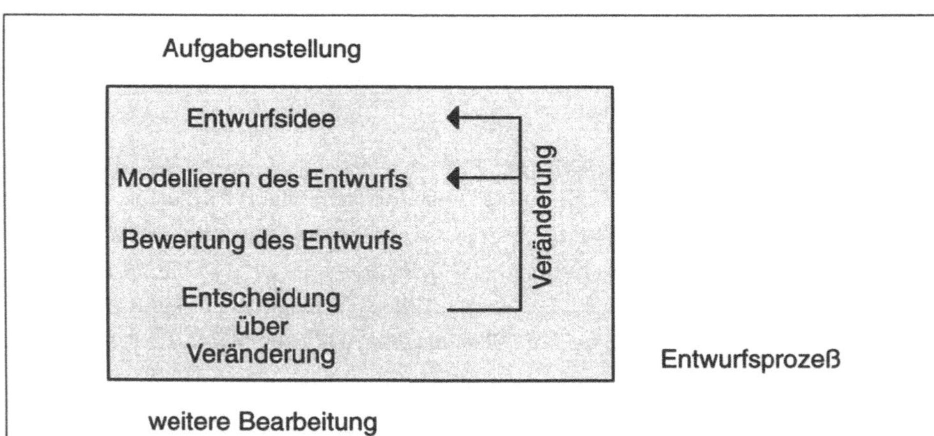

Bild 1 Phasen der Entwurfsbearbeitung

2.1.1 Entwurfsidee

Die Entwicklung einer Idee ist meist ein absolut subjektiver Vorgang, der alleine von der Phantasie, der Erfahrung und der Kreativität des entwerfenden Ingenieurs abhängt und somit nicht direkt vom Rechner unterstützt werden kann. Allein die Subjektivität in dieser Phase führt zu der gewünschten Vielfalt bei identischer Aufgabenstellung. Demgegenüber sind die weiteren Vorgänge zum Teil rational und damit einer Computerunterstützung zugänglich. Sie sollen im weiteren etwas genauer beschrieben und im Hinblick auf eine rechnerische Unterstützung untersucht werden.

2.1.2 Umsetzung der Entwurfsidee in ein rechnerinternes Entwurfsmodell

Bevor die Unterstützung des Entwerfers durch den Computer beginnen kann, muß der Entwerfer zunächst dem Computer seine Vorstellung vom gedachten Entwurf mitteilen; er muß sich dazu einer dem Computer verständlichen Sprache bedienen.

Die Schwierigkeit besteht hier vor allem in der Kommunikation zwischen dem Entwerfer und seinem Werkzeug. Das gedankliche Modell besteht in der Regel nur vage; für die einzelnen Teile liegt zwar vielleicht eine grobe Handskizze jedoch keine mathematische Formulierung vor. Die "Entwurfssprache", derer sich ein Entwerfer bedient (z.B. gestreckter Bogen, anziehender Stützenquerschnitt, markanter Pylon usw.), um seinen Entwurf darzustellen, ist zunächst für den Computer nicht verständlich. Die Forderung an eine effiziente Unterstützung des Entwerfers durch den Computer lautet für diesen Bearbeitungsschritt deshalb:

- Die Schnittstelle zwischen Entwerfer und Computer muß zwar für den Computer eindeutige Prozeduren hervorrufen, soll aber auch für den Entwerfer anwendbar bleiben. Dies wird beispielsweise dadurch erreicht, daß Bauteilnamen wie Bogen, Stütze oder auch Pylon beim Dialog Rechner/Anwender benutzt werden.
- Eine Form, die nicht direkt beschrieben werden kann, wird über mehrere Iterationen hinweg gefunden. Für die Veränderung von geometrischen Formen müssen "bildliche" Funktionen zur Verfügung gestellt werden. So kann beispielsweise zunächst ein kreisförmiger Bogen erzeugt werden, der dann im Anschluß daran mehr und mehr verzerrt wird.
- Eine allmähliche Ausarbeitung von Formen muß unterstützt werden. Allgemein erfolgt der Entwurf immer "vom Groben ins Feine". Diese Vorgehensweise muß auch vom Rechner unterstützt werden. So kann bspw. für eine Bogenform zunächst der Einfachheit halber eine parabolische Form und ein rechteckiger konstanter Querschnitt gewählt werden. Die Lage der Pfeiler zwischen Bogen und aufgeständerter Fahrbahn wird aufgrund dieser Annahme

festgelegt. Bei späteren Überarbeitungen wird dann sowohl von der Bogen– wie auch von der Querschnittsform abgewichen. Dies darf jedoch keine Neudefinition der Pfeilerlage nach sich ziehen.

2.1.3 Modellierung des Entwurfs

Die Bewertung einer getroffenen Entscheidungen erfolgt während des gesamten Planungsprozesses. Ist die Bewertung unzureichend oder werden von anderen Varianten bessere Bewertungen erwartet, so führt dies zunächst zur Untersuchung anderer Varianten und im Anschluß daran eventuell zu einer Änderung des Planungsstandes. Wie bereits oben erwähnt, gibt es für die Bewertung sowohl subjektive wie auch objektive Kriterien. In allen Fällen kann die Bewertung des Entwurfs nur erfolgen, wenn eine entsprechend ausführliche Ausformulierung sprich Modellierung des Entwurfs in Bezug auf das zu untersuchende Kriterium existiert.

Wichtig ist, daß die Ausformulierung in ihrer Genauigkeit an den Stand des Entwurfs angepaßt wird. Es hat keinen Sinn, bereits in einem sehr frühen Stadium eines Entwurfs nichtlineare FE–Berechnungen für den exakten Nachweis der Tragfähigkeit durchzuführen, obwohl die geometrischen Abmessungen noch gar nicht endgültig festliegen. Die Modellierung sollte demnach möglichst automatisch und damit schnell, andererseits jedoch stufenweise in der Genauigkeit anpaßbar sein. In Bild 2 wird dies noch anhand einer kleinen Skizze erläutert.

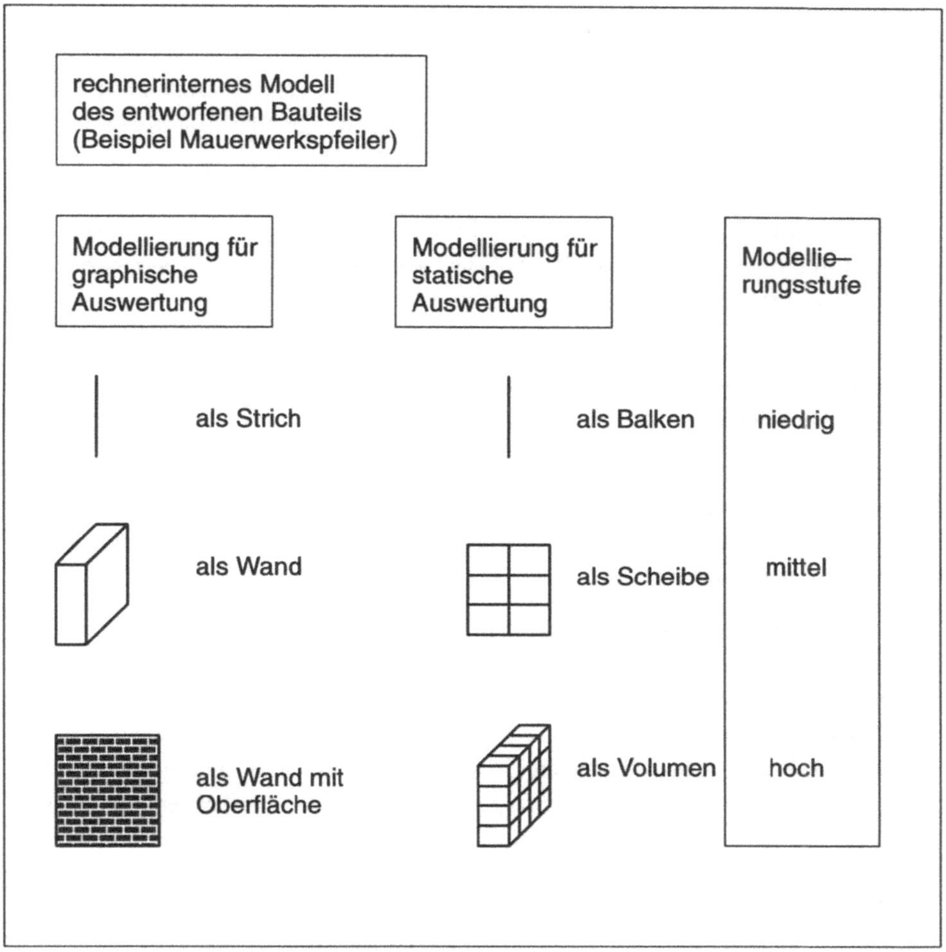

Bild 2 Unterschiedliche Modellierung eines Bauteils

2.1.4 Bewertung des Entwurfs

Die Bewertung der Eigenschaften einer Brücke geschieht heute in aller Regel auf subjektive Weise. Die Wichtung konkurrierender Kriterien erfolgt je nach Vorliebe des Beurteilenden. Die Entscheidungsprozesse, die letztendlich zum Bau einer Brücke führen, sind somit nicht immer nachvollziehbar; die Reduktion auf rein ökonomische, weil leicht rechnerisch erfaßbare, Bewertungen eines Bauwerks sind die Folge. Um diesen Mißstand zu beenden, beschäftigt sich eine "Forschergruppe Ingenieurbauten " (FOGIB, 1994) seit längerem mit der Frage, wie die Qualität einer Brücke in einem ganzheitlichen Sinne definiert werden kann. Die Bewertung einer Brücke soll möglichst objektiviert werden, um den gesamten komplexen Entscheidungsablauf, der zur Wahl einer Brücke führt, nachvollziehbar zu machen. Dazu werden zunächst alle Qualitätskriterien eines Brückenbauwerks benannt, die Beurteilung eines Bauwerks nach diesen einzelnen Kriterien nach bestimmten Vorgaben wird untersucht, und schließlich soll die Bewertung des gesamten Bauwerks nach einer zu definierenden Wichtung der verschiedenen Teilaspekte vorgenommen werden. Dabei zeigt sich, daß immer eine subjektive Bewertung in Teilbereichen bleibt, was natürlich auch so erwünscht ist. Dies gilt zum Beispiel bei der Beurteilung der formalen Wirkung eines Bauwerks oder auch der Gewichtung konkurrierender Kriterien (Masse gegen Lärmschutz, Ökonomie versus Ökologie).

Die Bewertung eines Entwurfs erfolgt zum Teil durch einfache Inaugenscheinnahme des Entwurfs in seiner späteren Umgebung zum andern aber auch durch umfangreiche numerische Untersuchungen.

Bei der Bewertung durch die bloße Inaugenscheinnahme wird der Entwerfende durch den Rechner dadurch unterstützt, daß ein zu besichtigendes graphisches Modell in ausreichender Realitätsnähe zur Verfügung gestellt werden kann; die eigentliche Bewertung erfolgt dann durch den Entwerfer selbst.

Bei dem Teil der Bewertung, der durch eine numerische Auswertung des Entwurfs erfolgt, kann dies weitgehend vom Rechner selbst vorgenommen werden. Er muß lediglich über die modellierungsrelevanten Daten für die entsprechende Untersuchung verfügen. Als Beispiel hierfür kann die Berechnung von Materialvolumina gelten, die nur dann zu einer sinnvollen Kostenschätzung führen kann, wenn die geometrischen Abmessungen in etwa korrekt und die für die Materialkosten eingegebenen Werte für das Bauwerk zutreffend sind. Eine Kontrolle ist nur dann möglich, wenn dabei das graphische Modell (auf dem Bildschirm oder Plan sichtbar) auch wirklich mit dem für die Volumenberechnung benutzten Modell übereinstimmt. Dies gilt automatisch dann, wenn es nur ein Grundmodell gibt, aus dem die anderen Modellierungen jeweils direkt abgeleitet sind.

Hieraus folgt eine der wesentlichsten Anforderungen an eine sichere und gute Computerunterstützung in der Planung.

"Das rechnerinterne Modell muß eindeutig sein; Veränderungen des Modells müssen sich automatisch auf alle abgeleiteten Modellierungen auswirken".

2.1.5 Entscheidung über Veränderung

Die Entscheidung über die Veränderung oder die Untersuchung einer Variante liegt im allgemeinen beim Entwerfenden und kann kaum automatisiert werden. Die Bewertungen anhand konkurrierender Kriterien, die einzeln in den vorangegangenen Untersuchungen vorgenommen wurden, müssen nun zu einer Entscheidung über die Veränderung des Systems führen. Zwei Möglichkeiten zur rechnerischen Unterstützung sind denkbar:

- Die Wichtung verschiedener Kriterien wird explizit festgelegt. Die Gesamtbewertung erfolgt nach einem mathematischen Modell. Der Entscheidungsweg ist somit transparent und für Dritte nachvollziehbar.
- Numerische Untersuchungen führen automatisch zu einem Veränderungsvorschlag, wie dies bspw. bei rechnerischen Optimierungen gegeben ist. Auf diesem Wege kann das Bauwerksverhalten bezüglich eines zu definierenden Kriteriums iterativ und automatisch optimiert werden. Ein vollständig automatisierter und optimierter Entwurf von Bauwerken ist jedoch nicht denkbar und nicht wünschenswert.

2.1.6 Veränderung des Entwurfs

Veränderungen des Entwurfs sind über die gesamte Planungszeit vorzunehmen. Entscheidend für die Anzahl der Veränderungen ist auch die Arbeit, die bei jeder Veränderung des Entwurfs anfällt. Je weniger Aufwand durch eine Veränderung hervorgerufen wird, desto wahrscheinlicher wird diese Veränderung vorgenommen. Je einfacher Varianten des Entwurfs untersucht werden können, desto eher wird der Vergleich verschiedener Systeme angestellt. Ein limitierender Faktor ist dabei sicher auch die zur Verfügung stehende Planungszeit, die häufig die Untersuchung einer weiteren Variante verhindert, obwohl der Entwurf noch nicht "fertig" ist.

Die Unterstützung durch den Computer muß hier also so strukturiert sein, daß die Untersuchung von Varianten schnell und mit möglichst wenig Aufwand möglich ist. Dadurch wird es dem entwerfenden Ingenieur ermöglicht, seine Entscheidungen auf eine breitere Basis zu stellen.

Durch die vermehrte Untersuchung verschiedener Tragwerksvarianten wird der konstruktive Ingenieur ebenso in seinem Wissen über das Tragverhalten geschult, wie er durch das Darstellen verschiedener Bauwerksformen in der Beurteilung der formalen Aussagekraft eines Bauwerks immer sicherer wird.

2.2 Der Planungsprozeß im Brückenbau

Im folgenden soll der gesamte Planungsprozeß im Brückenbau, wie er sich heute darstellt, beschrieben werden. Der Planungsprozeß kann dazu in verschiedene Bearbeitungsschritte gegliedert werden; in Bild 3 ist er in Anlehnung an die HOAI dargestellt.

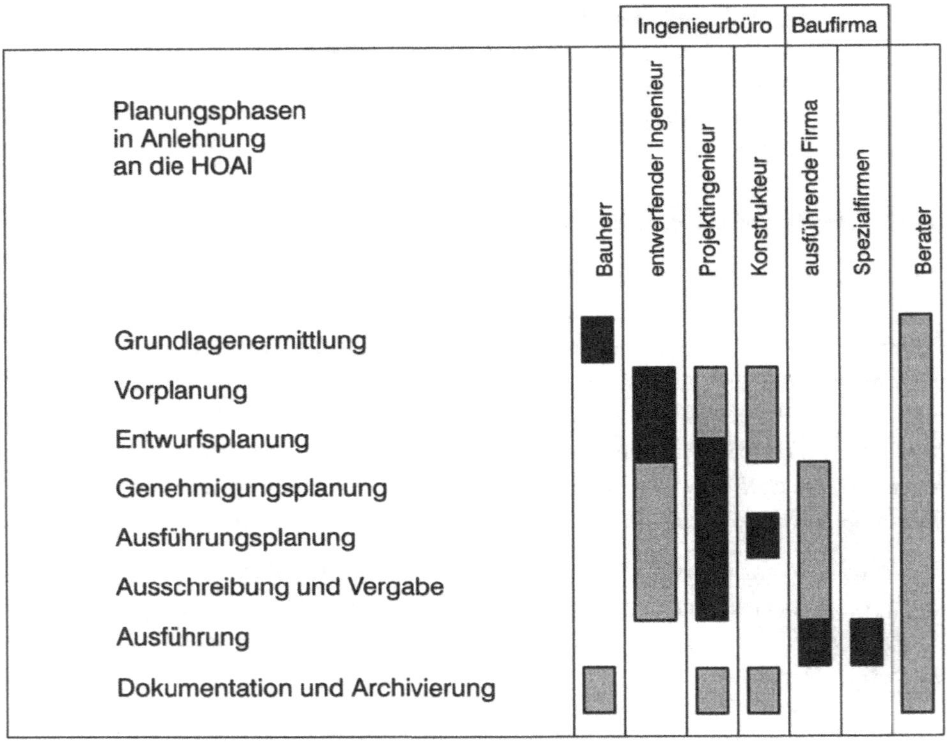

Bild 3 Planungsprozeß und Beteiligte

Wichtig für unsere Untersuchung sind jedoch nicht nur die einzelnen Bearbeitungsschritte sondern auch die Frage, von wem die einzelnen Leistungen erbracht werden.

Denn eine konsequente Unterstützung der Planung durch EDV kann sich ja nicht auf einen Bearbeiter beschränken, sondern muß über verschiedene Bearbeiter hinweg funktionieren. Dazu müssen die gegebenen Schnittstellen im Planungsprozeß aufgespürt und im Datenflußkonzept entsprechend berücksichtigt oder abgebildet werden.

Bild 3 verdeutlicht, daß am gesamten Planungsprozeß viele Firmen und in diesen Firmen wiederum mehrere Personen beteiligt sind. Die Bearbeitung der Planungsaufgabe läuft dabei zum Teil parallel ab. Unterschiedliche Firmenstrukturen erfordern ebenso wie unterschiedliche Bauaufgaben und Randbedingungen verschiedene Aufgabenverteilungen.

2.2.1 Die Beteiligten

Im folgenden sollen die am Planungsprozeß beteiligten Personen oder Institutionen kurz mit ihren Tätigkeitsfeldern vorgestellt werden.

Der Bauherr

Der Bauherr bei Brückenbauwerken ist in der Regel eine Körperschaft des öffentlichen Rechtes (Bund, Länder, Kommunen etc.). Er delegiert seine bauherrschaftlichen Kompetenzen und Verpflichtungen an besonders dafür geschaffene Einrichtungen (z.B. Tiefbauämter).

Dort herrscht oftmals die Sorge vor, jede getroffene Entscheidung vor amtsinternen Kontrollinstanzen (Innenrevision, Rechnungshof) oder auch in der Öffentlichkeit vertreten zu müssen. Demgegenüber tritt die Motivation, für eine ganzheitliche Qualität des zu planenden Bauwerks einzutreten, die zudem schwer zu belegen ist, häufig in den Hintergrund. Die Folge davon ist, daß bereits durchgeführte Planungen, die bereits geprüft und zumindest nicht für schlecht befunden wurden, ständig bei anderen Randbedingungen wiederholt werden. Standardentwürfe sind deshalb bei der Mehrzahl der neuen Brückenbauten die Regel. Die Bewertung von Bauwerken findet fast ausschließlich anhand einfacher Kostenüberlegungen statt.

Eine Veränderung dieses Zustands ist vielleicht damit zu erreichen, daß die Bewertungsstruktur für die Qualität von Ingenieurbauwerken auf eine breitere Basis gestellt wird, und diese Bewertungsstruktur für die öffentlichen Bauherren bindend wird. In jedem Falle muß der Bewertungsvorgang transparent und für andere nachvollziehbar sein (s.hierzu auch FOGIB, 1994).

Im Rahmen dieser Arbeit wird zunächst ein anderer Ansatz verfolgt. Es wird dabei versucht, durch eine bessere Hilfestellung bei der Ausarbeitung der Vorentwürfe andere Entscheidungen als die Planung einer Standardbrücke zu erleichtern.

Der entwerfende Ingenieur

Der entwerfende Ingenieur verfügt über genügend Berufserfahrung, um ausgehend von den Randbedingungen des Entwurfs technisch machbare Lösungen zu finden, oder auch konstruktiv bzw. ökonomisch unsinnige Lösungen auszuschließen. Er wird seine Vorstellungen üblicherweise in groben Skizzen darlegen und sie seinen Mitarbeitern zur weiteren Ausformulierung übergeben.

Der Projektingenieur

Er bearbeitet das Bauwerk in konstruktiver aber vor allem auch in statischer Hinsicht. Er wird früh für die Aufstellung überschlägiger Berechnungen hinzugezogen. Im weiteren

Verlauf ist er für sämtliche Berechnungen, für die Betreuung des Konstrukteurs und die abschließende Ausschreibung und Vergabe der Aufträge zuständig.

Der Konstrukteur

Er arbeitet heute meistens mit einem CAD–Programm und ist somit auch in der frühen Vorentwurfsphase zuständig für eine anschauliche zeichnerische Darstellung des Entwurfs. Er kennt sich am besten mit dem Umgang des CAD–Programms aus und ist deshalb auch prädestiniert für eine 3D–CAD–Modellierung. Im weiteren Verlauf werden vom Konstrukteur relativ selbständig Ausführungszeichnungen erstellt.

Ausführende Firma

Die für den Bau der Brücke zuständige Firma wird oft bereits in der Ausführungsplanung mit der weiteren Bearbeitung des Bauwerks beauftragt. Dazu erhält sie alle notwendigen Informationen aus dem Planungsbüro bzw. direkt vom Bauherren. Diese Informationsweitergabe erfolgt in der Regel in Form von gezeichneten Plänen. Für weitere Berechnungen oder Zeichnungen, die in der Firma erforderlich werden, stehen normalerweise keine Daten auf Rechnerbasis zur Verfügung. Während sich der Austausch von CAD–Daten im Hochbau zwischen den verschiedenen Fachplanern (Bauingenieur, Architekt, HLS–Planer, Elektroingenieur etc.) mehr und mehr etabliert, sind die Baufirmen von diesem Prozeß noch weitestgehend ausgeschlossen, obwohl sich gerade hier in der Zukunft viel ändern wird und muß. Die computerunterstützte Fertigung wird auch in der Bauindustrie Einzug halten; die dafür notwendigen Daten werden heute aber üblicherweise nicht in der Baufirma selbst sondern in den Planungsbüros aufgestellt.

Während heute der CAD–Datenaustausch im wesentlichen das Pausen und Verschicken von Plänen ersetzt (es werden in der Regel 2D–DXF–Daten ausgetauscht), muß in der Zukunft ein Austausch von räumlichen Bauwerksdaten erfolgen. Ein quasi Standard, wie er im Falle 2D durch DXF definiert ist, fehlt heute noch im Bereich des 3D–Daten–austauschs; es sind aber auf allen Ebenen Bestrebungen in dieser Richtung im Gange.

Spezialfirma

Die Ausführung von Spezialbauteilen wird oft schon vom Planer an entsprechend kompetente Firmen direkt vergeben. Als Beispiel hierfür sei eine Firma genannt, die die Fertigung von Stahlgußteilen übernimmt. Für diese Gußteile müssen zunächst Leerformen hergestellt werden, die anschließend ausgegossen werden. Dies ist eine klassische Aufgabenstellung aus dem Bereich der nc–Fertigung. Wenn der Planer das Detail bereits räumlich im Rechner modelliert, muß anschließend dieses Modell nur noch in nc–Steuerbefehle umgerechnet werden, um die Leerform automatisch herstellen zu können.

Wäre die Planung dieser Details und die Ausführung in einer Hand (also bei der Firma), würden bereits heute sämtliche Teile in dieser Art und Weise hergestellt. Da aber die Planung im Büro erfolgt, und das Büro nicht für Vorarbeiten im Bezug auf die Fertigung honoriert wird, behilft man sich mit zwar eindeutigen aber dennoch nicht direkt umsetzbaren 2D–Zeichnungen.

Berater

Sonderberater werden während der gesamten Planungszeit an der Bearbeitung beteiligt. Sie beraten den Planer bzw. die ausführende Firma in speziellen Fragestellungen. Der in der Vorentwurfsphase hinzugezogene Architekt wird bspw. zur formalen Gestaltung des Bauwerks befragt, der Bauphysiker zu den zu erwartenden Lärmemissionen einer gewählten Konstruktion. Allen Beratern ist gleich, daß sie die Beratung aufgrund von speziell für sie wichtigen Informationen vornehmen. Soll die Beratung effizient sein, müssen diese Informationen schnell aus den bereits angesammelten Datenbeständen extrahiert und dem Berater zur Verfügung gestellt werden können.

Im folgenden sollen die Inhalte der verschiedenen Planungsschritte näher erläutert und im Hinblick auf ihre datenmäßige Verknüpfung hin untersucht werden.

2.2.2 Die Planungsphasen

Grundlagenermittlung

In der Grundlagenermittlung werden im Auftrag des Bauherrn die grundlegenden Randbedingungen für den Bau der Brücke erfaßt. Dazu zählen bspw. die Vermessungsdaten, der Aufbau der Bodenschichtung, die Definition freizuhaltender Lichtraumprofile und die Lärmschutzanforderungen an die zu bauende Brücke. Für die angegebenen vier Beispiele soll im weiteren dargelegt werden, ob und in welcher Form diese Ausgangsdaten bereits heute auf elektronischer Basis vorliegen, und inwieweit sie in einem EDV–unterstützten Planungsprozeß zu berücksichtigen sind.

Einen wichtigen Bestandteil der Grundlagenermitllung stellt die kartographische Erfassung des Geländes dar, in dem die Brücke gebaut werden soll. Die Vermessungsdaten werden heute in der Regel bereits auf elektronischem Wege erfaßt und einer weiteren Auswertung durch den Vermesser zur Verfügung gestellt. Er erstellt anhand dieser naturgemäß räumlichen Daten anschauliche, ebene Darstellungen in Form von Höhenlinienplänen. Für die computerunterstützte Modellierung eines Bauwerks ist jedoch auch die räumliche Modellierung des umgebenden Geländes notwendig, denn nur dann kann die formale Wirkung der Brücke in ihrer Umgebung abgeschätzt werden, und nur dann kann die Richtigkeit der gewählten geometrischen Abmessungen auf einen Blick kontrolliert werden. Für das zu konzipierende Werkzeug sollte es demnach möglich sein, die Vermessungsdaten direkt zu übernehmen, und sie in ein anschauliches Geländemodell zu übersetzen. Diese Datenschnittstelle verringert den Modellierungsaufwand entscheidend.

Die Erfassung der Bodenkennwerte bzw. die Ermittlung der Bodenschichtung im Bereich des Brückenbauwerks erfolgt durch ein beauftragtes Spezialunternehmen bzw. einen Bodengutachter/Geologen. Das Ergebnis dieser Untersuchungen sind die Informationen über Lage und Beschaffenheit der anstehenden Schichten. Diese Informationen werden sehr oft über die technische Machbarkeit bestimmter Tragwerkslösungen entscheiden. Sie sind mit entscheidend bei der Auswahl des Brückengrundtypus. Im weiteren Verlauf werden sie benötigt, um die Gründung des Bauwerks zu entwerfen und um eventuell auftretende Setzungen am Bauwerk abschätzen zu können. Sowohl der Entwurf der Gründung wie auch die Berechnung von Setzungen erfordern eine numerische Bearbeitung der vorliegenden Bodenkennwerte. Für verschiedene Anwendungen müssen diese Daten immer wieder für andere Programme aufbereitet und eingelesen werden. Dies führt zu einem erheblichen Zeitaufwand und zu einer zusätzlichen Fehlerquelle. Würde die Bodenschichtung von vorneherein auf EDV–Basis erfaßt, dann wäre zum einen die Visualisierung der gegeben Daten und damit eine einfache graphische Kontrolle möglich, zum andern aber auch die fehlerfreie Berücksichtigung der Bodendaten z.B. bei der Kontrolle zulässiger Bodenpressungen oder der Bestimmung erforderlicher Pfahlabmessungen.

Die Ermittlung und Darstellung der freizuhaltenden Lichtraumprofile oder auch der nicht nutzbaren Gründungsbereiche (Leitungen, Kanäle etc.) erfolgt üblicherweise durch den Bauherrn. Sie ergeben sich aus Standardstraßen– oder Wegeprofilen oder auch aus den archivierten Informationen über unsichtbar verlegte Infrastrukturkomponenten. Eine Berücksichtigung und spätere Kontrolle der Einhaltung dieser Vorgaben erfolgt in aller Regel anhand einer zeichnerischen Darstellung. Dies funktioniert bei einfachen geradlinigen Störbereichen auch ohne weiteres. Bei räumlich komplizierteren Konstellationen ist eine Kontrolle über die Einhaltung der verschiedenen freizuhaltenden Profile nicht mehr einfach anhand von Schnittzeichnungen zu gewährleisten. Eine vollständige Volumenmodellierung aller Bauwerkskörper sowie der freizuhaltenden Profile im 3D–CAD–Programm ermöglicht eine schnelle Aussage über die Einhaltung der freizuhaltenden Profile. Volumenorientierte 3D–CAD–Programme besitzen in der Regel Funktionen für Bool'sche Operationen an beliebigen Körpern. Durch Verschneiden des Bauwerks mit den Profilen kann eine eventuell vorhandene Störstelle schnell entdeckt werden.

Als letztes Beispiel seien die Anforderungen des Bauherrn an das Bauwerk hinsichtlich des Lärmschutzes genannt. Für die Wirksamkeit schalldämmender Konstruktionen werden heute schon oft numerische Simulationen der gewählten Schallschutzkonstruktion sowie der anfallenden Lärmentwicklung vorgenommen. Diese Simulationsprogramme benötigen Informationen über die Geometrie und die Beschaffenheit des Bauwerks. Sie werden von entsprechend dafür ausgebildeten Fachingenieuren angewandt und können kaum in ein umfassendes Werkzeug für den Brückenplaner integriert werden. Vielmehr ist hier die Offenheit des Systems nach außen gefordert. Es sollte ohne große Mühe möglich sein, auf den zentralen Datenbestand des Entwurfmodells zugreifen zu können und bestimmte Informationen in entsprechendem Format weiterzugeben.

Vorplanung

In der Vorplanung werden grundlegende Alternativen geprüft und anhand der gewonnenen Erkenntnisse die grundsätzlichen Entscheidungen im Bezug auf den Tragwerkstyp und die verwendeten Materialien getroffen. Die geometrischen Abmessungen werden grob geschätzt; die Tragfähigkeit der wesentlichen Bauteile wird nachgewiesen. Der Ausarbeitungsgrad der Vorplanungsunterlagen entspricht den bei einem Entwurfswettbewerb abzugebenden Unterlagen.

Die Wettbewerbsunterlagen unterscheiden sich jedoch insofern, als daß hier die Entwurfsgedanken schriftlich niederzulegen sind und zusätzlich ein aufwendiges Modell der Brücke gebaut wird. Beides findet bei üblichen Vorplanungen nicht statt; beides würde aber die übliche Planung einer Brücke eher befördern. Denn zum einen erfordert die schriftliche Formulierung der Entwurfsgedanken auch eine intensive Auseinandersetzung der gewählten Lösung mit den speziellen Randbedingungen der Brücke; es muß nachvollziehbar gemacht werden, warum gerade diese Lösung für die gestellte Aufgabe angemessen scheint. Zum andern verdeutlicht der Bau eines guten Modells auch dem "entwerferischen Laien" die Wirkung des Bauwerks in seiner Umgebung auf die Menschen, die mit diesem Bauwerk später konfrontiert sind oder es benutzen. Die Ausarbeitung dieser Entwurfsvorstellung sollte demnach bei jedem Bauwerk vom Bauherren gefordert werden. Er selbst ist dann mit in der Verantwortung für eine gut gestaltete Umwelt. Auf weitere Sicht wird der Bau von Modellen sicher mehr und mehr durch die Computersimulation ersetzt. Schon heute reichen die Möglichkeiten von realitätsnaher Darstellung des Bauwerks (Raytracing) über die Bildverarbeitung (entsprechend einer Fotomontage) bis hin zur Bewegung im und um das Bauwerk (virtual reality).

Die eigentliche Vorplanung erfordert wie erwähnt die Prüfung verschiedener Entwurfsalternativen. Hier findet der eigentliche Entwurf statt. Die Beschreibung dieses Vorgangs und seine Bedeutung für die Entwicklung eines Werkzeuges zur EDV–Unterstützung des Brückenplaners erfolgte bereits im vorangegangenen Kapitel. Dieser Teil der Planung ist für die Qualität des Bauwerks, die durch eine weitere Ausarbeitung des Vorentwurfs erreicht werden kann, von entscheidender Bedeutung. Hier wird häufig der Grundstein für viele, im weiteren Planungsprozeß dann mühsam zu lösende Probleme, gelegt.

Leider werden die Überlegungen und Untersuchungen, die in dieser Phase stattfinden, nur selten dokumentiert. Wie umfangreich die Überlegungen in dieser Phase bereits sein können, dokumentiert bspw. Schlaich (1991) in seinem Aufsatz "Der Entwurf der Talbrücke Obere Argen".

Entwurfsplanung

Hier wird die endgültige Lösung der Planungsaufgabe erarbeitet. Die geometrischen Abmessungen werden anhand ausreichend genauer statischer Untersuchungen festgelegt. Im wesentlichen wird der aus der Vorplanung stammende Entwurf weiter ausgearbeitet. Es gilt die Vorgehensweise "vom Groben ins Feine". Dabei muß die Ausarbeitung bestimmter Bauteile auch dann Bestand haben, wenn sich aufgrund genauerer Untersuchungen die Eingangsgrößen des Bauwerks noch einmal ändern. Für die "Planung von Hand" ist dies selbstverständlich, für die Entwicklung eines EDV–Werkzeuges muß dies als Forderung gelten. Ein einfaches Beispiel soll den geschilderten Sachverhalt erläutern:

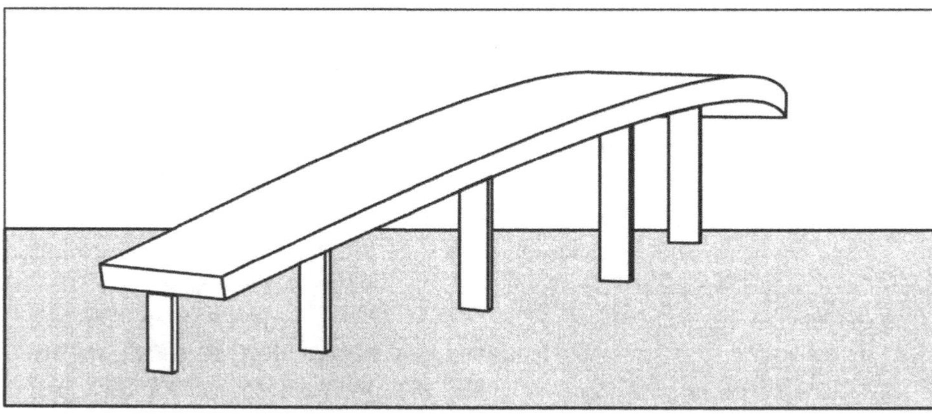

Bild 4a Ausschnitt des Brückenüberbaus mit vorab gewähltem Querschnitt

Die Gradiente der Brücke liegt fest. In einem ersten Schritt wird die Art der Stützung des durchlaufenden Trägers gewählt, wobei seine genauen Abmessungen nicht bekannt sind. Es wird zunächst eine einfache Plattenbrücke mit einem Rechteckquerschnitt angenommen.

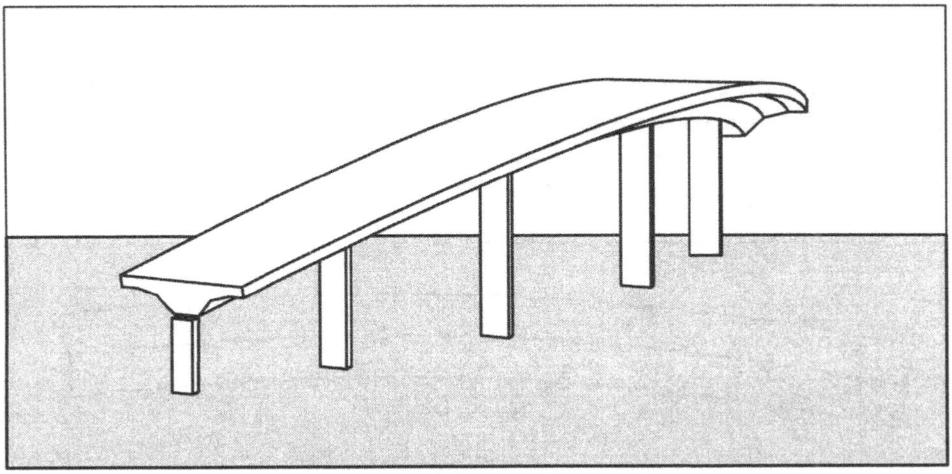

Bild 4b Ausschnitt des Brückenüberbaus mit verändertem Querschnitt

Im weiteren Verlauf der Bearbeitung wird der Querschnitt ausgearbeitet. Dies hat direkte Auswirkungen auf die Höhe der Stützen, da der neue Querschnitt über der Stütze mehr Höhe aufweist. Die weitere Ausarbeitung eines Bauteils hat hier also Folgen für Bauteile, deren Geometrie von der Form des veränderten Bauteils abhängt. Soll dieser Effekt vom Entwurfsprogramm automatisch berücksichtigt werden können, bedarf es einer hierarchischen Struktur der zu definierenden Komponenten.

Ein ganz anderer Fall liegt im nächsten Beispiel vor. Gezeigt wird wieder der gleiche Brückenausschnitt, jedoch im Grundriß. In Bild 5a wird zunächst der Zustand gezeigt, wie er sich nach Ausarbeitung des Querschnitts des Trägers und Wahl der Stützung ergeben hat.

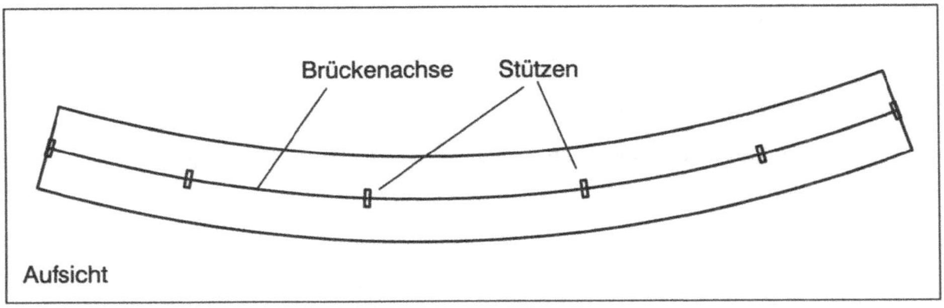

Bild 5a Brückenausschnitt mit zunächst geplanter Trasse in der Aufsicht

Die Veränderung tritt nun nicht in Form einer weiteren Ausarbeitung der einzelnen Komponenten auf, sondern vielmehr in Form einer Veränderung der Eingangsdaten. Die Trasse muß im gezeigten Beispiel aufgrund zusätzlicher Untersuchungen in dieser Planungsphase noch einmal geändert werden. Eine solche Änderung sollte vom Entwurfswerkzeug mit möglichst wenig Aufwand, was die Beschreibung der einzelnen Bauteile angeht, vollzogen werden können. Die Einteilung der Brückenlängsachse in 5 Felder sowie die Ausrichtung der rechteckförmigen Stützen senkrecht zur Brückenachse sollte automatisch auf die neue Geometrie übertragen werden können. Nur wenn dies der Fall ist, werden solche Änderungen überhaupt in Betracht gezogen.

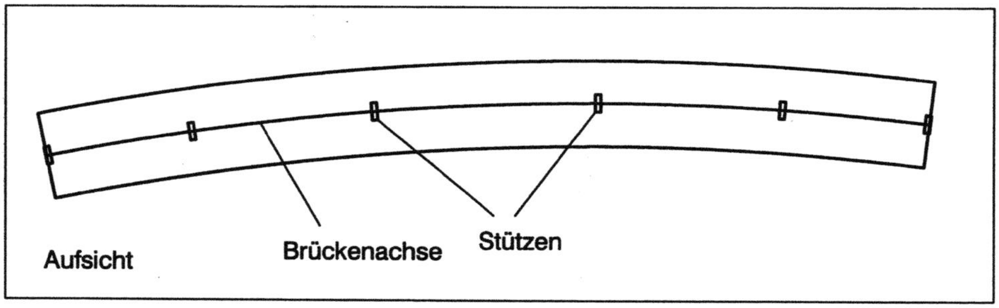

Bild 5b Brückenausschnitt mit veränderter Trasse

Genehmigungsplanung

In der Genehmigungsplanung werden die für die Genehmigung bzw. Prüfung des Bauwerks erforderlichen Unterlagen zusammengestellt. Hier erfolgen umfangreiche statische und in Ausnahmefällen auch dynamische Untersuchungen. Für die rechnerische Bearbeitung stehen dem Projektingenieur zahlreiche verschiedene Programme zur Verfügung, die in aller Regel nur unzureichend miteinander verknüpft sind:

- Programm zur Berechnung von Spannbeton
- Programm zur Berechnung von geometrisch nichtlinearen Strukturen (Seilkonstruktionen)
- Programm zur Berechnung und Bemessung von Platten
- Programm zur Berechnung und Bemessung von Pfählen
- Programm zur Simulation dynamischer Effekte, Berechnung der Flatter– und Knicksicherheit
- ...

Allen Programmen gleich ist jedoch die Verwendung geometrischer und physikalischer Eingangsdaten, die von einer zentral gehaltenen Datenbank fehlerfrei abrufbar sein sollten. Der heutige Zustand erfordert jedoch eine vielfache Eingabe ähnlicher Daten in verschiedene Programme. Dies kostet Zeit und birgt Fehlerquellen in sich. Richtig problematisch wird diese Konstellation, wenn sich aufgrund notwendiger Änderungen diese Eingangsdaten ändern. Es bleibt dem Projektingeneur überlassen, entweder alle Datenbestände abzu–

gleichen oder die Entscheidung zu treffen, welche Untersuchungen trotz geänderter Daten nicht mehr angestellt werden müssen. Sollten aufgrund solch einer Entscheidung einige Datensätze nicht mehr aufgefrischt werden, ist die Eindeutigkeit der Daten (Datenkonsistenz) verloren. Eine weitere Änderung der Eingangsdaten wird zunehmend schwieriger wenn nicht sogar unmöglich. Abhilfe kann hier nur eine zentrale Haltung aller entwurfsrelevanter Daten schaffen. Es müssen nicht alle Informationen in einer einzigen Datenbank stehen, aber die wichtigsten Eingangsdaten für alle Berechnungsprogramme sollten direkt aus einer einheitlichen Datenbasis zur Verfügung gestellt werden.

Ausführungsplanung

Während der Ausführungsplanung werden die für den Bau notwendigen Unterlagen erstellt und der für den Bau der Brücke zuständigen Firma übergeben. Dazu erhält der Konstrukteur die aus der statischen Berechnung für die Konstruktion wichtigen Informationen. Ein Problem tritt immer dann auf, wenn der Projektingenieur mit anderen Hilfsmitteln – sprich Programmen – arbeitet als der Konstrukteur. Dann ist nämlich in aller Regel das Bauwerk neu in seiner Geometrie einzugeben. Es besteht kein direkter Zusammenhang zwischen berechneter Brücke (geometrische Annahmen des Projektingenieurs) und tatsächlich erstelltem Bauwerk (anhand der Ausführungsunterlagen des Konstrukteurs). Abgesehen von einem deutlichen Mehraufwand schafft diese Vorgehensweise eine Entfremdung des Projektingenieurs von der eigentlichen Konstrukion; er wird mehr und mehr zum Anwender hochentwickelter FE–Software degradiert.

Ausschreibung und Vergabe

Während die konsequente Anwendung von AVA–Programmen (Ausschreibung–Vergabe–Abrechnung) und deren Anbindung an 3D–CAD–Systeme bei der Bearbeitung von Hochbauprojekten seitens der Architekten bereits Stand der Technik ist, erfolgt dies im Brükkenbau immer noch meistens von Hand. Dies ist umso erstaunlicher, als die gesamte Planung bei Brückenprojekten bis hin zur Ausschreibung in einer Hand liegt.

Eine computerunterstützte Vorgehensweise bedingt auf jeden Fall eine vollständige 3D–Modellierung der Brücke mit einem CAD–Programm, das eine Schnittstelle zu AVA–Programmen aufweist. Es kommen dafür also eigentlich nur für das Bauwesen spezialisierte Programmsystem in Frage.

Ausführung

Eigentlich sollte in der Ausführungsphase versucht werden, die vorangegangene Planung in optimaler technischer und ökonomischer Art und Weise in ein reales Bauwerk umzusetzen. Daß die Ausführbarkeit der Brücke bereits in einer früheren Phase der Planung, nämlich beim Entwurf, eine wesentliche Rolle spielt, ist dabei sicher zulässig und richtig. Der Alltag zeigt heute jedoch häufig einen vollständig umgekehrten Planungsablauf.

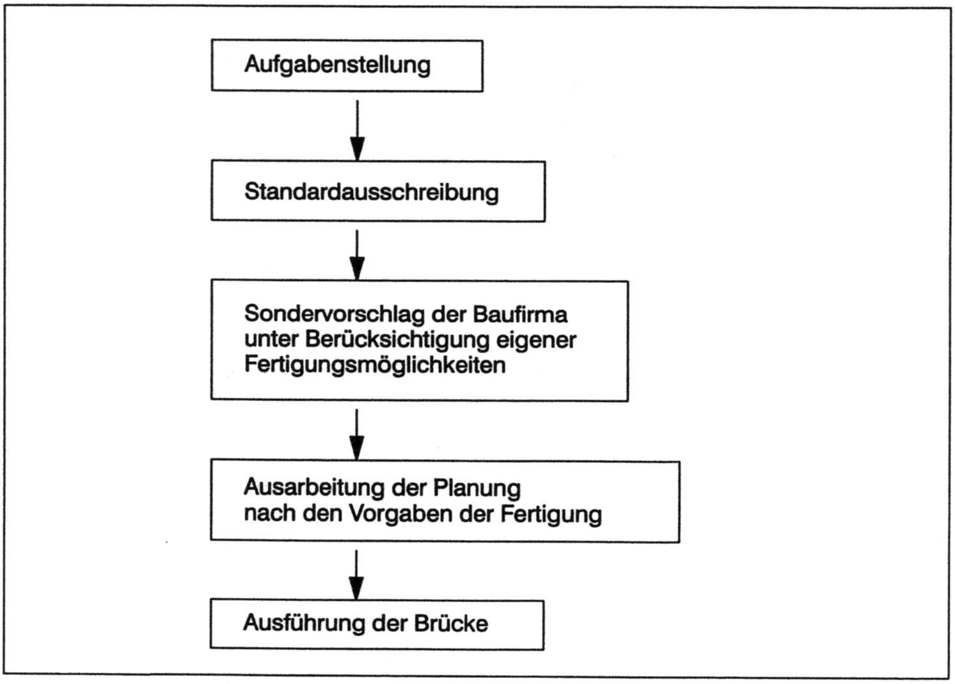

Bild 6 Einfluß des Fertigungsverfahren auf den Planungsablauf

Das Fertigungsverfahren ist in vielen Fällen der für den Entwurf bestimmende Faktor. Es geht sogar soweit, daß die Abmessungen von Bauteilen nach vorhandenen Gerüstbauteilen der ausführenden Firma bestimmt werden. Vordergründig mag dies zumindest in ökonomischer Hinsicht vorteilhaft sein. Genauer betrachtet ist dies aber nicht der Fall, denn durch die Fixierung auf gängige Produktionsmethoden wird eine Innovation im Bereich der Produktion erschwert oder sogar verhindert. Die computerorientierten Fertigungsverfahren, die ja gerade den Vorteil flexibler Planung bei zumindest gleichen Kosten haben, können in dieser Struktur nur sehr schwer Fuß fassen.

Daß dieser Weg aber beschritten werden muß, ist wohl jedermann klar, der verhindern will, daß der bereits bestehende Mangel an qualifiziertem Personal auf der Baustelle weiter zunimmt, weil andere Berufe eben attraktiver sind. Es ist heute –und das mit Recht– kaum mehr vermittelbar, wieso auf der Baustelle schwere körperliche Arbeit unter extremen äußerlichen Bedingungen von Bauarbeitern verrichtet werden muß, wo jedermann weiß, daß in anderen Branchen solche Tätigkeiten von Robotern übernommen werden (z.B. Schweißautomaten in Fertigungsstraßen der Automobilundustrie oder vollautomatische Hochregallagersysteme zur Lagerverwaltung).

Die Lösung unseres Problems liegt im technologischen Fortschritt der Fertigungsverfahren, der jedoch von der bestehenden Praxis, die kurzfristigen ökonomischen Betrachtungen überzubewerten, verhindert wird.

Behnisch sagte zu diesem Thema anläßlich der Einweihung des Olympiastadions in München (s.a. Gabriel (1991)):

"Unsere Söhne und Enkel werden uns nicht fragen, wieviel Geld wir dafür ausgegeben haben, wie lange die Bauzeit war, was und wieviel Arbeitskräfte wir eingespart haben. Sie werden uns messen an der Qualität unserer Bauten, daran, wieweit es uns gelungen ist, die echten Bedürfnisse der Menschen zu erfüllen, ihre Umwelt erlebbar und wohnlich zu machen".

Dokumentation und Archivierung

Die Dokumentation und Archivierung erfolgt bei allen Beteiligten auf unterschiedliche Art und Weise. Das Problem der Dokumentation aber vor allem der langfristigen Datenarchivierung wird derzeit noch sehr stiefmütterlich von den verschiedenen Softwareherstellern behandelt. Noch immer werden in der Regel alle Pläne in Papierformat jahrzehntelang aufbewahrt bzw. auf Mikrofilm gespeichert.

Dazu kommt heute allerdings die Archivierung der verschiedensten elektronischen Daten. Nahezu alle Programme benutzen für ihre Datenhaltung spezielle binäre Datenformate, die nur von diesen Programmen und nur auf dem derzeit aktuellen Betriebssystem zu lesen sind. Es gibt kaum eine Kenntnis über die begrenzte Lebenszeit der elektronischen Datenträger. Einer Diskette sieht man es eben auch nicht an, ob sie noch funktionstüchtig ist. Und wer käme schon auf die Idee, alle paar Jahre sämtliche archivierte Daten auf neue Datenträger umzuspeichern. Alte Datenbestände können zudem in der Regel von erheblich neueren Programmversionen nicht mehr gelesen werden. Ein Verlust der zur Zeit auf elektronischen Datenträgern archivierten Daten ist damit nur eine Frage der Zeit.

2.3 Programme – Stand der Technik

In diesem Teil der Situationsanalyse soll der Einsatz von Programmen in der Brückenplanung untersucht werden. Die Programme werden ihrer Struktur nach beschrieben und im Hinblick auf die mögliche Verknüpfung untereinander untersucht. Für die Reihenfolge der in Betracht kommenden Programme wird der Planungsprozeß aus Bild 3 zugrundegelegt.

Es werden keine speziellen Softwareprodukte einzelner Anbieter beschrieben, sondern allgemeine Aussagen über den Stand der Software in einem bestimmten Marktsegment gemacht. Folgende Gruppen von Programmen oder Programmsystemen können unterschieden werden:

- Entwurfsprogramme
- Allgemeine CAD–Programme
- Programme zur Schnittgrößenermittlung, Bemessung und Darstellung der berechneten Ergebnisse
- Programm für Stabwerkmodelle
- Spezialprogramme für zusätzliche numerische Untersuchungen
- Spezialprogramme für photorealistische Darstellungen und/oder Animation
- Programme zur Ausschreibung, Vergabe und Abrechnung

Die Darstellung der bereits am Markt vorhandenen Software ist notwendig, da die Entwicklung neuer Werkzeuge Rücksicht auf die bereits vorhandenen Produkte nehmen muß. Bereits bestehende Softwarekomponenten müssen in das Konzept integriert werden Eine vollständig neue Entwicklung sämtlicher Programmbausteine kann nicht das Ziel sein.

Entwurfsprogramme

Unter dem Namen Entwurfsprogramm versteht man Programme, die den entwerfenden Ingenieur oder Architekt direkt in der eigentlichen Entwurfsphase unterstützen. Sie ermöglichen ihm die interaktive Modellierung von Bauwerken aus zusammengesetzten Bauteilen. Der dabei erzeugte Datenbestand steht im Anschluß an die Entwurfsphase den weiteren Ausarbeitungsschritten zur Verfügung. Diese Art der Programme ist im Bereich Hochbauentwurf in der Entwicklung; Teile sind dort schon realisiert und einsetzbar. Im Brückenbau gibt es derzeit kaum vergleichbare Anstrengungen. Eine genauere Beschreibung, was unter einem Entwurfsprogramm für die Brückenplanung verstanden wird, erfolgt in den nächsten beiden Kapiteln.

Allgemeine CAD–Programme

Ausgehend vom Maschinenbau, in dem sehr früh CAD–Programme zur Herstellung von Konstruktionszeichnungen benutzt wurden, fand die Entwicklung der CAD–Programme für den Bausektor zunächst im Bereich der Bauingenieure statt. Die Ingenieure hatten den Computer als Werkzeug bereits akzeptiert; die CAD–Anwendung stellte eigentlich nur einen umfangreicheren Einsatz eines bewährten Werkzeuges dar. Im Bereich der Erstellung von Lage–, Positions– und Schalplänen ist derzeit ein Stand erreicht, wo sich der Einsatz von CAD auch wirtschaftlich lohnt. In diesem Bereich sind kaum noch wesentliche Besserungen zu erwarten. Im Bereich der Bewehrungspläne oder auch Stahlbauzeichnungen gibt es allerdings noch Defizite zu beseitigen. Dies geschieht jedoch nur, wenn die Anwender von CAD–Programmen entsprechend laut danach verlangen. Im allgemeinen wird heute das CAD–Programm im Ingenieuralltag als EDV–Unterstützung zum Erstellen von Plänen verwendet.

Die Architekten standen dieser Entwicklung anfangs sehr skeptisch gegenüber, da sie um ihre künstlerische Freiheit beim Entwurf fürchteten. Erst seitdem die CAD–Programme mehr als nur die reine Zeichenarbeit im 2D–Modus unterstützen, seitdem Modellierungen von Bauwerken als ganzes im Rechner möglich werden, erkannten viele Architekten die Notwendigkeit, an dieser Entwicklung teilhaben zu müssen (s. dazu Hübner (1992)). Da der Bauingenieur mit dem Werkzeug, das er nun schon seit Jahren erfolgreich einsetzt, bereits zufrieden zu sein scheint, haben sich die Entwicklungsschwerpunkte der Programmanbieter eindeutig vom Ingenieurwesen weg, hin zur Architektur verlagert. Daß aber gerade im Bereich der Planung von Ingenieurbauwerken und der besseren Integration der verschiedenen bereits vorhandenen Bausteine noch ein erhebliches Defizit besteht, soll in dieser Arbeit verdeutlicht werden.

Programme zur Schnittgrößenermittlung, Bemessung und Darstellung der berechneten Ergebnisse

Zur Ermittlung von Schnittgrößen werden bei komplexeren Systemen heute fast nur noch Programme eingesetzt, die nach der Methode der Finiten Elemente arbeiten. Diese Programme wurden zunächst für Berechnungen aller Art in den verschiedensten Bereichen (Luft– und Raumfahrttechnik, Strömungsmechanik, Maschinenbau, Automobilbau, etc.) entwickelt. Die Anforderungen seitens der Anwender nach bauspezifischen Anwendungsmöglichkeiten hatte die Entwicklung spezieller Finite Element Programme für das Bauwesen zur Folge. Sie sind für den Bauingenieur wesentlich anwenderfreundlicher, da sie Teile der Bemessung bereits integrieren. Es entfällt die aufwendige Arbeit, die Schnittgrößen auf ein anderes Programm zur Bemessung zu übertragen.

Da die Finite Element Methode bei flächigen oder räumlichen Strukturen das Ergebnis immer in Einzelpunkten berechnet, ist demnach auch nur eine punktweise Bemessung möglich. Die Schwierigkeiten, die sich daraus ergeben, werden beim Durchlaufträger klar erkannt (Einführung des Versatzmaßes etc.); die Entwicklung spezieller Durchlaufträgerprogramme war die Folge. Bei Platten– Scheiben– oder räumlichen Strukturen treten die gleichen Probleme auf; sie werden dort jedoch mangels Alternative akzeptiert.

Allgemein kann man sagen, daß die Vorgehensweise bei der Berechnung der relevanten Schnittgrößen, der anschließenden Bemessung sowie der konstruktiven Durchbildung des Querschnitts sehr inkonsistent ist. Während die Schnittgrößen meistens anhand einer linear elastischen Rechnung ermittelt werden, versucht man anschließend, die Effekte der Nichtlinearität bei der Bemessung der einzelnen Bauteile auszunutzen, indem man die gegebenenfalls zu sehr auf der sicheren Seite liegenden Schnittgrößen mittels einer "Umlagerung" wieder reduziert. Eine physikalisch nichtlineare Berechnung erfolgt in aller Regel nicht; als Argument für die Zulässigkeit dieses "gemischten Verfahrens" wird die Plastizitätstheorie angeführt.

Die Entwicklungen in letzter Zeit – auch im Bereich der Normung – laufen darauf hinaus, die übermäßige Sicherheit, die vielfach durch die Bemessung für linear elastische Schnittgrößen im System stecken, zunehmend durch aufwendigere Nachweisverfahren zu reduzieren. Fugenlose Brücken werden beispielsweise nur möglich, wenn die Tragsicherheit und Gebrauchsfähigkeit unter Berücksichtigung des nichtlinearen Materialverhaltens nachgewiesen werden darf.

Wenn wir also die bisher vorhandene zusätzliche Sicherheit immer mehr reduzieren, müssen wir andererseits aber auch mehr Aufwand in eine "richtige" Modellierung unseres Tragwerks investieren. Daß dies nicht immer so einfach ist, zeigt das folgende Beispiel im Bild 7. Für einen gevouteten Träger werden verschiedene Möglichkeiten zur statischen Modellierung gezeigt und gegenübergestellt. Alle vorgestellten Verfahren können im Prinzip zur Berechnung des Trägers angewandt werden. Der "Fehler", der dabei bei der Berechnung bzw. der anschließenden Bemessung gemacht wird, ist zunächst unbekannt. Wichtig in diesem Zusammenhang ist nur, daß es einen Fehler gibt, und daß verschiedene Modellierungsmöglichkeiten existieren, die es erlauben den Fehler auch quantitativ abzuschätzen.

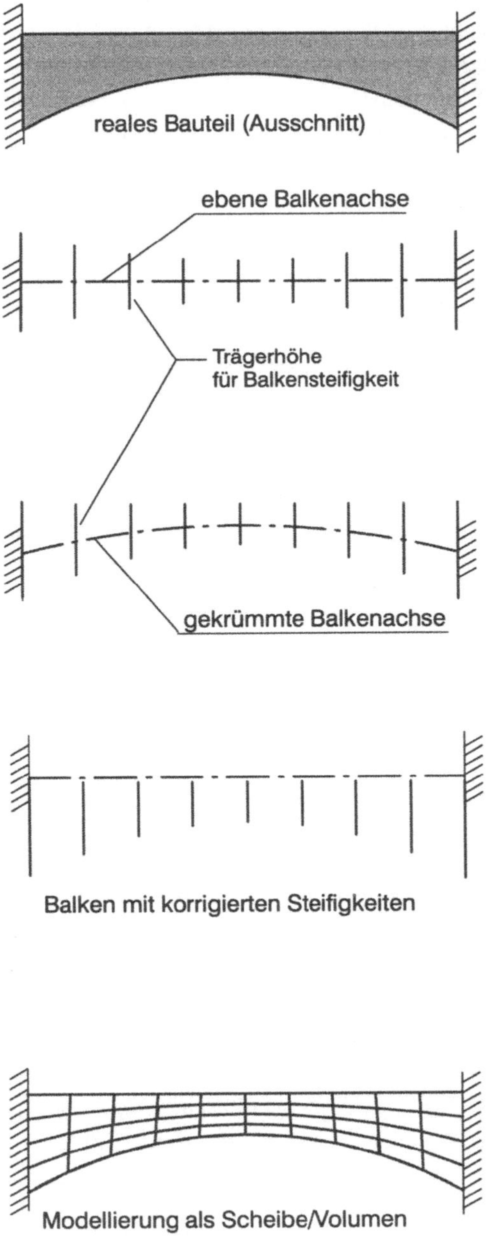

Der nebenstehende Trägeraus–schnitt soll berechnet werden. Folgende Modellierungen sind denkbar:

Die unterschiedliche Trägerhöhe wird abschnittsweise berücksichtigt. Bei dieser Modellierung geht die Krümmung der Bauteilachse nicht ein; das berechnete System ist zu weich. Dies ist die in der Praxis übliche Modellierung.

Eine Verbesserung der Modellie–rung kann durch die Berücksichtigung der gekrümmten Bauteil–achse erreicht werden. Falsch ist hier jedoch, daß die angenommenen Trägerhöhen eigentlich senkrecht auf der Trägerachse stehen müßten.

Wird eine gerade Achse angenommen und die für diese Achse geltenden Steifigkeiten korrigiert (Berücksichtigung der Steineranteile), kann ein korrektes Ergebnis erwartet werden. Problematisch ist im Anschluß daran die Bemessung, da die Schnitt–größen dann auf eine andere Achse bezogen werden müssen.

Eine Modellierung des Trägers als Scheibe umgeht die geschilderten Probleme. Der Aufwand für eine solche Modellierung ist aber in der Regel heute noch zu groß. Die Ergebnisse einer solchen Berechnung sind nur schwer weiter zu bearbeiten.

Bild 7 Rechnerische Modellierung am Beispiel eines gevouteten Balkens

Für die grobe Analyse des Tragwerks unter Berücksichtigung vieler Lastfälle eignen sich die Balkenmodelle, da bei Balkenberechnungen relativ kleine zu berechnende Gleichungssysteme aufgestellt werden. Die zu erwartende globale Aussage ist sicher richtig; die Schnittgrößen können einfach an weitere Programme weitergegeben werden. Für genauere Untersuchungen oder auch für eine Abschätzung des Balkenmodells können aufwendigere Berechnungen mit Scheiben–, Schalen– oder Volumenelementen notwendig werden. Mit diesen Modellen können zum heutigen Zeitpunkt sicher noch keine Globalanalysen für die Regelbearbeitung erfolgen; für Detailstudien (wie z.B. die Untersuchung eines D–Bereichs) sind sie jedoch wichtig.

Die Kopplung verschiedener Bauteilmodelle und die schnelle Modellierung mit unterschiedlichen Elementtypen je nach Aufgabenstellung und Ausarbeitungsgrad macht eine Integration der Modellierungsschritte in ein effizientes Entwurfswerkzeug notwendig.

So wie bei der rein graphischen Formfindung nur iterativ die richtige Lösung gefunden werden kann, so muß auch bei der statischen Modellierung eine Prüfung verschiedener Alternativen stattfinden, die im Zweifelsfalle auch die Berechnung verschiedener Modelle als Grenzbetrachtungen zur Folge hat. Die Erzeugung eines statischen Modells muß schnell möglich sein; die Ergebnisse müssen vergleichbar sein.

Als weiteres Argument für die direkte Einbindung der statischen Modellierung in ein integriertes Entwurfsprogramm sei darauf verwiesen, daß für bestimmte Tragwerkstypen Formen gewählt werden, die sich erst mittels einer iterativen Berechnung ergeben. Als Beispiel sei die Ausbildung von Bogenkonstruktionen entlang der Stützlinie oder auch die Formfindung bei Hängekonstruktionen oder Schalen genannt.

In Zukunft wird wohl, dank erheblich gestiegener Rechnerleistungen, die physikalisch nichtlineare Berechnung immer mehr an Bedeutung gewinnen. Dies gilt für Brücken besonders, da Brücken gut mit linienförmigen Elementen beschrieben werden können und für solche Elemente mit dem M–$\varkappa$–Verfahren ein Verfahren besteht, das mit relativ wenig rechnerischem Aufwand relativ gute Ergebnisse erwarten läßt. Das Problem liegt hier allerdings in der Kopplung zwischen Berechnung und Konstruktion. Da sich die einzugebenden Steifigkeiten letztendlich aus der Konstruktion ergeben – dort wird die Menge und die Lage der Bewehrung festgelegt – ist dies ein weiteres Argument für eine möglichst enge Verknüpfung der Berechnung und der Bemessung zusammen mit der Konstruktion.

Programm für die Bemessung mit Stabwerkmodellen

Im Rahmen einer Situationsanalyse in der Brückenplanung mag dieser Punkt überraschen, da der Einsatz von Programmen zur Bemessung und Konstruktion mit Hilfe der Stabwerkmodelle sicher keine übliche Praxis ist. Die Situationsanalyse bezieht sich jedoch nicht nur auf die in der Praxis üblichen Anwendungen, sondern muß selbstverständlich auch die

Umgebung mit einbeziehen, in der das im weiteren vorgelegte Konzept entwickelt wurde. Stabwerkmodelle sind für den entwerfenden, im weiteren aber auch konstruierenden, berechnenden und bemessenden Ingenieur ein notwendiges Hilfsmittel, um das Tragwerk vollständig und konsistent vor allem im Hinblick auf die D–Bereiche zu bemessen und konstruktiv durchzubilden. Sie unterstützen ihn bei der richtigen Konstruktion von Details und wirken sich damit bereits in einer sehr frühen Planungsphase auf den Entwurf aus. Die Umsetzung der Stabwerkmodelle auf den Computer wurde von Rückert (1992) vorgenommen; eine detaillierte Beschreibung ist bei ihm nachzulesen. Das im Rahmen seiner Arbeit entstandene Programmsystem war Ausgangspunkt für die in späteren Kapiteln dargestellten eigenen Entwicklungen.

Spezialprogramme für zusätzliche numerische Untersuchungen

Das größte Problem bei der Anwendung von Spezialprogrammen liegt in der unzureichenden Verknüpfung dieser Programme mit den üblichen Konstruktions– und Berechnungs–programmen. Die Eingabedaten müssen für diese Programme in der Regel neu eingegeben werden; die Ergebnisse können kaum direkt in anderen Programmen weiterverwendet werden. Oft werden für spezielle Untersuchungen selbstentwickelte Programe eingesetzt (z.B. Programme zur Bewertung der dynamischen Eigenschaften eines Bauwerks, oder Programme zur Formfindung), die geeignete Datenaustauschformate kaum unterstützen. Da zudem meist nicht direkt auf die Datenbestände der Standardprogramme zugegriffen werden kann, ist eine Verbesserung der Situation nur schwer zu erreichen. Im Grunde sind nur drei Vorgehensweisen denkbar

- Die Spezialprogramme werden mit geeigneten Datenschnittstellen versehen.
- Die Spezialprogramme werden direkt in das Programmsystem eingebunden.
- Die Datenbestände der Standardprogramme werden leichter von außen zu lesen und zu schreiben. Dies kann beispielsweise über eine geeignete Programmierschnittstelle erreicht werden.

Der erste Lösungsweg scheitert daran, daß die Entwickler dieser Spezialprogramme oft nicht über die Zeit und die Kenntnis zur Ausarbeitung funktionsfähiger allgemeingültiger Datenschnittstellen verfügen.

Der zweite Weg ist aus mehreren Gründen nicht gangbar. Zum einen ist der Entwickler eines umfassenderen Programmsystems nicht unbedingt auch Eigentümer der unterschiedlichen Spezialprogramme, zum andern würde die feste Integration aller Spezialprogramme in ein Programmsystem dieses sicher, was Größe und Übersichtlichkeit anbelangt, überfordern.

Es bleibt die dritte Lösung. Die Forderung an übliche Standardprogramme nach einer funktionsfähigen Programmierschnittstelle ist schon alt, wurde jedoch nur in wenigen Beispielen wirklich umgesetzt. Das wohl meistverkaufte CAD–Programm (Autocad) verfügt erst seit wenigen Jahren über eine echte Programmierschnittstelle. Kleinere Softwareanbieter scheuen in aller Regel den Aufwand einer solchen Entwicklung vor allem auch deshalb, weil die Forderung nur von wenigen erhoben wird und sich durch die Realisierung kaum kurzfristige Marktvorteile erhoffen lassen. Die Forderung nach einer Programmierschnittstelle beschränkt sich keinesfalls nur auf die CAD–Programme, sondern gilt vielmehr auch für Berechnungsprogramme.

Spezialprogramme für photorealistische Darstellungen und/oder Animation

Diese Programme werden in einer großen Anzahl kleiner und mittlerer Softwarehersteller am Markt angeboten. In der Regel sind es völlig alleinstehende Programme, die jedoch zum Teil als Modul eines umfassenden Programmsystems angeboten werden. Sie untescheiden sich in einem Punkt ganz wesentlich von allen CAD–Programmen:
Während CAD–Programme immer vektororientiert sind (eine Linie ist die Verbindung zweier Punkte; verwaltet werden die zwei Punkte und die Infomation über die Verknüpfung), arbeiten Animationsprogramme in aller Regel nur mit Punktinformationen (Pixelgraphik). Bei einer begrenzten Auflösung (ein üblicher Bildschirm hat 1280 x 1024 Bildpunkte) werden lediglich die sichtbaren einzelnen Punkte aus der Geometrie und der Darstellungstechnik bestimmt. Um die Klassifizierung der einzelnen Programme zu erleichtern werden im folgenden verschiedene Darstellungstechniken aufsteigend nach Qualität und Rechenaufwand beschrieben:

- Wire Frame
  Darstellung der räumliche Körper durch Anzeigen aller Kanten. Bei umfangreichen Datenmengen ist die Aussagekraft dieser Darstellung sehr gering. (Wird immer von 3D–CAD Programmen unterstützt)
- Hidden Line, hidden surface
  Bei diesem Verfahren werden die verdeckten Linien ausgeblendet. Die Aussagekraft ist um ein vielfaches höher als bei einer wire frame Darstellung.(Wird immer von 3D–CAD Programmen unterstützt)
- Shading
  Die Flächen werden mit einer Farbe versehen, die je nach Ausrichtung zu Lichtquellen ihre Intensität ändert. Die Darstellung ist bereits relativ plastisch, der Rechenaufwand noch sehr begrenzt (wird immer von 3D–CAD Programmen unterstützt). Bei einigen neuen Rechnersystemen wird diese Art der Darstellung direkt von spezieller Hardware unterstützt; die Erzeugung von bewegten Bildern in Echtzeit ist damit möglich. Es werden verschiedene Arten des Schattierens unterschieden (Flat shading, Phong shading, Gouraud shading, etc.), die hier jedoch nicht näher erläutert werden (s. dazu Foley (1984)).

- Raytracing
  Hier beginnt die wirklichkeitsnahe Darstellung. Oberflächen werden nicht nur mit einer Farbe sondern auch mit einer Oberflächenstruktur dargestellt. Eigenschaften wie Transparenz, Glanz oder Reflexion werden ebenso berücksichtigt wie Verschattungseffekte.
- Bildverarbeitung
  Aufgezeichnete Videobilder oder auch eingescannte Papierbilder können dem Computermodell hinterlegt werden (vgl. Photomontage).

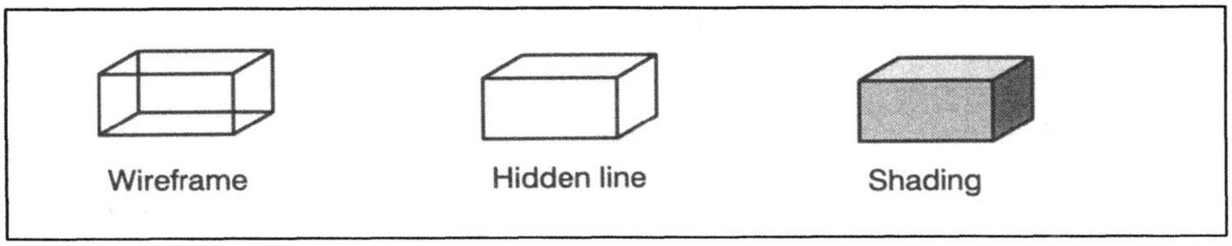

Bild 8 Darstellungstechnik

Für sämtliche Aufgaben in diesem Bereich der Entwurfsdarstellung und –präsentation stehen bereits genügend Programme zur Verfügung. Wichtig für die Nutzbarkeit dieser Hilfsmittel ist lediglich, daß das eigentliche Entwurfsprogramm Daten zu diesen Programmen über eine geeignete Schnittstelle exportieren kann.

Programme zur Ausschreibung, Vergabe und Abrechnung

Programme zur Ausschreibung, Vergabe und Abrechnung waren schon sehr früh am Markt etabliert. In der ersten Phase der Programmentwicklungen, in der noch kaum graphische Oberflächen und Dialogsysteme verfügbar waren, wurden zunächst Programme entwikkelt, die mit Maskeneingabe und zeilenorientiertem Ausdruck anwendbar und auch hilfreich waren. Auf der einen Seite waren dies Berechnungsprogramme, auf der anderen Seite eben Programme, die mit Textbausteinen und Zahlentabellen arbeiteten. Das vordergründige Ziel dieser Entwicklungen war es, das Auswerten einfacher numerischer Berechnungen zu übernehmen und den Anwender bei der Zusammenstellung von Textbausteinen z.B. zur Formulierung der Vorbemerkungen zu unterstützen. Die Eingangsdaten wurden immer im Maskendialog eingegeben, da Daten auf elektronischer Basis zu dieser Zeit in der Regel nicht vorlagen. Dies hat sich jedoch in den letzten Jahren geändert. Die für die Ausschreibung benötigten Daten sind meist bereits in einem CAD–Programm vorhanden. Sie müssen von dort nur noch in das AVA–Programm übertragen werden können. Da keine Rückkopplung vom AVA–Programm auf die CAD–Daten notwendig ist, reicht in diesem Fall der einfache Export der Daten vom CAD–Programm aus.

Für die Ausgabe der ausschreibungsrelevanten Daten ist eine vollständige 3D–Modellierung des Bauwerks notwendig. Während die Bewehrungsmengen eines Stahlbetonbauteils auch aus 2D–Bewehrungsdarstellungen programmintern ermittelt werden können, ist die Bestimmung der Betonvolumina bei komplexeren Formen nur über die räumliche Modellierung möglich.

2.4 Schnittstellen, Datenaustauschformate

Schnittstellen bestehen grundsätzlich immer zwischen zwei kommunizierenden Komponenten eines Systems. Betrachtet man als System die gesamte Planung im Brückenbau, gibt es eine Vielzahl von Schnittstellen; als kommunizierende Komponenten kommen sowohl Personen wie auch Programmsysteme in Betracht. Vier Schnittstellentypen sind zu unterscheiden:

- Kommunikation Mensch – Mensch
- Kommunikation Mensch – Programm
- Kommunikation Programm – Programm
- Kommunikation Programm – Datenbank/Archiv

Die Schnittstelle Mensch–Mensch wurde dabei nur der Vollständigkeit halber aufgezählt; sie soll hier jedoch nicht näher beleuchtet werden.

Die Schnittstelle Mensch–Programm ist für die hier angestellten Untersuchungen, die ja in einem Konzept für eine EDV–Unterstützung münden sollen, von wesentlicher Bedeutung. Die Ausbildung dieser Schnittstelle entscheidet über die Anwendbarkeit des sich dahinter verbergenden Programms. Die rasante Entwicklung dieser Schnittstelle zeigt die folgende Darstellung in Bild 9.

Die erst in jüngster Zeit entwickelten graphischen Benutzeroberflächen erlauben ein schnelles, komfortables Eingeben umfangreicher Datenmengen. Der Umgang mit einer solchen Schnittstelle muß vom Anwender natürlich zunächst erlernt werden. Je besser er mit der Schnittstelle zurecht kommt, desto effizienter wird er das entsprechende Programm anwenden können. Kommen im Rahmen einer umfassenden Planungstätigkeit viele verschiedene Programme zur Anwendung, die jeweils über eine eigene Anwenderschnittstelle verfügen, werden sich in einem größeren Planungsteam zwangsweise Spezialisten für den Umgang mit spezieller Software herausbilden. Die Schnittstellen werden dann von Programmen auf die beteiligten Personen verlagert. Die Programme diktieren somit die Arbeitsteilung im Planungsprozeß; dies kann kaum wünschenswert sein.

Ziel sollte vielmehr eine möglichst einheitliche Benutzeroberfläche für verschiedene Anwendungen sein, so daß jeder am Planungsprozeß Beteiligte seine Aufgaben mit Hilfe verschiedener Programme bewältigen kann, und nicht die Aufgaben in entsprechend der Programme unterteilte Teilstücke zerlegt werden müssen.

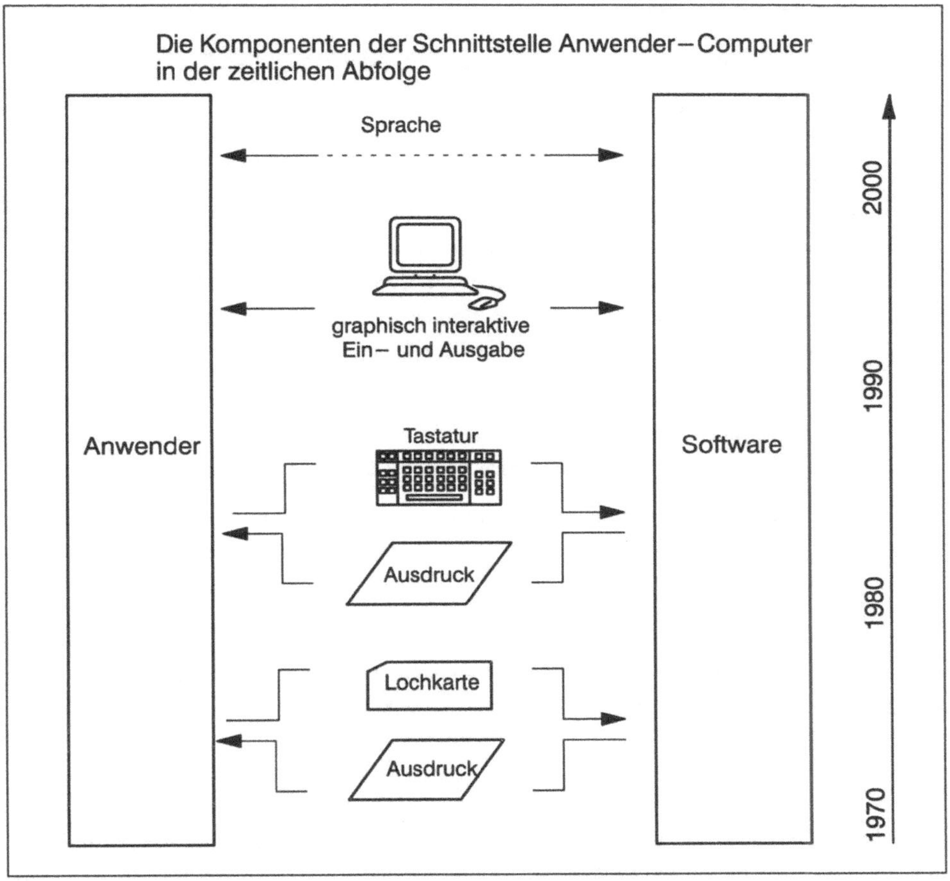

Bild 9 Entwicklung der Schnittstelle Anwender–Computer

Für die Übertragung von Daten über den Schnittstellentyp Programm–Programm oder auch Programm–Datenbank/Archiv finden häufig sogenannte standardisierte Datenaustauschformate Anwendung. Die wichtigsten davon sollen im folgenden kurz beschrieben werden:

- DXF: "Data Exchange Format". Datenaustauschformat für CAD–Anwendungen. Dieses Format wurde von der Firma Autodesk für den Datenaustausch zwischen Autocad–Applikationen entwickelt. Alle namhaften Softwarehersteller haben diesen "Quasi"–Standard übernommen. Es ist die wohl weitestverbreitete Schnittstelle im CAD–Bereich. Sie ist 2D– und 3D–fähig, baut aber im wesentlichen auf der Autocad–Logik auf. Eine Übertragung von logischen (nicht graphischen) Informationen über diese Schnittstelle ist kaum möglich [Autodesk (1994)].

- STEP: "Standard for the Exchange of Product Model Data". Step ist eine Entwicklung aus dem Maschinenbau. Sie stammt aus den USA und wurde zum internationalen Standard. Das Format ist herstellerunabhängig, in Deutschland jedoch im Bauwesen kaum von Bedeutung [Haas (1993)].
- STEP–2DBS: Dies ist ein 2D–Subset von Step, der explizit auf die Erfordernisse des Bauwesens hin entwickelt wurde. Die Schnittstelle ist ebenso wie STEP herstellerunabhängig und gewinnt in Deutschland zunehmend an Bedeutung, da sich alle Planungsinstitutionen der öffentlichen Hand auf die Anwendung dieser Schnittstelle geeinigt haben [Haas (1993)].
- IGES: "Initial Graphics Exchange Specifications". Ein weiterer aus den USA stammender internationaler Standard zur Übertragung graphischer Information. Auch dieser Standard ist im Bauwesen kaum verbreitet.
- CGM: "Computer Graphics Metafile". Dies ist ein Format, das hauptsächlich zur Archivierung von Graphikinformationen eingesetzt wird [GRAL–CGM (1989)].

Allen Schnittstellen ist gemein, daß sie eine sehr allgemein gehaltene logische Struktur besitzen, die auf möglichst vielen Anwenderprogrammen interpretiert werden muß. Jede Anpassung von Daten an eine fremde logische Struktur bedeutet auch meist den Verlust von logischen Informationen.

Die Qualität einer Schnittstelle kann einfach getestet werden, indem Datenbestände über die Schnittstelle exportiert und anschließend gleich wieder ins Programm importiert werden. Sind die Informationen identisch mit den Originaldaten ist die Schnittstelle hervorragend zum Austausch dieser Daten geeignet. Dies ist bspw. selbstverständlich bei der Schnittstelle Programm–Datenbank der Fall. Bei der Übertragung der Informationen an fremde Programme ist ein Informationsverlust in aller Regel nicht zu vermeiden.

Beide Komponenten – Schnittstellen und Datenaustauschformate – sind von entscheidender Bedeutung für die Entwicklung eines effizienten Konzepts zur EDV–Unterstützung der Brückenplaner. Fast jede Übertragung einer Information über eine Schnittstelle mittels Datenaustausch führt zu einem Verlust an Information. Je allgemeiner das Datenformat definiert ist, desto weniger Hintergrundinformation kann über eine solche Schnittstelle übertragen werden. Aus diesem Grund muß versucht werden, die Anzahl der Schnittstellen so gering wie möglich zu halten. Dies gilt vor allen Dingen für Schnittstellen zwischen sich gegenseitig beeinflussenden Komponenten. Schnittstellen, über die die Information nur in eine Richtung übertragen wird (Datenimport oder –export), sind dagegen eher unproblematisch. Das Programmsystem muß so konzipiert sein, daß Prozeduren, deren Datenbestände sich ständig gegenseitig beeinflussen, möglichst direkt im System verbleiben (keine Übertragung über Schnittstellen an externe Programme) und andere Prozeduren, die über einfache Schnittstellen mit den notwendigen Daten versorgt werden können, aus dem zentralen Programm herausgenommen werden (Stichwort Modularität).

2.5 Hardware – Stand der Technik

Die Hardware hat sich in den vergangenen Jahren ständig weiter verbessert. Die bereits bekannten Produkte wurden stetig weiterentwickelt; neue Komponenten kamen hinzu. Durch die ständig verbesserte Hardwareausrüstung werden zunehmend auch in kleineren Büros oder Firmen aufwendigste numerische oder graphische Aufgabenstellungen lösbar. Wurden noch vor wenigen Jahren komplizierte Probleme an wenige Experten delegiert, die u.a. mit nichtlinearen FE–Berechnungen Lösungen suchten, stehen diese Programme heute nahezu jedermann zur Verfügung. Der Stand der heutigen Enwicklung soll im folgenden kurz für folgende Komponenten einer Hardwareausstattung dargelegt werden.

- Rechner
- Graphik
- Speichermedien
- Ausgabemedien
- Netzwerke
- Telekommunikation

Dabei soll auf die vergangene Entwicklung kaum eingegangen werden; wichtiger scheint im Rahmen dieser Arbeit jeweils ein kleiner Ausblick, wie sich die Situation im enstprechenden Bereich wohl in Zukunft darstellen wird.

Rechner

Bei der eigentlichen Rechnerleistung, d.h. im wesentlichen in der Rechengeschwindigkeit, kann in den letzten Jahren eine stetige Steigerung betrachtet werden. Bei gleichbleibenden Kosten für den einzelnen Arbeitsplatz sind die Rechnerleistungen allein in den letzten fünf Jahren um ein Vielfaches gestiegen. Ein Ende dieser Entwicklung ist noch nicht abzusehen.

Die Verbesserung der Rechnerleistungsfähigkeit geht einher mit einer Veränderung der Benutzeroberflächen. Um den Komfort der Anwender zu erhöhen, haben sich in letzter Zeit fensterorientierte graphische Benutzeroberflächen (z.B. MS–Windows oder XWindows) zunehmend durchgesetzt. Ein beträchtlicher Teil der neu verfügbaren Rechnerkapazitäten wird von diesen Fensterverwaltungssystemen verbraucht. Allgemein ist festzustellen, daß die Software immer sehr schnell an die veränderten Kapazitäten angepaßt wurde; für eine weitere Steigerung der Rechnerleistungen besteht aus Sicht der Softwarehersteller jederzeit ein Bedarf.

Wurden früher viele Rechnungen von Hand gemacht, oder aber zumindest die maßgebenden Laststellungen direkt eingegeben, so können heute immer kompliziertere Systeme mit immer mehr Lastfällen und Lastfallkombinationen durchgerechnet werden. Diese Entwicklung ist durchaus nicht nur positiv zu sehen, da in der Menge der durchgeführten Berechnungen der Überblick schnell verloren geht und die eigentlich wichtigen Informationen kaum mehr gefunden werden (s. hierzu auch Reineck (1994)). Der Bedarf nach gezielter Auswertung der Berechnungsergebnisse und einer graphischen Kontrolle der berechneten Systeme wächst im gleichen Maß wie der Umfang der Berechnungen. Eine konsistente Datenhaltung wird bei der ständig wachsenden und kaum mehr zu überblickenden Datenmenge immer wichtiger.

Ein Vorteil der gestiegenen Rechnerleistungen ist darin zu sehen, daß zunehmend nichtlineare Verfahren, die zur Lösung der Berechnungsaufgabe mehrere Iterationsschritte durchlaufen müssen, angewandt werden können. Die entsprechenden Programme stehen jedem prinzipiell zur Verfügung; die dafür notwendige Rechnerkapazität ist meist schon vorhanden. Bei Konstruktionsbetontragwerken wird bspw. die Berücksichtigung der Steifigkeiten im Zustand II möglich, und es können somit die positiven Effekte im Hinblick auf Zwangbeanspruchungen berücksichtigt bzw. auf eine wissenschaftlichere Basis gestellt werden. Im Brückenbau kann dadurch häufig auf den Einbau von Lagern verzichtet werden, die früher zur Vermeidung von Schnittgrößen aus Zwangbeanspruchung als notwendig erachtet wurden.

Graphik

Die Graphikkomponenten haben sich in den vergangenen Jahren nicht in der gleichen Art und Weise verändert wie die Rechner. Die Entwicklung spezieller Graphikkarten hat zwar den Bildschirmaufbau wesentlich beschleunigt, die Größe der Monitore, die Wiederholfrequenz und die Auflösung in Pixel ist aber nahezu gleich geblieben.

Eine echte Weiterentwicklung stellen die Hardwaregraphiklösungen dar, die seit kurzer Zeit auf dem Markt sind. Damit wird es nunmehr möglich, ein räumliches Modell auf einer speziellen Hardware abzulegen, und dieses Modell von beliebigen Standpunkten anzuschauen. Der Wechsel des Standpunktes wird direkt in eine neue Darstellung umgesetzt. Eine Bewegung im oder über das Bauwerk werden möglich. Die weiteren Entwicklungen in diesem Bereich werden für die Entwicklung von Softwarelösungen nur insoweit von Bedeutung sein, als daß eine vollständige 3D–Modellierung immer leichter zu interpretieren und damit immer sinnvoller wird.

Speichermedien

Bei den immer umfangreicheren Berechnungen fallen immer mehr Daten zur Speicherung an. Während sich der Umfang der CAD–Plandaten nur unwesentlich über die Jahre geändert hat, steigt der Bedarf an Speicherplatz vor allem durch die Anwendung aufwendiger numerischer Modelle oder Verfahren in der Berechnung der Tragwerke. Die Speichermedien halten jedoch in der Entwicklung mit den Rechnerkapazitäten Schritt, so daß zu erwarten ist, daß der derzeitige Zustand in Zukunft auch gültig sein wird, nur auf verändertem Niveau. Eine Entwicklung des Datenmanagements unter den heutigen Randbeding–ungen sollte eine auch in Zukunft tragfähige Lösung zum Ergebnis haben.

Ausgabemedien

Die Ausgabemedien werden immer weiter entwickelt, vor allem im Hinblick auf farbige Ausgabemöglichkeiten. Hier ist auch eine Auswirkung auf den Alltag in der Praxis zu sehen. Während früher alle Pläne grundsätzlich schwarz–weiß waren, da die Farbe spätestens beim Vervielfältigen (Pausen) verloren ging, werden heute zunehmend farbige Darstellungen erstellt. Die Vervielfältigung geschieht durch mehrfaches Plotten des gleichen Planes. Eine Weiterentwicklung bei den Farbkopierern wird auch dieses Problem über kurz oder lang lösen.

Mit farbiger Darstellung lassen sich Informationen auf einem Plan wesentlich übersichtlicher gestalten; dies gilt für Berechnungsergebnisse ebenso wie für Bewehrungs– oder Schalpläne. Was derzeit fehlt, sind jedoch Richtlinien für die Handhabung der Farben auf Bauingenieurplänen. Diese wären wünschenswert, da sonst durch beliebiges Anwenden der Farben der entgegengesetzte Effekt erreicht wird. Als Vorbild kann die Vorgehensweise in der Planung von Heizung–, Lüftung– und Sanitäranlagen angeführt werden; dort wird schon immer mit einheitlichen Farben in der Plandarstellung gearbeitet.

Netzwerke

Man unterscheidet grundsätzlich zwei Arten von Netzwerken:

- LAN – local area network
- WAN – wide area network

Der Einsatz eines LAN ist immer dann angezeigt, wenn in einem Büro oder in einer Firma mehrere Arbeitsplätze mit Rechnern ausgestattet sind und gemeinsame Ausgabemedien benutzt werden sollen, bzw. mehrere Personen an den gleichen Projekten arbeiten und ein Datenaustausch zwischen den Bearbeitern notwendig wird. Die Realisierung eines solchen Netzwerkes birgt in der Hardware kaum Probleme, ist aber auf der Softwareseite oft nur schwer befriedigend zu lösen. Ein wesentlicher Schritt nach vorn wurde durch die Entwicklung des Produkts Windows–NT gemacht. Damit wird es auch MS–WINDOWS–Anwendern möglich, weiterhin ihre bekannten Produkte, jedoch in Zukunft netzwerkweit, einzusetzen. Bei der Anwendung anderer Betriebssysteme (UNIX o.ä.) ist die Netzwerksoftware von vorneherein im Betriebssystem integriert.

Eine wesentliche Bedeutung hat der Netzwerkbetrieb auf der LAN–Ebene für die Organisation der Daten. Greifen über das Netz verschiedene Nutzer auf die gleichen Datensätze zu, so muß das Verhalten der Programme für diesen Fall explizit geplant werden. Für verschiedene Anwender sind unter Umständen verschiedene Rechte im Umgang mit den Daten zu setzen. Unterstützt eine Software diesen verteilten Zugriff auf die Daten nicht, so führt ein Netzwerk in der Regel dazu, daß alle an der Planung eines Projektes Beteiligten sich zu beliebigen Zeitpunkten Daten auf den eigenen Rechner kopieren, dort weiterbearbeiten und verändern. Die Konsistenz der Daten kann dann nicht mehr aufrecht erhalten werden; über kurz oder lang gibt es keinen vollständig richtigen Datensatz mehr. Dieser Gefahr kann nur durch sehr restriktive organisatorische Regelungen oder durch den Einsatz einer auf den Mehrbenutzerbetrieb ausgelegten Software begegnet werden.

Das WAN verbindet einzelne LAN–Netzwerke oder Einzelrechner über größere Entfernungen. Heute ist praktisch jede Firma und jedes Büro weltweit über Netzwerke erreichbar. Der Komfort der Vernetzung und die zur Verfügung stehenden Übertragunskapazitäten hängen dabei zum einen von der Übertragungssoftware auf beiden Seiten und zum andern von der eingesetzten Hardware zwischen den beiden Kommunikationsteilnehmern ab. Die Hardware reicht von herkömmlichen Telefonleitungen bis zu Breitbandglasfaserkabeln, von einfachsten Modems bis zu ISDN–Anschlüssen. Mit der heute weit verbreiteten Technik (Modemübertragung über Telefonleitung) kann ein Datendurchsatz von bis zu 19200 bit/s erreicht werden. Die anfallenden Gebühren berechnen sich dabei nach der Übertragungszeit und dem gültigen Telefontarif. Die Übertragung eines CAD–Planes (ca. 1MB) dauert demnach bei einer realisierten Übertragungsrate von 19200 bit/s ca. 8 Minuten. Bei älteren Modems oder auch überlasteten Leitungen kann dies schnell auf das bis zu 10–fache anwachsen. Dies ist sicher mit ein Grund dafür, daß diese Art der Datenübermittlung im Bauwesen kaum Anwendung findet.

Vor kurzem wurde nun europaweit einheitlich ISDN eingeführt. Es bietet eine wesentlich höhrere Übertragungsrate (64000 bit/s) bei besserer Übertragungsqualität. Innerhalb des ISDN werden Dienste wie TELEFAX, Fernkopierer, Bildtelefon und auch interaktives Arbeiten am Computer über das WAN möglich.

Ein weiterer Leistungsschub in der Übertragungstechnik ist von der leitungsfreien Datenübermittlung per Satellit zu erwarten. Die Entwicklungen sind kurz vor dem Abschluß, die weitverbreitete Einführung nur eine Frage der Zeit.

3 Anforderungen

Aus der Situationsanalyse lassen sich verschiedene Anforderungen an ein optimales Werkzeug zur Computerunterstützung in der Brückenplanung ablesen. Die Anforderungen sind sowohl auf die Anwendung der Software, also die Schnittstelle Programm <>Anwender, sowie auch auf die Realisierung der Software – gemeint ist hier die Konzeption und Programmierung – zu beziehen. Für beide Bereiche sollen im folgenden die wesentlichen Anforderungen herausgearbeitet und dargestellt werden.

3.1 Anwendung

Entscheidend für den Nutzen eines EDV–Werkzeuges ist die Akzeptanz des Werkzeuges beim Anwender, d.h. seine Anwenderfreundlichkeit oder auch schlicht Anwendbarkeit. Die Summe der im Büroalltag einzusetzenden EDV–Hilfsmittel wächst ständig. Den Überblick über die Anwendung und Wartung aller eingesetzten Produkte haben meist nur noch speziell für diese Funktion auserkorene EDV–Verantwortliche. Die verschiedenen Produkte führen zu einer weiteren Spezialisierung der Mitarbeiter. Die Organisation und Koordination der verschiedenen Mitarbeiter und ihrer Fähigkeiten im Rahmen eines Planungsprozesses wird immer aufwendiger. Die Anzahl der "Schnittstellen" nimmt zu, und damit wächst die Gefahr des Informationsverlustes.

Dies wurde sehr früh von den führenden Softwareanbietern erkannt; umfangreiche Bestrebungen mit dem Ziel einer Vereinheitlichung der Kommunikation Mensch–Computer waren die Folge. Unabhängig von der eingesetzten Software sollten dieselben Funktionen mit denselben Symbolen belegt werden, um dem Anwender ein ständiges Umdenken in der Anwendung der Programme zu ersparen. Die Entwicklungen mündeten in graphisch orientierten Oberflächen wie bspw. bei Apple oder auch WINDOWS von Microsoft und X–WINDOWS von einer Gruppe von Unix–Anbietern.

Ein weiterer Schritt in Richtung Anwenderfreundlichkeit war die Schaffung sogenannter Qualitätsmerkmale und –kontrollen für Softwareprodukte. Damit soll erreicht werden, daß alle angebotenen Softwareprodukte einen bestimmten Mindeststandard in der Anwendbarkeit erfüllen.

Das Problem der Anwendbarkeit vieler verschiedener Programme durch einen Anwender wird dadurch aber nur zum Teil entschärft. Die verschiedenen Programme sind nun zwar durch eine einheitliche Prozedur aufzurufen (Anklicken eines Symbols) und ebenso zu beenden; zur eigentlichen Bedienung des Programmes sind aber die programmspezifischen Funktionen zu beherrschen. Je umfangreicher der Funktionsumfang eines Programmes, desto unwahrscheinlich ist es, daß dieses Programm, wenn es selten benötigt wird, vom Anwender auch effizient angewandt werden kann. Das Ziel der Programmhersteller sollte deshalb eigentlich eine Beschränkung des Funktionsumfangs mit dem Ziel der besseren Anwendbarkeit sein.

Als Vergleich kann dazu die Entwicklung bei der Chip–Herstellung gesehen werden. In letzter Zeit haben sich dort immer mehr sogenannte RISC–Prozessoren durchgesetzt. Sie basieren auf der besseren (d.h. hier schnelleren) Verarbeitung eines beschränkten Befehlssatzes ("Reduced Instruction Set Computer"). Die Gesamtleistungsfähigkeit nimmt zu, obwohl die Anzahl der direkt zu verarbeitenden Funktionen abgenommen hat.

Als Fazit für die Realisierung eines umfangreichen Programmsystems bleibt die Forderung nach einer weitestgehenden Einbindung des Programms in die zur Zeit vorhandenen graphischen Oberflächen für PC oder Workstation.

3.1.1 Formulierung des Entwurfs

Jedes Bauwerk setzt sich aus mehreren Bauteilen zusammen, deren Formen und Eigenschaften sukzessive festgelegt werden. Zwischen diesen Bauteilen gibt es hierarchische Abhängigkeiten, die im Bereich des Brückenbaus klar definiert werden können. Eine Änderung einzelner Bauteile, die während des Entwurfsprozesses häufig notwendig wird, hat meist auch Auswirkungen auf in der Bauteilhierarchie tiefer stehende Bauteile.

Diese Struktur eines Bauwerks und des Entwurfsprozesses muß auch in der Programmstruktur wieder gefunden werden. Die Sprache, derer sich der Anwender bei der Programmbedienung bedienen muß, sollte sich möglichst eng an die heute übliche Begriffswelt im Entwurfsalltag anlehnen. Dies gilt für die Bauteilbenennung ebenso wie für die möglichen Manipulationsfunktionen zur Veränderung des Entwurfs.

Brückentyp – verwendete Bauteile

Eine Brücke besteht immer aus verschiedenen Bauteilen, deren hierarchische Zuordnung mehr oder weniger fest definiert ist. Die erste Entscheidung im Entwurfsprozeß stellt die Auswahl eines Brückengrundtyps dar. Folgende Einteilung wäre denkbar:

- Balkenbrücke
- Bogenbrücke
- Stabbogenbrücke
- Stabwerkbrücke
- Hängeseilbrücke
- Schrägkabelbrücke

Der Unterschied der einzelnen Brücken liegt im Grunde nur in der Auswahl der verwendeten Bauteile. Wird ein solcher Grundtypus ausgewählt, so könnte in Kenntnis der für diesen Grundtyp geltenden Bauteilhierarchie ein sequentieller Entwurfsprozeß der erforderlichen Bauteile anschließen. Auf den Bildern 10a–c ist diese Vorgehensweise für drei Brückentypen weiter veranschaulicht.

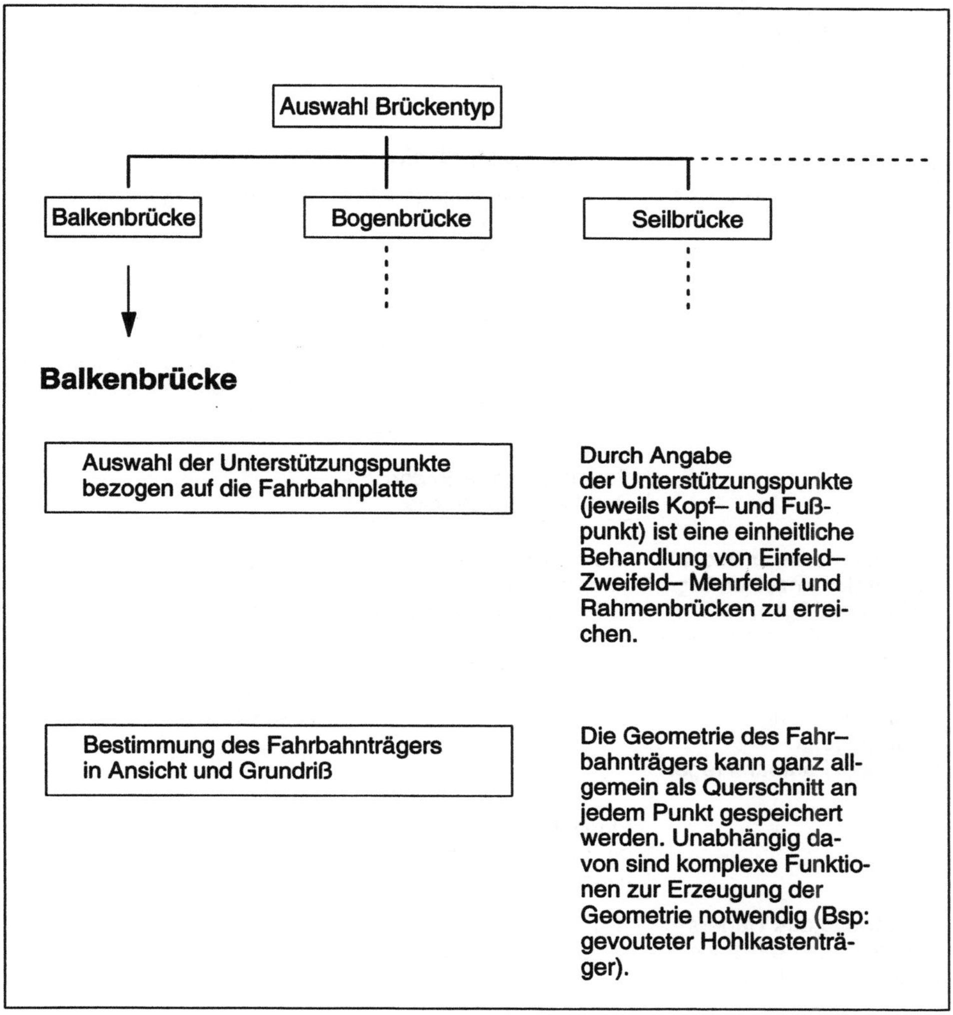

Bild 10a Sequentielle Entwurfsmethodik 1/3 (Balkenbrücke)

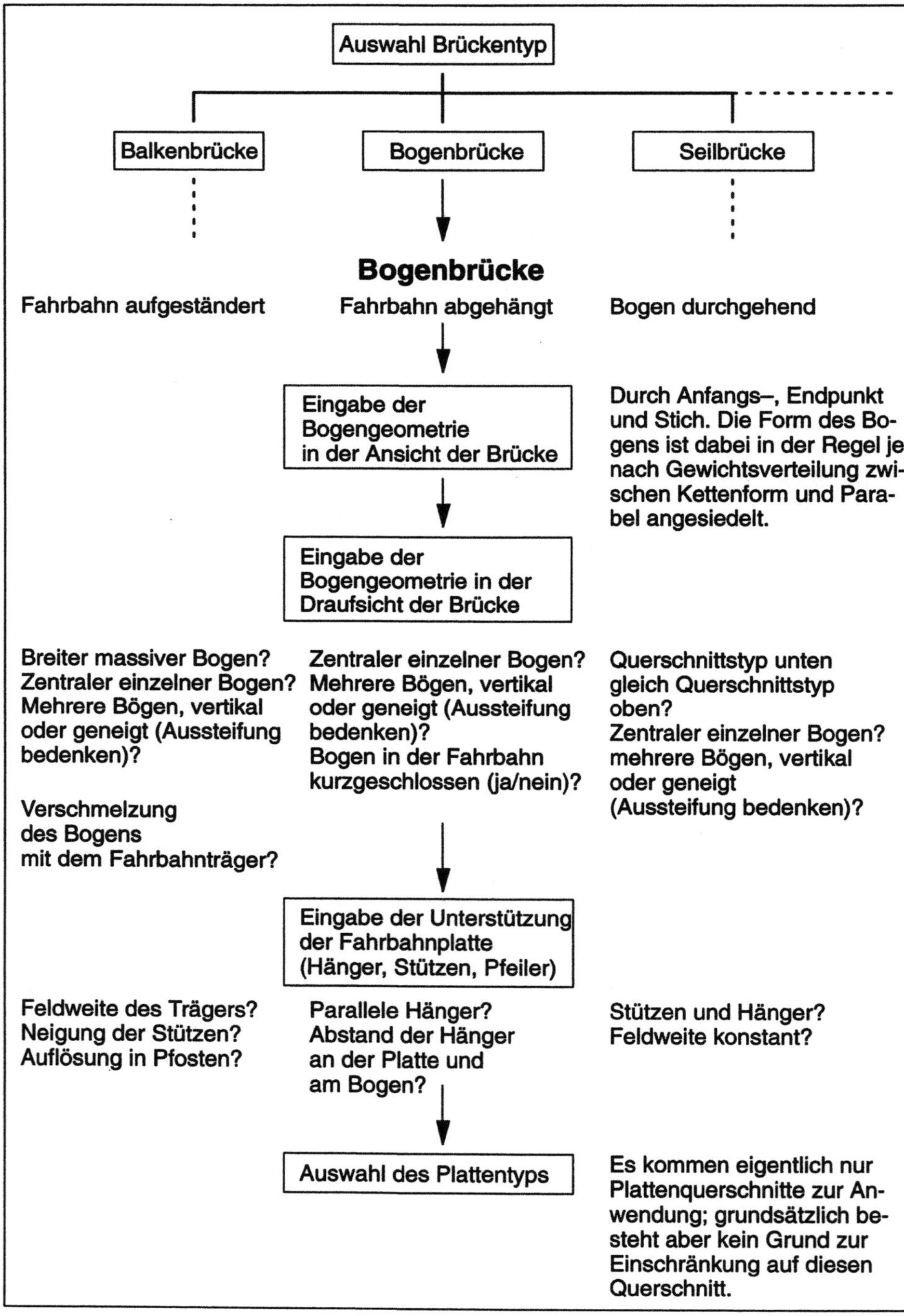

Bild 10b Sequentielle Entwurfsmethodik 2/3 (Bogenbrücke)

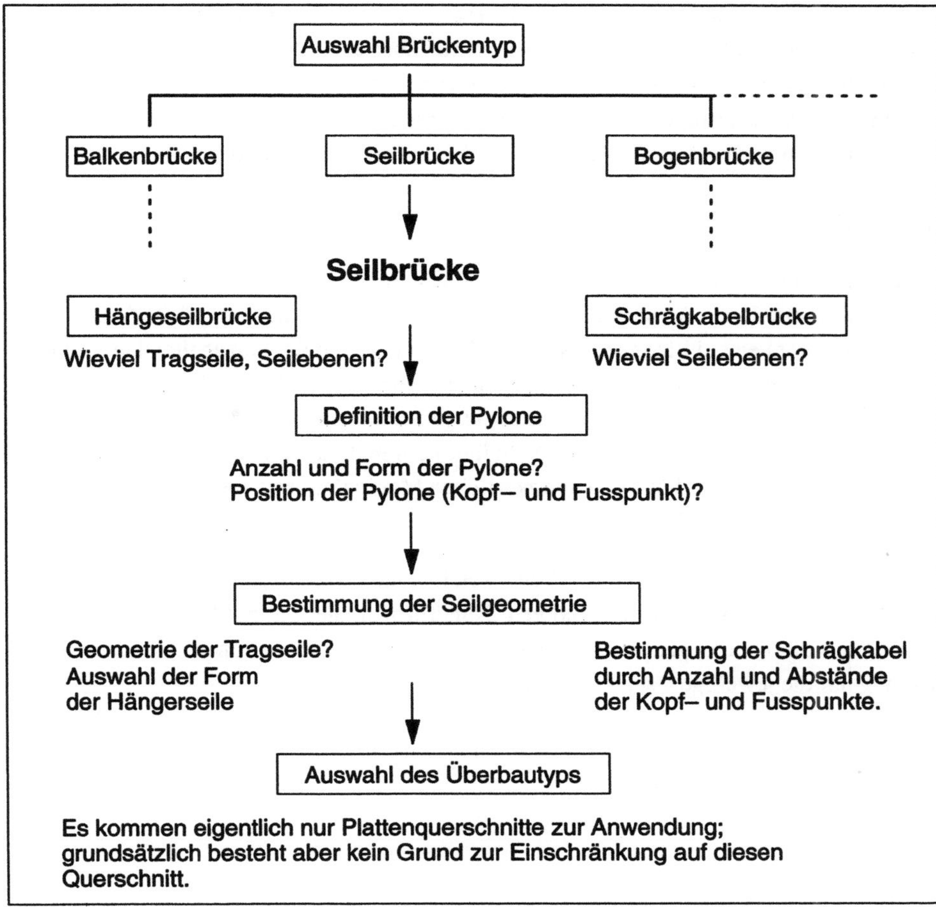

Bild 10c Sequentielle Entwurfsmethodik 3/3 (Seilbrücke)

Der in Bild 10a–c dargestellte Ansatz der Entwurfsmethodik ist zunächst naheliegend, und seine Struktur ist für den Programmentwickler verführerisch; die sequentielle Vorgehensweise läßt sich ohne weiteres direkt in ein Entwurfsprogramm umsetzen. Die Untersuchung einer großen Anzahl von Brücken im Hinblick auf die Einordnung der Brücke in das vorgestellte relativ starre Schema ergab jedoch, daß gerade die auffälligen, besonders gelungenen Brücken nicht eindeutig einem der vorgeschlagenen Grundtypen zugeordnet werden können. Als Beispiel seien die Brooklynbridge in New York (Mischung zwischen Hängeseil– und Schrägkabelbrücke) oder auch der Rosensteinsteg II in Stuttgart (Spannbandbrücke mit zusätzlicher Abspannung) genannt. Es zeigt sich, daß gerade die Mischung verschiedener Grundsysteme oder auch das Hinzufügen zusätzlicher Bauteile, zu guten Lösungen für die Entwurfsaufgabe führen kann.

Die Schlußfolgerung lautet deshalb, daß der sequentielle Entwurf von Standardbrücken zwar unterstützt werden soll, im Vordergrund muß aber eine freie Ergänzbarkeit dieser Standardbrücken mit zusätzlichen Bauteilen bzw. eine freie Komposition beliebiger Bauteile zu einem Gesamttragwerk stehen. Nur so kann die Formenvielfalt, die durch eine bessere Computerunterstützung ja angestrebt wird, auch erreicht werden.

Formgebung – Manipulationsfähigkeit

Die Form der einzelnen Bauteile liegt oft nicht in streng mathematischer Darstellung fest, sondern wird durch den Ausgleich der Wunschvorstellung auf der einen Seite (z.B. optimales Tragverhalten bei Eigenlast, ästhetische Wirkung) und der einzuhaltenden Randbedingungen auf der anderen Seite (freizuhaltende Lichtraumprofile, maximale Konstruktionshöhe etc.) sukzessive ermittelt. Die endgültige Form kann dabei ausgehend von einer Grundform (z.B. Kreisbogen, Parabel, Stützlinie) durch iterative geometrische Manipulationen gefunden werden. Für diese geometrischen Manipulationen sollten dem Anwender bildliche Funktionen zur Verfügung gestellt werden.

In der folgenden Darstellung (Bild 11) sind solche Funktionen beispielhaft aufgeführt. Für einen ebenen Bogen sind die notwendigen Grundformen, die sich mit Hilfe des EDV-Werkzeuges direkt erzeugen lassen, und einige Manipulationsfunktionen sowie deren Auswirkung auf die jeweilige Grundform angegeben.

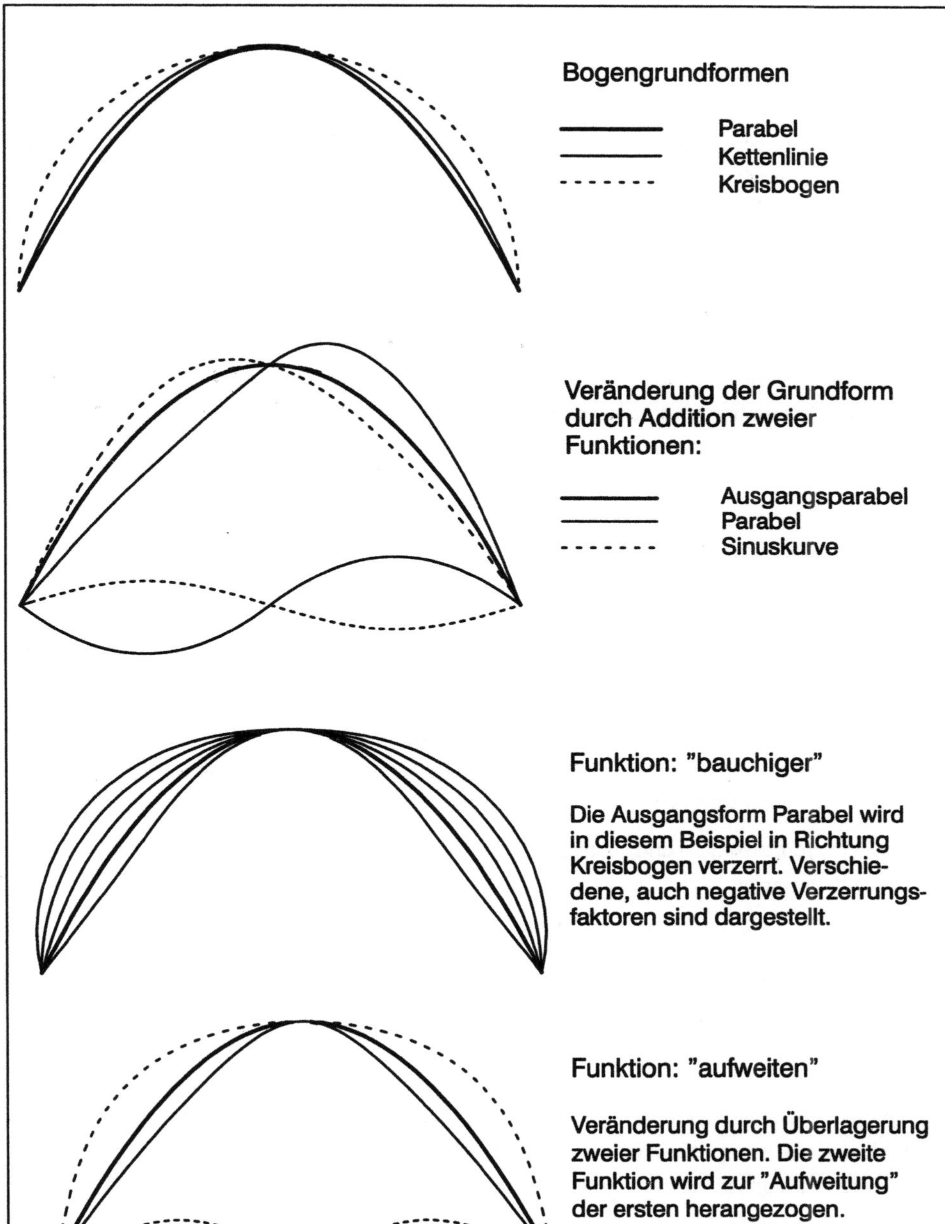

Bild 11 Formenvielfalt – Formveränderung

Entwurfsmethodik: "Vom Groben ins Feine"

Der Entwurfsprozeß, wie er sich heute in der Brückenplanung darstellt, wurde bereits eingehend in Kapitel 2 beschrieben. Ebenso wurden dort bereits Anforderungen aufgeführt, die sich aus der Forderung nach einer möglichst effizienten Unterstützung des Entwerfers beim Entwurfsprozeß ableiten.

Wesentlich aus der Sicht des Anwenders ist, daß das ihn unterstützende EDV–Werkzeug seine bisherige Vorgehensweise beim Entwurf einer Brücke auch weiterhin ermöglicht. Das wesentliche Merkmal der üblichen Vorgehensweise ist dabei das stufenweise Herausarbeiten der endgültigen Lösung mit vielen Iterationsschritten. Diese Methode "Vom Groben ins Feine" muß vom Computer ermöglicht werden. Die Datenbestände müssen sukzessive, aber dabei nicht streng sequentiell, sondern in einer möglichst wenig vorgeschriebenen Reihenfolge aufgebaut werden können.

3.1.2 Modellierung – Konsistenz

Nach der Formulierung des Entwurfs findet die Bewertung des Entwurfs unter verschiedenen Kriterien statt. Je nach Auswertungskriterium und erwünschter Bewertungsgenauigkeit sind dazu verschiedene Modellierungen notwendig:

- Statisches bzw. mechanisches Modell für Tragfähigkeitsnachweise oder auch zur Bewertung des Beanspruchungszustandes und des Ausnutzungsgrades der einzelnen Bauteile,
- Bemessungs– und Konstruktionsmodell für den Nachweis kritischer Detail–bereiche,
- Graphisches Modell für die Bewertung der Ästhetik,
- Volumen– und Massenmodell für die Kostenschätzung,
- Ökologisches Modell zur Bewertung der Umweltverträglichkeit.

Alle diese Modelle können aus den entwurfsbestimmenden Daten – im weiteren Stammdaten genannt – direkt abgeleitet werden. Eventuell zusätzlich notwendige Informationen (z.B. aktuelle Kostenparameter etc.) werden bei der jeweiligen Modellierung erfragt und dem Modelldatenbestand hinzugefügt. Wichtig ist, daß die zur Bewertung der Brücke herangezogenen Daten immer auch den aktuellen Entwurfsdaten entsprechen. Je umfangreicher die Anzahl der untersuchten Alternativen und der zu Rate gezogenen Bewertungsmethoden, desto wichtiger ist diese Forderung nach Datenkonsistenz. Sie kann in einem heterogenen Programmsystem, bei dem die Stammdaten vom Anwender immer wieder in verschiedene Programme eingebracht werden müssen, vom Anwender nicht mehr gewährleistet werden. Nur durch eine Integration der Bewertungsmethoden in ein umfassenderes

Programmsystem, das für die Modellbildung jeweils die gleichen Stammdaten verwendet, kann die Konsistenz langfristig gesichert werden.

3.1.2.1 Statisches Modell

Als statisches Modell wird hier allgemein das Modell bezeichnet, das zur Berechnung des Beanspruchungszustandes des Tragwerks bei vorgegebener Belastung verwendet wird. Ausgehend vom tatsächlichen Tragwerk sind zur Findung des statischen Modells zwei Überlegungen notwendig. Zunächst wird ein mechanisches Modell zur Beschreibung des Tragverhalten gewählt (Scheibe, Platte, Balken...). Im Anschluß daran wird ein für dieses mechanische Modell geeignetes Rechenverfahren ausgesucht. In aller Regel wird heute zur statischen und auch dynamischen Untersuchung von Brückentragwerken die Finite Element Methode als Rechenverfahren eingesetzt. Im weiteren soll deshalb unter der statischen Modellierung die Abbildung des Bauwerks und seiner Belastung in Form eines Finiten Elementnetzes verstanden werden.

Wie bereits in Kapitel 2 gezeigt, ist die "richtige" Modellierung eines kompletten Tragwerks immer auch an die Genauigkeit des erwünschten Berechnungsergebnisses anzupassen; eine exakte Modellierung der Wirklichkeit ist oft nicht mit vertretbarem Aufwand möglich (s. dazu auch Scordelis (1991)). Ungenauigkeiten bestehen immer in der Abbildung der Geometrie, der Definition der Materialkennwerte sowie der Modellierung der statischen Randbedingungen. Dazu kommt die Anwendung sehr grober Näherungen beim Lösungsalgorithmus (linear elastisch), sodaß eine sichere Aussage über den genauen Beanspruchungszustand oft nur durch ein mehrfaches Berechnen mit verschiedenen Modellen möglich ist.

Da die Erstellung eines lauffähigen statischen Modells von Hand heute jedoch immer noch sehr zeitraubend ist, findet die unterschiedliche Modellierung eines Tragwerkes mit verschiedenen Elementtypen oder Elementeinteilungen kaum statt. Stattdessen werden mit einem statischen Modell eine Unzahl verschiedener Lastfälle berechnet, deren Auswertung aufwendig, und deren Berechnung in vielen Fällen überflüssig ist. Die Bearbeitung orientiert sich auch hier am vorhandenen Werkzeug und nicht etwa an der Notwendigkeit unterschiedlicher Untersuchungen. Die Computergläubigkeit wird so immer fester zementiert, da eine kritische Beleuchtung der Berechnungen kaum mehr stattfindet.

Für die Konzeption eines EDV–Werkzeuges in der Brückenplanung muß deshalb gefordert werden, daß ausgehend von den Stammdaten verschiedene statische Modelle eines Tragwerks automatisch erzeugt werden können. Je nach Anforderung sollten verschiedene Elementtypen, verschiedene Genauigkeitstufen bei der Elementeinteilung sowie unterschiedliche Berechnungsverfahren zur Verfügung gestellt werden.

Die Berücksichtigung der wirklichen Steifigkeiten im Hinblick auf eine physikalisch nichtlineare Berechung ist nur möglich, wenn die Bewehrung des entsprechenden Bauteils zum

Zeitpunkt und an der Stelle der Modellbildung bekannt ist. Dies ist ein weiterer Grund für die Integration der wesentlichen Modellbildungsprozesse in ein umfassendes Programmsystem.

Ein Problem bei der statischen Idealisierung von Brücken stellt die im Brückenbau übliche Anwendung vorgespannter Bauteile dar. Zwei Anwendungsbereiche sind zu unterscheiden:

- Im Querschnitt liegende Spannglieder mit oder ohne Verbund.
- Außerhalb des Querschnitts angeordnete Spannglieder (Unterspannung, "vorgespannte" Schrägkabel etc.)

Während bei der Modellierung schlaff bewehrter Bauteile die Geometrie im unbelasteten Zustand bekannt ist, und diese folgedessen auch einfach zur statischen Modellierung herangezogen werden kann, ist dies bei vorgespannten Bauteilen nicht immer der Fall. Bei relativ weichen Systemen – dies sind meistens die Systeme mit außenliegenden Spanngliedern wie z.B. eine Schrägkabelbrücke oder ein unterspannter Träger mit schlanker Fahrbahnplatte – ist vielmehr häufig die Geometrie in einem belasteten Zustand (Eigengewicht, Ausbaulast und Vorspannung) bekannt. Ausgehend von diesem Zustand, in dem Geometrie und Spannungszustand bekannt sind, muß nun zunächst die spannungslose Ausgangssituation gefunden werden. Anschließend können dann die Vorspannung und beliebige andere Lasten aufgebracht werden.

Das angesprochene Problem tritt bspw. bei der Berechnung einer Schrägkabelbrücke auf. Für den Eigengewichtszustand sind dort die Kabelkräfte, der Schnittgrößenverlauf im Brückenträger (entspricht dann dem eines Durchlaufträgers) sowie die Geometrie der Brücke bekannt. Der Ausgangszustand wird üblicherweise durch "Probieren" gefunden. Eine direkte analytische Verfahrensweise kann erreicht werden durch

- Berechnungsprogramme, die ausgehend von einem beliebigen Beanspruchungszustand weitere Lastfälle berechnen.
- Möglichkeiten einer "Systemeinstellung" (z.B. Durchlaufträgerwirkung für Eigenlast), die von einem Programm in eine entsprechende Modellierung des Tragwerks umgesetzt werden.

3.1.2.2 Bemessungs– und Konstruktionsmodell

Für die Bemessung der Tragwerke unterscheiden Schlaich, Schäfer (1993) nach den D– und B–Bereichen. Während zur Bemessung der B–Bereiche verschiedene Programme verfügbar sind, die die Bemessung der B–Bereiche auf Basis der berechneten Schnittgrößen automatisch erledigen, erfolgt die Bemessung der D–Bereiche heute fast immer noch von Hand. Die Bemessung der D–Bereiche erfolgt an wesentlich detaillierteren Modellen als die B–Bereichsbemessung. Eine ausreichend genaue Modellierung des Gesamttragwerks ist nahezu unmöglich, zumindest aber sicher viel zu aufwendig; deshalb müssen die D–Bereiche zur Bemessung aus dem Tragwerk herausgelöst und gesondert modelliert werden; die Schnittgrößen werden von der groberen Gesamtberechnung übernommen und als äußere Last angebracht. Dieses Herauslösen und Modellieren der D–Bereiche ist sehr aufwendig, und die Übernahme der geometrischen Information und der Schnittgrößen an den Schnittufern des D–Bereichs von Hand ist sehr fehleranfällig. Da die Bemessung von D–Bereichen jedoch häufig über die Machbarkeit von Entwürfen entscheidet und diese Untersuchung deshalb möglichst direkt in dem iterativen Entwurfsprozeß integriert werden sollte, muß die Methode des Herauslösens von Detailbereichen aus einem Gesamtmodell vom Entwurfssystem direkt unterstützt werden. Dazu gehört das einfache Erzeugen eines statischen Detailmodells ebenso wie die Ermittlung der Schnittgrößen in einem beliebigen Schnitt nach der Berechnung des Gesamttragwerks.

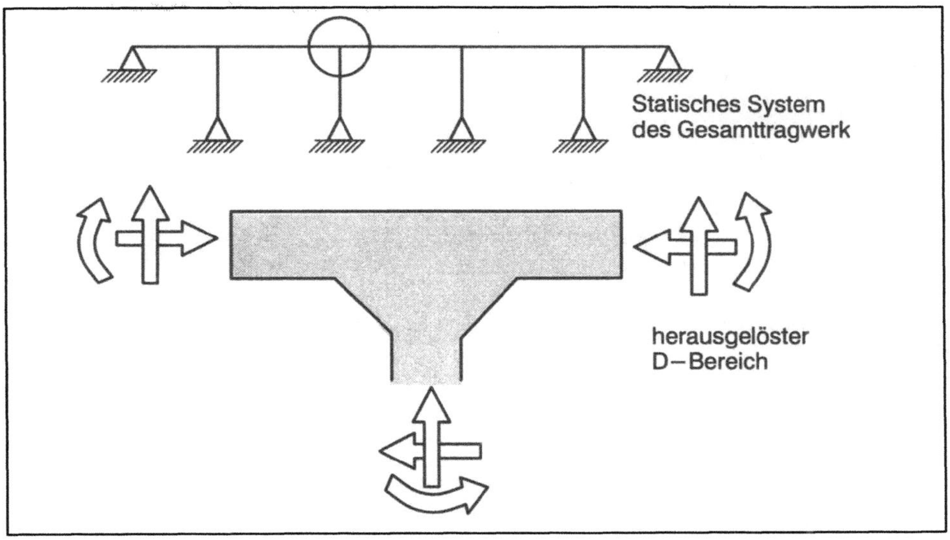

Bild 12 Herauslösen von D–Bereichen

Für die Bemessung der D–Bereiche werden üblicherweise Stabwerkmodelle verwendet. Rückert (1992) hat ein Konzept der computerunterstützten Bearbeitung von D–Bereichen mit Hilfe der Stabwerkmodelle aufgestellt und realisiert. Auf seinen Entwicklungen basiert die später vorgestellte Realisierung des hier besprochenen EDV–Systems. Die Einbindung seiner Methoden in das hier konzipierte Programmsystem ist nicht ohne weiteres möglich, da er sich auf ebene Tragwerke beschränkte. Die Erweiterung seines Konzepts auf räumliche Tragwerke wurde deshalb vorgenommen und wird im Kapitel 5 näher erläutert.

Aus der Bemessung folgt die Ermittlung der Bewehrungsmenge und deren Anordnung im Bauwerk. Wie von Rückert und Schreiber in einem Forschungsbericht (1992) eingehend erläutert wird, wird bei der konsequenten Anwendung der Stabwerkmodelle die Berechnung, Bemessung und Konstruktion an einem einheitlichen Modell ausgeführt, weil diese Vorgänge nicht isoliert betrachtet werden können, sondern jeweils voneinander abhängig sind. Für eine detaillierte Untersuchung von D–Bereichen ist die Kenntnis über die genaue Lage und die Art der einzelnen Bewehrungsstäbe notwendig. Es ist deshalb sinnvoll, die Bewehrung zumindest in Teilbereichen wirklichkeitsnah zu modellieren. Eine räumliche Modellierung kann sowohl zum besseren Verständnis des Tragverhaltens, wie auch zum Nachweis der Realisierbarkeit einer gewünschten Bewehrungsführung dienen.

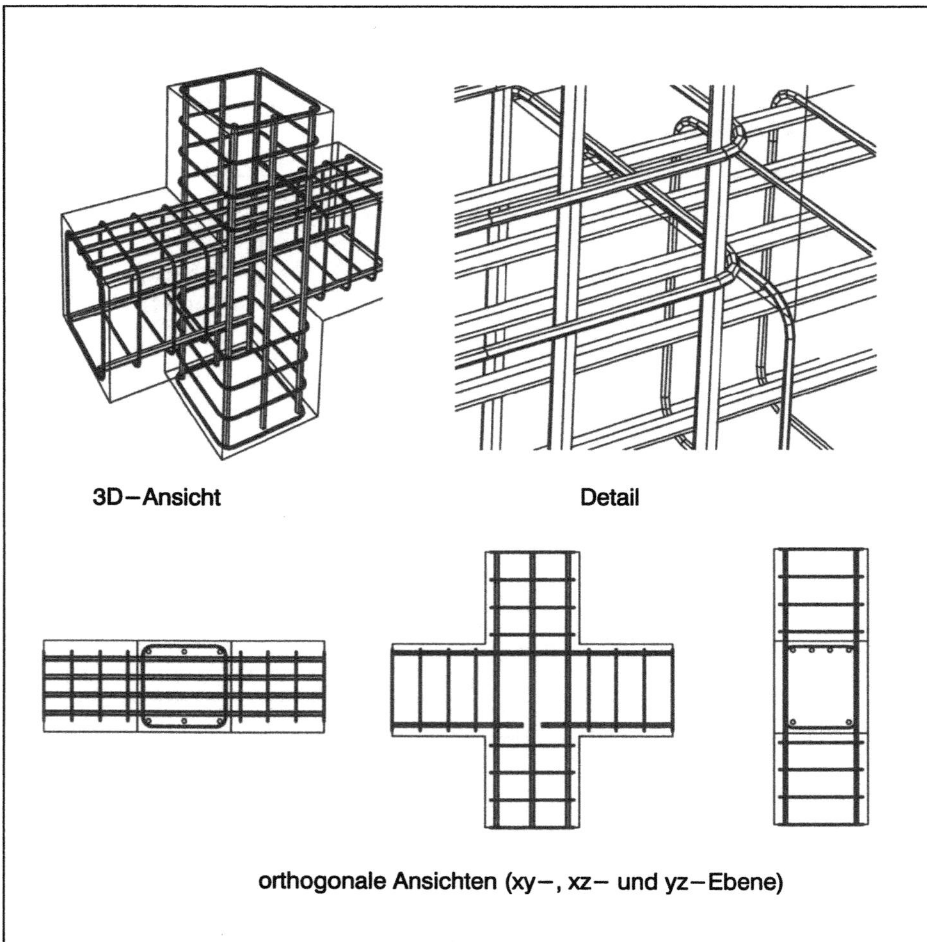

Bild 13 Räumliche Modellierung der Bewehrung

Sind die Bewehrungsstäbe räumlich im CAD–Programm modelliert, so kann bspw. eine einfache Kollisionskontrolle der Bewehrungsstäbe untereinander durchgeführt werden. Die räumliche Darstellung eines komplizierten Bewehrungsdetails (s. Bild 13) hilft sicher, Fehler bei der konstruktiven Duchbildung zu vermeiden, die später auf der Baustelle zu Problemen führen würden. In Zukunft wird sie Basis für die nc–unterstützte Vorfertigung von komplexen Bewehrungselementen sein, die auf der Baustelle dann nur noch in die Schalung eingelegt werden müssen.

3.1.2.3 Graphisches Modell

Die graphische Darstellung des Entwurfs und der verschiedenen Untersuchungsergebnisse erfordern ein 3D–CAD–System. In diesem System sind die verschiedenen Projektionsarten (Parallelprojektion, Zentralprojektion) zur Verfügung zu stellen; die gleichzeitige Darstellung verschiedener Ansichten eines räumlichen Modells ist ebenso wie die interaktive Änderung der Aug– und Blickpunkte eine Minimalanforderung.

Für die graphische Darstellung der einzelnen Bauteile gibt es verschiedene Abbildungsmöglichkeiten. Sie unterscheiden sich sowohl in der Darstellungsgeschwindigkeit wie auch in der Anschaulichkeit der Darstellung. Ein kurzer Überblick über die gängigen Darstellungsmethoden wurde bereits in Kapitel 2.3 gegeben.

Die Darstellung des Entwurfs muß einerseits so gut sein, daß die entworfene Form möglichst gut aus verschiedenen Blickpunkten heraus bewertet werden kann. Dabei spielt es auch eine wesentliche Rolle, daß der für die Bewertung kritische Beobachtungsstandpunkt vorher nicht feststeht, sondern nur iterativ gefunden werden kann. Andererseits muß diese Darstellung auch in einer kurzen Zeit realisierbar sein, da sonst keine Zeit für mögliche Alternativuntersuchungen bleibt. Die photorealistische Darstellung eines Bauwerks ist nicht notwendig, um die Entscheidungen im Laufe des Entwurfsprozeß zu fällen. Sie ist zum heutigen Zeitpunkt eher kontraproduktiv, da für ihre Erstellung sehr viel Mühe und Zeit aufgewendet werden muß, ohne daß dem ein vom Entwurf her gesehen entsprechender Nutzen gegenübersteht. Diese Darstellungsweise eignet sich lediglich zur Präsentation eines Entwurfs gegenüber Dritten. Die Erstellung einer Präsentationsgraphik ist eine typische Postprozedur; eine Ankopplung der graphischen Modelldaten an vorhandene Präsentationsprogramme über geeignete Schnittstellen (s.a. Deinhardt (1994)) ist absolut ausreichend.

Als Minimum für die zur Verfügung zu stellende Darstellungstechnik ist der Flat–Shading–Algorithmus anzusehen, weil damit erst eine Beurteilung der Räumlichkeit von Körpern möglich wird. Die Berücksichtigung und Darstellung von Schattenwirkungen ist wünschenswert, wenngleich der Verschattungseffekt von hohen Brückenträgern durch weite Plattenüberstände sicher häufig überschätzt wird, da eine entsprechende Wirkung nur bei ganz bestimmten Beleuchtungsverhältnissen zu erreichen ist.Wichtiger als die Schattendarstellung ist sicher die Bewegungsmöglichkeit des Betrachters bei der Bewertung des Modells und der Suche nach einem kritischen Beobachtungsstandpunkt. Die Idealvorstellung einer Wanderung über die computersimulierte Brücke wurde durch die Methoden des

Cyber Space bereits Realität. Für den Ingenieuralltag ist dies jedoch sicher noch keine gängige, weil zu aufwendige, Methode. Die Verwendung von speziellen Graphik–Workstations erlauben es heute aber nahezu jedermann, zumindest am Bildschirm in Echtzeit über seine entworfene Brücke zu gehen. Für ein Entwurfsprogramm kann deshalb gefordert werden, daß diese neue Hardwaretechnologie dem Anwender nutzbar gemacht werden muß.

Für die gestalterische Bewertung eines Entwurfs ist die Visualisierung der Tragwerksproportionen eine wesentliche Voraussetzung. Dies geschieht am besten unter Verwendung von alltäglichen Symbolen, deren absolute Größe jedermann vertraut ist (z.B. Mensch, Baum, Auto etc.). Solche Symbole sollten im CAD–Programm erzeugt und verwaltet werden können. Der Vorteil bei der Symbolverwaltung liegt in der zentralen Speicherung der Symbolinformationen; dies führt einerseits dazu, daß jeder Anwender des Systems auf die gleichen Symbole zugreifen kann, und andererseits die Datenbestände der einzelnen Bearbeiter nicht durch die geometrische Information über das Symbol aufgefüllt werden.

3.1.3 Darstellung von Untersuchungsergebnissen – Bewertung

Die Darstellung numerischer Untersuchungsergebnisse stellt an ein Graphiksystem prinzipiell andere Anforderungen als der interaktive CAD–Betrieb. Während beim CAD–Betrieb die Interaktion im Vordergrund steht, alle Elemente also sukzessive im interaktiven Betrieb erzeugt und manipuliert werden, existiert bei der Darstellung von Berechnungsergebnissen bereits eine große Menge darzustellender Informationen. Die Anzahl der Einzelinformationen ist wesentlich größer, Anforderungen an eine Editierfähigkeit der dargestellten Objekte bestehen aber kaum. Dieser Unterschied in den Anforderungen führte in der Vergangenheit zu der Entwicklung getrennter Graphiksysteme für CAD– und FE–Programme.

Wird aus Gründen der besseren Integration und der höheren Anwenderfreundlichkeit jedoch ein einheitliches Graphiksystem für alle Programmbausteine eines Programmsystems gefordert, so muß dieses Programm auch die Anforderungen für die Ergebnisdarstellung erfüllen. Sehr große Datenmengen müssen dabei in kurzer Zeit dargestellt werden können. Gelingt dies, so wäre automatisch die Darstellung aller numerischer Ergebnisse unter Verwendung der geschilderten Methoden möglich. Dies schließt die Ausgabe der Information auf Druckern und Plottern ebenso ein, wie die Möglichkeit, um das Modell herumzugehen und damit die kritischen Stellen des dargestellten Ergebnisses zu finden. Man kann dann gewissermaßen einfach durch das Modell hindurchgehen, um bspw. den Beanspruchungszustand im Innern des Tragwerks zu besichtigen.

3.1.4 Komfort – Sicherheit

Viele Programme wurden in der Vergangenheit als Einzelbausteine konzipiert. Das Datenmanagement beschränkte sich auf das Einlesen von Eingabedaten und Erzeugen von Ergebnisdateien. Die weitergehende Strukturierung und Organisation der Dateien auf dem Rechner wurde weitestgehend dem Anwender überlassen, der damit jedoch oft überfordert war.

Die Vernetzung der meisten Arbeitsplätze und die gleichzeitige Bearbeitung der Projekte durch mehrere Mitarbeiter erfordert heute ein wohl kalkuliertes Projektdatenmanagement, das zum wesentlichen Teil von einem umfassenden Programmsystem bereitgestellt werden sollte. Die mehrstufige Unterteilung der Datenbestände in Projektbereiche, Unterverzeichnisse und einzelne Datenbanken sollte direkt vom Programmsystem unterstützt und verwaltet werden können. Die gleichzeitige Bearbeitung von Daten durch mehrere Bearbeiter im Netzwerk muß organisiert bzw. unterbunden werden.Wünschenswert wäre zudem ein automatisch funktionierendes Sicherungs– und Archivierungskonzept für alle relevanten Daten.

Während einer Bearbeitung sollten alle erzeugten Daten vor einem möglichen Verlust gesichert werden. Dies geschieht entweder durch manuell einzugebende Sicherungsfunktionen oder durch automatisches Aktivieren derselben in vorgegebenen Zeit– oder Bearbeitungsintervallen. Ein Programmabsturz als Folge einer Fehlbedienung sollte möglichst ausgeschlossen werden, kann aber aufgrund eines Hardwaredefektes zu jeder Zeit auftreten; die Auswirkungen eines Programmabsturzes auf die bestehenden Daten müssen jedoch so klein wie möglich gehalten werden.

3.2 Realisierung

Für die Umsetzung des im nächsten Kapitel vorgestellten Konzepts in ein Programmsystem zur Entwurfsunterstützung sind Anforderungen an die Programmstruktur, die Programmierung selbst sowie an das Datenmanagement zu stellen. Ergebnis dieser Anforderungen soll ein sicheres, portierfähiges, erweiterbares und pflegbares Programmsystem sein.

3.2.1 Struktur

Modularität

Umfangreiche Programme oder auch Programmsysteme sind nur in einer modularen Struktur realisierbar. Die Aufgaben der einzelnen Module sind dabei sorgfältig zu planen; die Kommunikation zwischen den einzelnen Modulen ist in Form klar definierter Schnittstellen zu beschreiben. Durch die Modularität der einzelnen Programmbausteine wird es möglich, daß mehrere Entwickler gleichzeitig an der Erstellung des gesamten Programmsystems beteiligt sind; bei größeren Programmsystemen ist dies zwingend notwendig.

Je mehr Personen an der Entwicklung verschiedener Module beteiligt sind, desto größer wird der Aufwand der Organisation der einzelnen Bearbeiter und ihrer klar abzugrenzenden Aufgabenbereiche. Der zeitliche Aufwand für die Oganisation der Entwickler und die notwendige Kommunikation zwischen den einzelnen Bearbeitern wird bei steigender Bearbeiterzahl sehr schnell den eigentlichen Entwicklungsaufwand überschreiten. Die Definition von einzuhaltenden Qualitätsmerkmalen in der Programmierung und die Überwachung derselben – sprich die Qualitätssicherungsprozeduren – tun ein übriges. Dies ist der Grund, wieso vergleichsweise kleine Entwicklergruppen (im Extremfall ein Entwickler), sehr weit im Ergebnis mit größeren Entwicklergruppen mithalten können. In einem kleinen Team ist die Flexibilität wesentlich größer. Probleme, die im Laufe der Entwicklung eines Programms auftreten und die nur durch eine Veränderung des zuvor festgeschriebenen Konzepts gut zu lösen sind, können mit relativ wenig Aufwand behoben werden. Trotzdem gilt die Forderung nach einer modularen Struktur auch für kleine Entwicklergruppen.

Objektorientiertes Konzept

Der Entwurf eines Bauwerks wird durch die Anordnung verschiedener Bauteile, die Beziehung zwischen diesen Bauteilen und die Definition der maßgeblichen Bauteileigenschaften bestimmt. Diese Bauteile können im Sinne der EDV auch als Objekte bezeichnet werden. Um den Entwurfsprozeß auf dem Rechner abbilden zu können, muß die Konzeption des Programms eine objektorientierte Struktur aufweisen (s. dazu Müller (1993)). Die wesentlichen Merkmale dieser Struktur sind:

- Es wird unterschieden zwischen Objekten (hier z.B. Bauteile) und auf diese Objekte wirksame Prozeduren (hier z.B. Löschen, Kopieren, etc.).
- Die Objekte werden beschrieben durch ihre Geometrie sowie einer Reihe von zugeordneten Eigenschaften. Verschiedene Objekte können verschiedene Eigenschaften haben.
- Alle Objekte einer Art bilden zusammen eine Klasse. Alle Objekte dieser Klasse haben den gleichen Satz von zugeordneten Eigenschaften.

Ein Beispiel soll den Sachverhalt veranschaulichen:

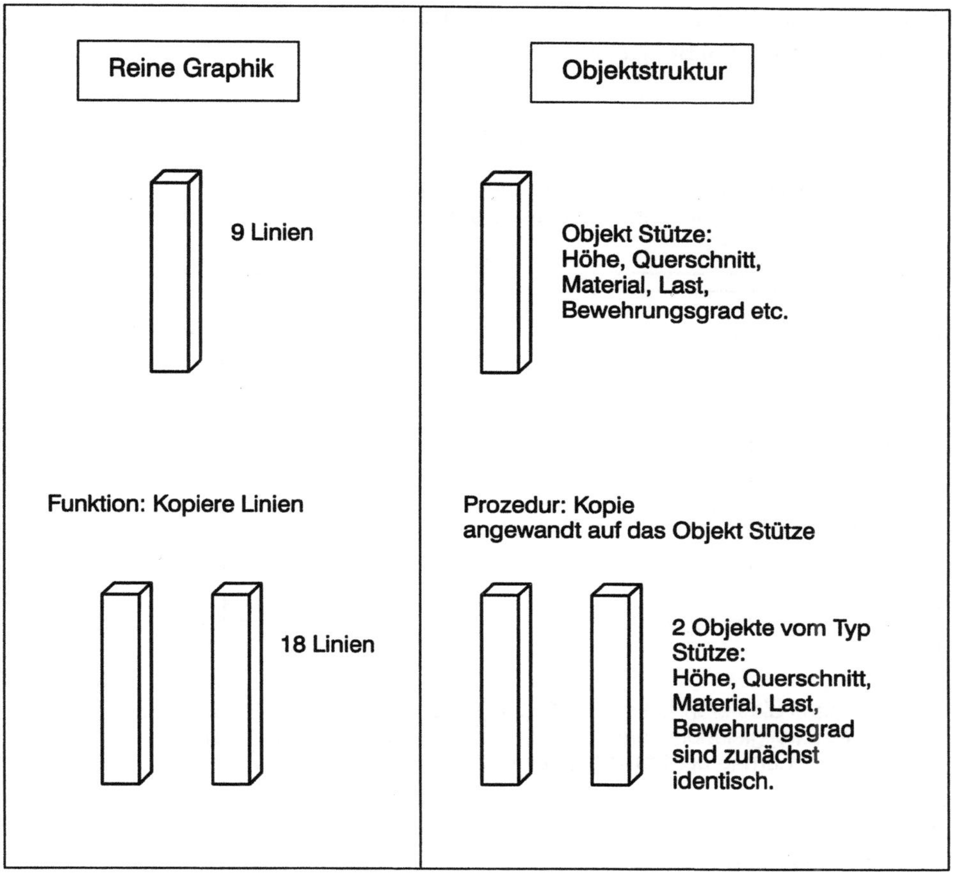

Bild 14 Objektstruktur

Das Beispiel zeigt den Unterschied zwischen rein graphisch orientierter Programmierung und einer objektorientierten Programmstruktur. Es ist offensichtlich, daß die Objektorientierung immer dann notwendig ist, wenn die zu behandelnden Objekte mehr als nur graphische Information besitzen. So ist bspw. die programminterne Verwaltung von Bewehrungsstäben und ihre Auswertung in Form einer Stahlliste ein sicheres Indiz für die dahinterliegende Objektstruktur des Programms.

Hierarchische Struktur

Die Bauteile, durch die ein Bauwerk definiert wird, weisen in aller Regel eine hierarchische Struktur auf. Die geometrische Lage und die absolute Größe hierarchisch tiefer stehender Bauteile wird durch die Geometrie der höher stehenden Elemente vorgegeben. Die während des Entwurfsprozesses ständig notwendig werdenden Änderungen auch der hierarchisch höher stehenden Elemente wirken sich auf die abhängigen Elemente aus. Um dieses Verhalten im Programm abbilden zu können, muß das Programm eine hierarchische Struktur aufweisen. Ein Beispiel soll dies verdeutlichen:

Bauteilhierarchie

Die Höhe der Stütze wird definiert durch das Gründungs- niveau sowie die Unterkante des Brückenträgers.

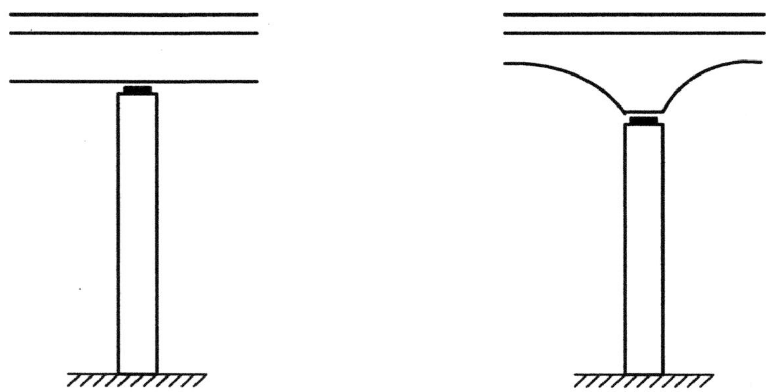

Durch die Veränderung des Brückenträgers im Bereich der Stützung wird bei gleichbleibender Gradiente der Brückenoberkante eine Veränderung der Stützenhöhe notwendig.

Bild 15 Hierarchische Struktur

3.2.2 Programmierung

An die eigentliche Programmierung – häufig auch Codierung genannt – also die Umsetzung des Konzepts in einen kompilierfähigen Sourcecode sind aus der Sicht des Programmkonzipierers ebenfalls Anforderungen zu stellen. Diese Anforderungen sollten sich, genauso wie die bisher dargestellten, an der Lösung der Aufgabe, also dem Ziel der Programmentwicklung, und nicht an dem eigentlichen Werkzeug (z.B. der verwendeten Programmiersprache) orientieren. Die Festschreibung von Formaten, Sprachen oder auch von zu verwendender Hardware kann nicht Ziel der folgenden Ausführungen sein.

Programmiersprache

Die ständig schneller werdenden Veränderungen im Bereich der Hardware und der Betriebssysteme lassen für die zeitintensive Entwicklung komplexer Programmsyste die weitestgehende Standardprogrammierung als notwendig erscheinen. Nur durch eine konsequente Anwendung der durch internationale Standards festgeschriebenen Syntax der verwendeten Programmiersprache können die im Laufe der Entwicklungszeit notwendig werdenden Portierungen auf neue Hardwareplattformen mit vernünftigem Aufwand realisiert werden. Die oft verführerische Verwendung von herstellerabhängigen Speziallösungen wird später meistens mit einem erheblichen Aufwand für die Neuprogrammierung ganzer Programmbausteine bezahlt.

Die Auswahl der Programmiersprache hängt kaum von den bisher gestellten Anforderungen an die Programmrealisierung ab. Sowohl die objektorientierte, wie auch die hierarchische Struktur läßt sich in verschiedenen Programmiersprachen bewerkstelligen. Eine kurze Übersicht über die in Frage kommenden Programmiersprachen soll die Vor– und Nachteile kurz darlegen:

- Fortran: Dies ist die im Bereich der Berechnungsprogramme (FE o.ä.) wohl weitest verbreitete Programmiersprache. Der Vorteil liegt in der sehr weitgehenden Standardisierung und damit der Portierfähigkeit von Fortranprogrammen. Sie ist bestens für die Umsetzung von Berechnungsverfahren geeignet.
- C: C wurde zunächst zur Programmierung von Betriebssystemen (UNIX) entwickelt. C ist deshalb näher an der Maschinensprache orientiert. Der Programmieraufwand in C ist normalerweise größer als in Fortran. Dem steht der Vorteil einer dynamischen Speicherplatzverwaltung sowie eines direkten Zugriffs auf Betriebssystemfunktionen gegenüber. Die Standardisierung von C beschränkt sich auf einen sehr begrenzten Kernbereich. Die notwendige Verwendung von nichtstandardisierten Zusatzbibliotheken stellt eine einfache Portierung von C–Programmen in Frage.
- C++: Dies ist eine Erweiterung von C in Richtung auf eine objektorientierte Programmiersprache. Die Stärke liegt sicher in der Entwicklung streng objektorientierter Programmstrukturen; die Nachteile von C sind leider jedoch nicht vermindert sondern eher noch verstärkt.

Da heute Module, die in verschiedenen Programmiersprachen geschrieben wurden, zu einem lauffähigen Programm zusammengebunden werden können, wird die aufgabenorientierte Anwendung der einzelnen Programmiersprachen für verschiedene Programmodule möglich. Dies scheint vor allem vor dem Hintergrund, daß bereits viele Programmbausteine geschrieben sind und diese nicht alle neu programmiert werden müssen, ein gangbarer Weg für eine sinnvolle Programmkonzeption.

Programmbibliotheken zur Vermeidung von Mehrfachprogrammierung

Die Verwendung von Programmbibliotheken bei der Programmierung der verschiedenen Programmbausteine hilft, die mehrfache Programmierung derselben Funkionen für verschiedene Programmfunktionen zu verhindern. Die Wartung der Programmbausteine wird erheblich vereinfacht, die Konsistenz der Programmfunktionen ist gesichert.

Einbindung vorhandener Komponenten

Für die Realisierung einer Programmieraufgabe gibt es zwei grundsätzlich verschiedene Vorgehensweisen (nach Groth (1990)):

- Top down: Zuerst wird ein Konzept für das gesamte Programmsystem entwikkelt. Die Aufgaben der einzelnen Programmbausteine werden festgelegt und die jeweils zu übergebenden Informationen festgeschrieben. Anschließend werden die einzelnen Programmbausteine entwickelt.
  Dieser Weg stellt im Hinblick auf die konsequente Strukturierung eines Programmsystems zwar das Optimum dar, kann aus Zeitgründen aber meistens nicht beschritten werden.
- Bottom up: Ausgehend von einem Fundus bereits vorhandener Programmbausteine wird versucht, eine Struktur zu finden, mit der das gewünschte Ziel unter alleiniger Verwendung dieser Bausteine erreicht werden kann.
  Das Ergebnis ist eine unübersichtliche und kaum konsistente Programmstruktur. Die Entwicklungszeit ist zwar wesentlich kürzer als oben, jedoch ist die weitere Entwicklungsfähigkeit solcher Programmsysteme stark in Frage gestellt.

Für die Realisierung einer komplexen Aufgabe kommt daher nur eine Mischung der beiden Methoden in Frage. Die Einbindung vorhandener Programmbausteine in das zu realisierende Konzept ist notwendig, um die Entwicklungszeit in vernünftigen Grenzen zu halten. Die Entwicklung eines Konzepts für das Programmsystem, das sowohl die Entwicklung neuer als auch die Veränderung und Integration bestehender Bausteine zum Inhalt hat, ist notwendig, um eine für die Zukunft tragfähige Programmstruktur zu erhalten.

3.2.3 Datenmanagement

Unter dem Datenmanagement ist sowohl die Verwaltung der einzelnen Daten auf den verschiedenen Speichermedien, wie auch die programminterne Verknüpfung der einzelnen Informationsbestände zu verstehen. In Kapitel 3.1.4 wurden bereits Anmerkungen zu Komfort und Datensicherheit gemacht. Hier soll nunmehr die Organisation der verschiedenen Informationen in den verschiedenen Programmbausteinen im Vordergrund stehen.

Redundanzfrei – konsistent

Die Forderung nach einer redundanzfreien und konsistenten Datenhaltung selbst für komplexe Programmsysteme ist leicht gestellt und auch einfach zu begründen. Hier zeigt die

Realisierung von komplexen Programmsystemen jedoch schnell, daß diese Anforderungen nicht konsequent erfüllt werden können.

Die meisten konzeptionellen Arbeiten im Bereich der EDV–Unterstützung (z.B. Schnellenbach (1991) oder Weber (1990)) für komplexe Ingenieuraufgaben gehen von der Verwendung von Standarddatenbanken aus, auf die über eine standardisierte Schnittstelle zugegriffen werden kann. Der gesamte Datenbestand wird zentral und nur einmal vorgehalten; verschiedene Programme greifen sukzessive auf diesen Datenbestand zu. Konzeptionell ist damit das Ziel der konsistenten und auch redundanzfreien Datenhaltung bereits erreicht; die Realisierung des hier angestrebten Konzepts, das ja auf der Integration vorhandener Programmbausteine aufbaut, wird aus mehreren Gründen jedoch so nicht funktionieren:

- Verschiedene Programmbausteine haben verschiedene Anforderungen an das eigene Datenmanagement. Während bei CAD–Daten die ständige Interaktion im Vordergrund steht, ist die Bearbeitungsgeschwindigkeit im Bereich numerischer Untersuchungen wesentlich bedeutender. Der Aufbau der einzelnen Datenbanken muß sich an diesen einzelnen Anforderungen orientieren.
- Die Verwendung bereits vorhandener Programmbausteine hat die Verwendung verschiedener Datenbanksysteme unmittelbar zur Folge.

Die Datenkonsistenz kann demnach nicht durch die alleinige Verwendung einer einzelnen Datenbank gesichert werden, sondern muß über die Anwendung verschiedener Datenbanksysteme hinweg angestrebt werden. Die Redundanzfreiheit ist nicht für alle Daten möglich; sie muß sich auf die wesentlichen Entwurfsstammdaten beschränken. Eine weitestgehende Konsistenz aller Daten kann dadurch erreicht werden, daß die einzelnen Datenbestände für die verschiedenen Programmbausteine direkt aus den Stammdaten erzeugt werden können und somit keine manuellen Übertragungsfehler entstehen können. Bei Veränderung von relevanten Stammdaten sollte der Anwender automatisch auf die Notwendigeit der erneuten Untersuchung abgeleiteter und von der Änderung berührter Berechnungsmodelle hingewiesen werden.

4 Konzept

Im folgenden soll ein Konzept für eine Computerunterstützung des Ingenieurs beim Entwurf von Ingenieurbauwerken, hier speziell Brücken, erarbeitet werden. Auf dieser Grundlage soll dann im weiteren ein Programmsystem realisiert werden, das die Anforderungen, wie sie in Kapitel 2 und 3 abgeleitet wurden, weitestgehend erfüllt.

Zwei Aufgabenstellungen sind für die Konzeption zunächst zu bearbeiten:

- Es muß eine Systematik gefunden werden, mit der ein Bauwerk so beschrieben werden kann, daß damit die Anforderungen bzgl. der Entwurfsformulierung, der Entwurfsveränderung und einer automatisch ableitbaren Modellierung erfüllt werden können.
- Es muß ein Konzept für die Strukturierung der notwendigen Softwarekomponenten in einem Programmsystem ausgearbeitet werden, das vorhandene Softwarekomponenten einbindet und für notwendig werdende Erweiterungen offen ist.

Die erste Aufgabe, nämlich die Suche nach einer systematischen Bauwerksbeschreibung, ist rein konzeptioneller Art. Dabei spielt die Umsetzung der Bauwerksbeschreibung in Programme und Programmstrukturen eine untergeordnete Rolle.

Die zweite Aufgabe der Ausarbeitung des Konzepts befaßt sich bereits mit der Frage der Umsetzung der Bauwerksbeschreibung in ein Programm. Dazu kommt die Suche nach einer geeigneten Programmstruktur, die die EDV–technischen Anforderungen (Konsistenz der Programme, einheitliche Benutzeroberfläche, Datenkonsistenz, etc.) erfüllt.

4.1 Bauwerksbeschreibung

Die zentrale Frage, die in diesem Zusammenhang beantwortet werden muß, lautet also:
Wie kann ein Brückenbauwerk so beschrieben werden, daß

- die Bearbeitung möglichst freier Brückenentwürfe ermöglicht und gleichzeitig sinnvoll unterstützt werden kann,
- einfache Veränderungen einer Entwurfsidee unter Berücksichtigung der hierarchischen Bauteilstruktur möglich sind,
- eine Ableitung unterschiedlicher Modelle (statisch, konstruktiv, graphisch, etc.) auf Basis einer konsistenten Bauwerksbeschreibung möglich wird, um eine schnelle und richtige Bewertung des Gesamtentwurfs anhand unterschiedlicher Kriterien zu ermöglichen,
- diese Art der Bauwerksbeschreibung in einem Computerprogramm abgebildet werden kann.

Zur Beschreibung von Brücken werden zwei Vorgehensweisen häufig benutzt. In der ersten Vorgehensweise wird die Brücke durch einen Brückentyp und einige für diesen Typ notwendige Parameter beschrieben. Einige Beispiele sollen dies verdeutlichen:

- Durchlaufträger mit gevoutetem Hauptträger und regelmäßigen Spannweiten. Die Querschnitte von Hauptträger und Stützen sind zusätzlich zu definieren.
- Schrägkabelbrücke mit harfenförmiger Anordnung der Kabel in zwei Kabelebenen mit einer Platte als Hauptträger. Die Querschnitte des Pylons, der Hauptträger und der Kabel sind zusätzlich zu definieren.
- Bogenbrücke mit parabelförmigem Bogen konstanten Querschnitts sowie einer Fahrbahnaufständerung in regelmäßigen Abständen. Die Querschnitte von Bogen, Fahrbahn, Pfeiler und Hauptträger sind zusätzlich zu definieren.

Mit dieser Art der Beschreibung wird der grundsätzliche Charakter der Brücke zwar schnell erfaßt, eine eventuelle Abweichung der Brücke vom festgelegten Muster (Kombination verschiedener "Grundtypen" oder auch Addition zusätzlicher Bauteile wie Abspannungen oder Unterspannungen) ist damit aber nur sehr schwer zu beschreiben. Gerade in diesen Abweichungen liegt aber häufig der eigenständige Charakter einer Brücke begründet. Die Abweichung sollte also nicht die Ausnahme sondern eher das Ziel eines Entwurfes sein. Diese Systematik der Beschreibung scheidet also aus Gründen der zu großen Entwurfseinschränkung aus.

Die zweite Art von Bauwerksbeschreibung wird häufig (s.a. Menn 1990) zur Abschätzung von zu erwartenden Bauwerkskosten angewandt. Man unterteilt das Bauwerk dabei in drei Bauteilgruppen, die dann zur weiteren Untersuchung noch weiter aufgeschlüsselt werden. Die Bauteilgruppen sind:

- Unterbau: Pfeiler, Fundation
- Überbau: Hauptträger
- Ausbau: Verkehrsleiteinrichtungen, Entwässerungskonstruktion, etc.

Diese Systematik hebt auf die unterschiedliche Auswirkung der Ausführung der verschiedenen Bauteilgruppen im Hinblick auf die Gesamtkosten ab. Während die Ausbaukosten als relativ fixer Prozentsatz der Gesamtbausumme angenommen werden können, hängen die Kosten für Unter- und Überbau von allgemeinen Randbedingungen (Gründungsverhältnisse, aufzunehmende Verkehrswege, etc.) ab, beeinflussen sich jedoch auch gegenseitig (z.B. Stützweite des Balkens). An dieser Beschreibungsweise erkennt man deutlich, daß sich die Systematik der gebräuchlichen Beschreibungen immer am Untersuchungsmodell (hier ökonomische Betrachtung) orientiert und daraufhin optimiert wird. Die hier angewandte, auf die Kostenschätzung hin ausgerichtete Beschreibungsweise ist nicht allgemein anwendbar und scheidet deshalb für das weitere Vorgehen aus.

Da die beiden üblichen Beschreibungsweisen aus den angeführten Gründen nicht zum Ziel führen können, muß eine alternative Systematik gesucht werden, die sich nicht an einem Untersuchungsmodell (statisch, graphisch, konstruktiv, etc.) orientiert, sondern die Integration aller Modelle zuläßt und damit also die Anforderungen aller Untersuchungsmodelle an eine Bauwerksbeschreibung erfüllt.

Betrachtet man verschiedene Brücken etwas genauer, so stellt man fest, daß sich verschiedene Brückentypen im Grunde nur durch die Anordnung weniger, immer wiederkehrender Bauteile beschreiben lassen:

- Balken
- Stütze, Pfeiler
- Seil, Kabel, Hänger
- Bogen
- Pylon, Mast
- Platte

Die Unterscheidung der einzelnen Bauteile orientiert sich zum einen an der Funktion des Bauteils hinsichtlich des Tragverhaltens innerhalb des Gesamtsystems (der Balken trägt in aller Regel den Verkehrsweg, der Hänger verbindet den Balken mit übergeordneten Traggliedern, etc.), andererseits berücksichtigt sie die geometrische Form (z.B. Bogen) der Bauteile. Aussagen über die mechanische Wirkungsweise (gelenkig, biegesteif, etc.) sind zum Teil durch diese Klassifizierung abgedeckt, stehen jedoch nicht im Vordergrund der Systematik. Betrachtet man die genannten Bauteile näher, so stellt man fest, daß sich die Geometrie aller Bauteile mit einer einheitlichen Systematik beschreiben läßt:

"Die Form des Bauteils ist definiert durch die Bauteilachse und den Querschnitt, der entlang der Achse veränderlich sein kann."

Das folgende Bild 16 gibt einige Beispiele für Formen, die mit dieser Beschreibung möglich sind:

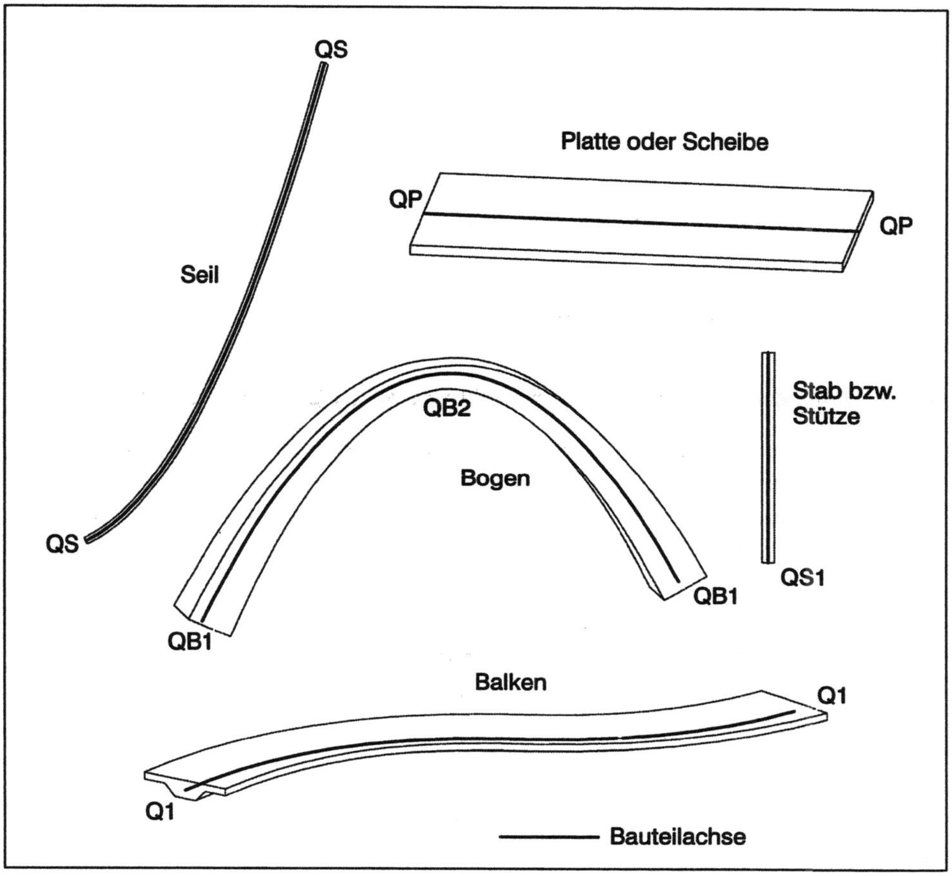

Bild 16 Beschreibbare Formen/Bauteile

Offensichtliche Probleme bereitet diese bauteilachsenbezogene Beschreibung bei der Definition ausgeprägter räumlicher Strukturen oder komplexer aus ebenen Elementen zusammmengesetzter Elemente wie z.B. Widerlagerkonstruktionen. Für die Behandlung dieser Strukturen wäre eine Erweiterung der dargestellten Systematik auf flächige bzw. ausgeprägte räumliche Strukturen notwendig. Dies wurde jedoch im Rahmen dieser Arbeit nicht weiter verfolgt.

Die Beschreibung eines Brückenbauwerks mit Hilfe des beschriebenen Elements (Bauteilachse mit veränderlichem Querschnitt) – es wird im weiteren als linienförmiges Grundelement bezeichnet – ist zumindest hinsichtlich der geometrischen Form denkbar. Festzulegen ist dazu lediglich die Form und Lage der Einzelelemente sowie die Art der Verknüpfung untereinander. Soll mit diesem Ansatz weiter gearbeitet werden, müssen jedoch noch weitere Fragen beantwortet werden:

- Wie sieht die exakte Definition der geometrischen Form des linienförmigen Grundelements aus?
- Genügt die Verwendung einzelner Grundelemente allen Anforderungen?
- Wie können die verschiedenen Modellierungsvorschriften in die Beschreibung integriert werden?
- Wie wird die Lage eines Elements beschrieben?
- Wie wird die Art der Verbindung festgelegt?

Diese Fragen sollen im weiteren eingehend untersucht werden.

4.1.1 Die geometrische Form des linienförmigen Grundelements

Zunächst wird für das linienförmige Grundelement ein lokales Koordinatensystem eingeführt (im weiteren immer mit Index l bezeichnet). Die lokale x–Achse wird durch die Bauteilachse definiert; die lokale y–Achse steht senkrecht auf der lokalen x–Achse und sei immer horizontal. Aus diesen beiden Vektoren ergibt sich dann per Vektorprodukt die lokale z–Achse. Die lokale x–Achse kann beliebig im Raum liegen. Die einzige Ausnahme bildet der Fall einer vertikalen Bauteilachse. Dann sind nämlich alle senkrecht zur lokalen x–Achse stehenden Vektoren horizontal. Deshalb wird für diesen Fall vereinbart, daß die lokale y–Achse dann gleich der globalen x–Achse und die lokale z–Achse gleich der globalen y–Achse ist.

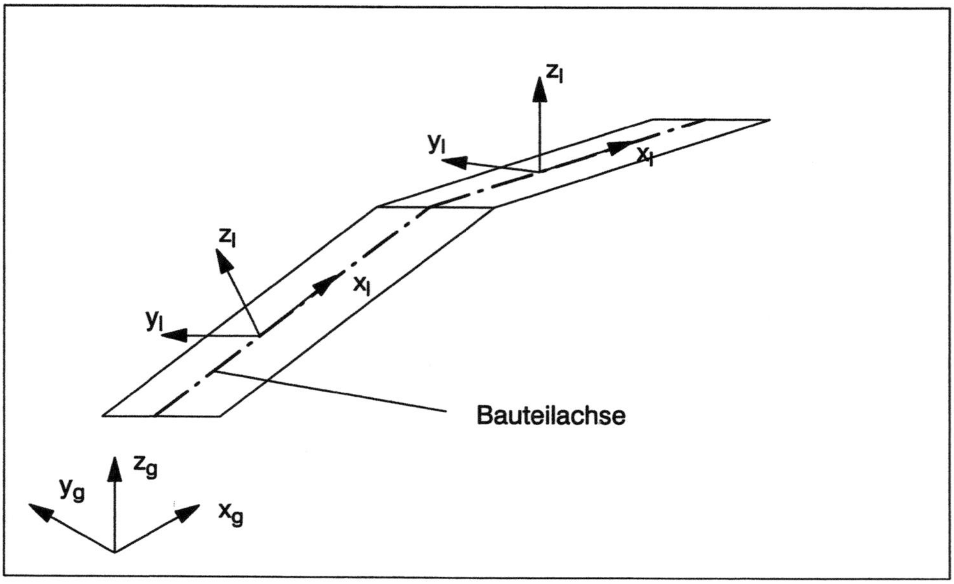

Bild 17 Lokales Koordinatensystem

Zusätzlich zu den die Geometrie bestimmenden Parametern Anfangs– und Endpunkt sowie Querschnitt senkrecht zur Bauteilachse werden für die Anwendung des Grundelements zur Beschreibung von Brückenbauwerken häufig noch zwei weitere Freiheitsgrade benötigt:

- Die Rotation des Querschnitts um die Bauteilachse um den Rotationswinkel α_r
- Die Verzerrung des gesamten Bauteils in der Bauteilebene (lokale x–y–Ebene) um den Scherwinkel α_s

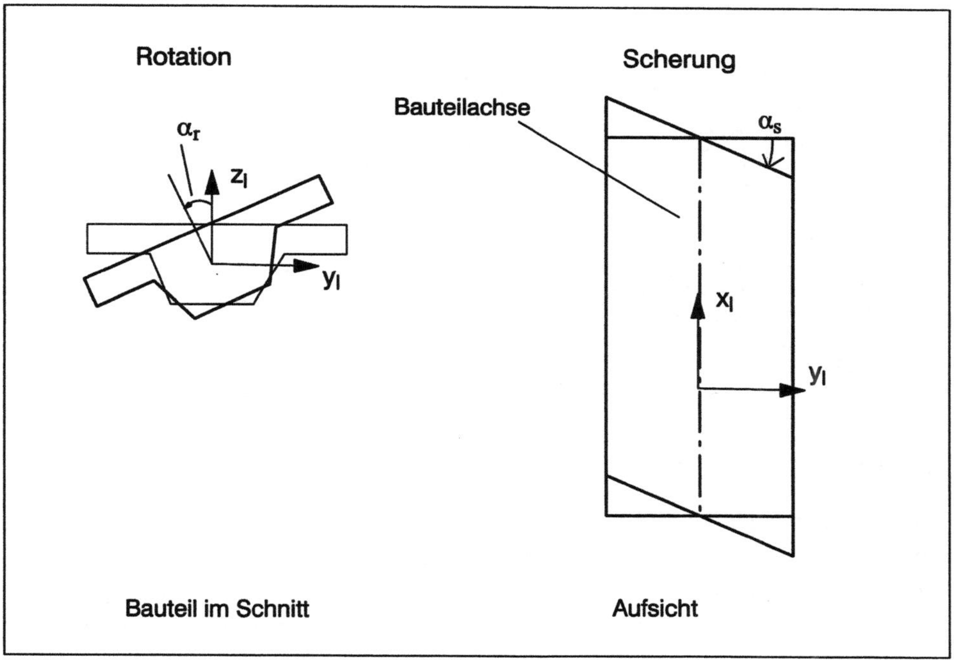

Bild 18 Geometrische Freiheitsgrade Rotation und Scherung

An einem Beispiel soll im folgenden die Notwendigkeit dieser beiden Freiheitsgrade dargestellt und die geometrische Kopplung der beiden Freiheitsgrade analytisch ermittelt werden. Das Beispiel in Bild 19 zeigt eine einfache, nur schematisch dargestellte Plattenbrücke, die schief über eine Straße führt. Die Plattenränder sollen im Grundriß parallel zur darunter verlaufenden Straße verlaufen. Erreicht wird dies einfach durch die Scherung des Plattenbauteils um den Scherwinkel α_{so} der gleich der Abweichung des Kreuzungswinkel vom lotrechten Winkel (90°) ist.

Die Plattenbrücke ist an zwei Punkten durch zwei schräg stehende Pfeiler unterstützt. Auch die Begrenzungskanten der schräg stehenden Pfeiler sollen parallel zu der Straße verlaufen. Die Begrenzungskanten werden durch die obere, in diesem Beispiel horizontal liegende Platte und den unteren Abschluß, das in diesem Fall ebenfalls horizontal liegende

Gründungsniveau, bestimmt. Aus der Definition des lokalen Achsensystems ergibt sich, daß die lokale z–Achse projiziert auf die x_g–y_g–Ebene bei Rotation 0° immer in Richtung der in gleicher Weise projizierten Bauteilachse zeigt. Dies ist aber bei dem stützenden Bauteil sicher nicht der Fall.

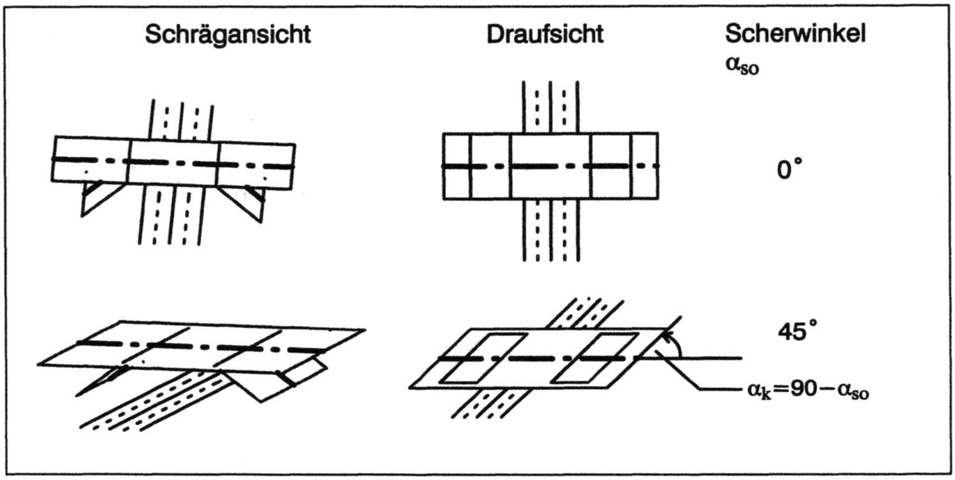

Bild 19 Scherwinkel bei schräger Kreuzung

Um die Stützung für den Fall $\alpha_k \neq 0$ mit Hilfe des linienförmigen Grundelements korrekt abbilden zu können, sind für das stützende Bauteil sowohl eine Rotation (α_r) wie auch ein Scherwinkel (α_s) anzugeben. Im folgenden sollen diese beiden Größen abhängig vom Kreuzungswinkel α_k und der Neigung der Bauteilachse zur Horizontalen α_v abgeleitet werden.

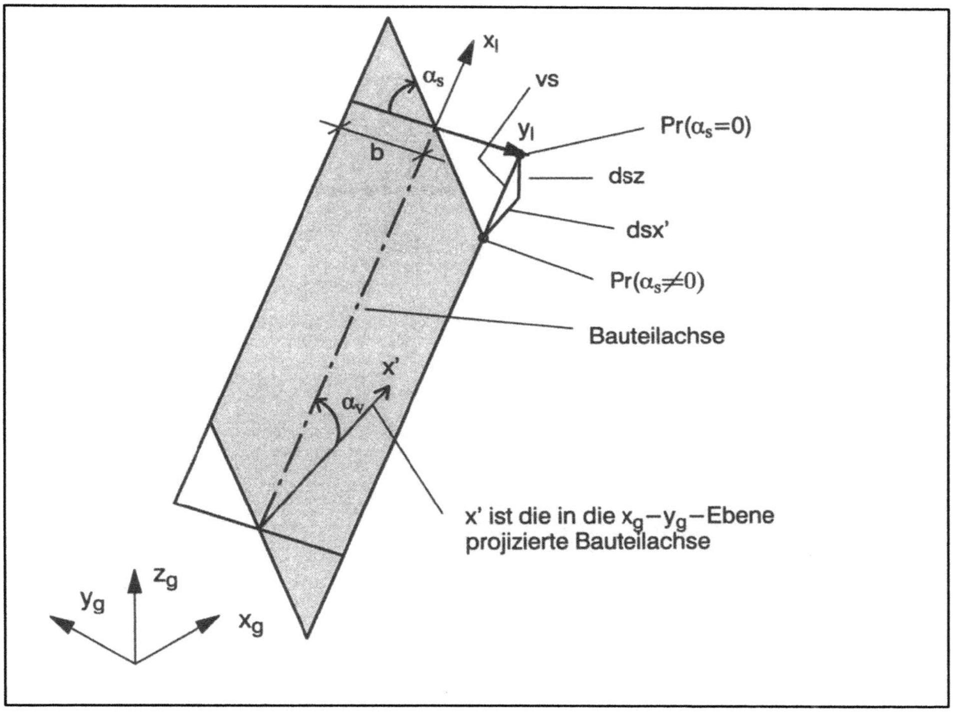

Bild 20 Scherfreiheitsgrad

Betrachtet wird der Querschnittsrandpunkt Pr. Bei einer Scherung des Querschnitts um den Winkel α_s wird die Lage des Punktes Pr um den Vektor vs verändert, der betragsmäßig wie folgt berechnet werden kann:

$$vs = b\tan(\alpha_s) \tag{4.1}$$

Die Querschnittsbreite b wird zur weiteren Vereinfachung im folgenden zu 1 angenommen und kann damit in den weiteren Ausdrücken entfallen. Der Vektor vs hat einen vertikalen Anteil dsz und einen horizontalen Anteil dsx'; diese können wie folgt bestimmt werden:

$$dsz = vs\sin(\alpha_v) \tag{4.2}$$

$$dsx' = vs\cos(\alpha_v) \tag{4.3}$$

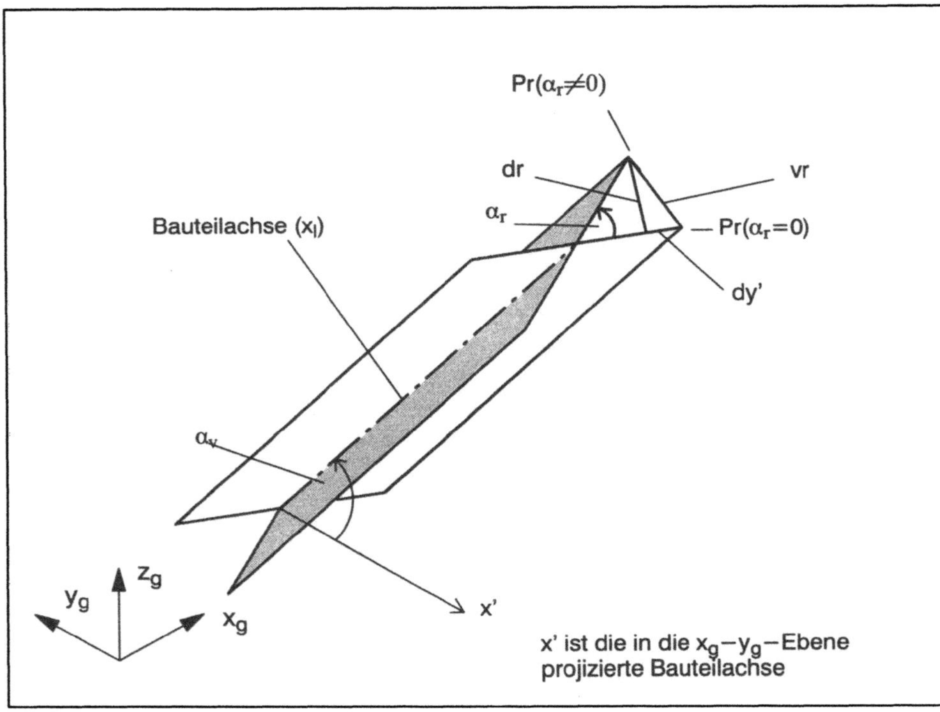

Bild 21 Rotationsfreiheitsgrad

Bei einer Rotation um den Winkel α_r um die Bauteilachse bewegt sich der Querschnittsrandpunkt Pr entlang dem Vektor vr, der sich wiederum aus den beiden Anteilen dr und dy' zusammensetzt. Während der Anteil dy' lediglich eine Bewegung entlang der lokalen y–Achse des Bauteils darstellt, kann der Vektor dr wiederum in zwei Anteile zerlegt werden:

$$vr = \sin(\alpha_r) \tag{4.4}$$

$$drz = vr\cos(\alpha_v) \tag{4.5}$$

$$drx' = vr\sin(\alpha_v) \tag{4.6}$$

Für den in Bild 19 geschilderten Fall gilt nun, daß die Verschiebung des Querschnittsrandpunktes infolge einer Scherung des horizontal liegenden Plattenbauteils um α_{so} gleich der Verschiebung des Randpunktes infolge der Scherung α_s sowie einer Rotation α_r des stützenden Bauteils sein soll. Zu beachten ist dabei noch, daß die projizierte Querschnittsbreite des stützenden Bauteils infolge der Rotation um den Faktor $\cos(\alpha_r)$ vermindert wird. Es ergibt sich folgende Gleichung:

$$\cos(\alpha_r)\tan(\alpha_{so}) = drx' + dsx' \tag{4.7}$$

$$\cos(\alpha_r)\tan(\alpha_{so}) = \sin(\alpha_r)\sin(\alpha_v) + \tan(\alpha_s)\cos(\alpha_v) \tag{4.8}$$

Damit die obere Begrenzungskante des schrägen Bauteils horizontal verläuft, müssen sich die aus Rotation und Scherung resultierenden Verschiebungen in z–Richtung aufheben:

$$\sin(\alpha_r)\cos(\alpha_v) = \tan(\alpha_s)\sin(\alpha_v) \tag{4.9}$$

Gleichung (4.9) in Gleichung (4.8) eingesetzt führt zu

$$\cos(\alpha_r)\tan(\alpha_{so}) = \sin(\alpha_r)\sin(\alpha_v) + \frac{\sin(\alpha_r)}{\tan(\alpha_v)}\cos(\alpha_v) \tag{4.10}$$

und durch die folgenden Umformungen schließlich zur Lösung für rotα:

$$\cos(\alpha_r)\tan(\alpha_{so}) = \sin(\alpha_r)\sin(\alpha_v) + \frac{\sin(\alpha_r)}{\tan(\alpha_v)}\cos(\alpha_v) \tag{4.11}$$

$$\cos(\alpha_r)\tan(\alpha_{so}) = \sin(\alpha_r)\sin(\alpha_v) + \frac{\sin(\alpha_r)}{\sin(\alpha_v)}\cos^2(\alpha_v) \tag{4.12}$$

$$\cos(\alpha_r)\tan(\alpha_{so}) = \sin(\alpha_r)(\sin(\alpha_v) + \frac{\cos^2(\alpha_v)}{\sin(\alpha_v)}) \tag{4.13}$$

$$\cos(\alpha_r)\tan(\alpha_{so}) = \sin(\alpha_r)(\frac{\sin^2(\alpha_v) + \cos^2(\alpha_v)}{\sin(\alpha_v)}) \tag{4.14}$$

$$\tan(\alpha_{so}) = \tan(\alpha_r)(\frac{1}{\sin(\alpha_v)}) \tag{4.15}$$

$$\alpha_r = \operatorname{atan}(\tan(\alpha_{so})\sin(\alpha_v)) \tag{4.16}$$

Setzt man nun wiederum die Bedingung gleicher Vertikalanteile durch Rotation und Scherung an (Gleichung (4.9)), so erhält man aus dem Rotationswinkel α_r den Scherwinkel α_s wie folgt:

$$\alpha_s = \operatorname{atan}(\frac{\sin(\alpha_r)}{\tan(\alpha_v)}) \tag{4.17}$$

Sollen die beiden Bauteile bündig anschließen, so muß der Querschnitt des schrägen Bauteils um den folgenden Faktor breiter als der Querschnitt des horizontal liegenden Bauteils gewählt werden:

$$\text{Qfac} = \cos(\alpha_r) \tag{4.18}$$

Das betrachtete Beispiel zeigt, daß auch relativ schwierige geometrische Erfordernisse mit dem allgemein definierten Grundelement abzubilden sind. Die Bestimmung der geometrischen Freiheitsgrade ist dabei jederzeit analytisch möglich.

Wenden wir uns nun den weiteren Modellierungsarten zu (numerisch, konstruktiv, etc.), so wird an dem o.e. Beispiel der schrägen Stützung schnell deutlich, daß für die korrekte Beschreibung des stützenden Bauteils noch ein weiterer Freiheitsgrad eingeführt werden muß. Während die Durchdringung verschiedener Bauteile bei der graphischen Betrachtung keine Rolle spielt, da entsprechende Darstellungsalgorithmen dafür sorgen, daß nur die Oberfläche des zusammengesetzten Körpers sichtbar wird, führt sie bei einer numerischen Auswertung (Massenermittlung) oder auch statischen Idealisierung (mit Hilfe von Volumenelementen) offensichtlich zu Fehlern. Um diese zu vermeiden, oder zumindest gering zu halten, muß eine Modellierung möglich sein, wie sie im nächsten Bild gezeigt ist. Am unteren Rand wird die schräg stehende Stütze senkrecht zur Bauteilachse berandet, am oberen Rand wird sie horizontal abgeschnitten.

Erreicht wird dies durch das "Kippen" des Querschnitts um den Differenzwinkel Bauteilachse zur Vertikalen. Das Kippen des Querschnitts kann nicht ausschließlich lokal am Querschnitt des oberen Rand stattfinden, sondern muß über die Bauteillänge stetig zunehmen. Im gezeigten Beispiel wird so ein Kippwinkel am oberen Ende von 60° erreicht.

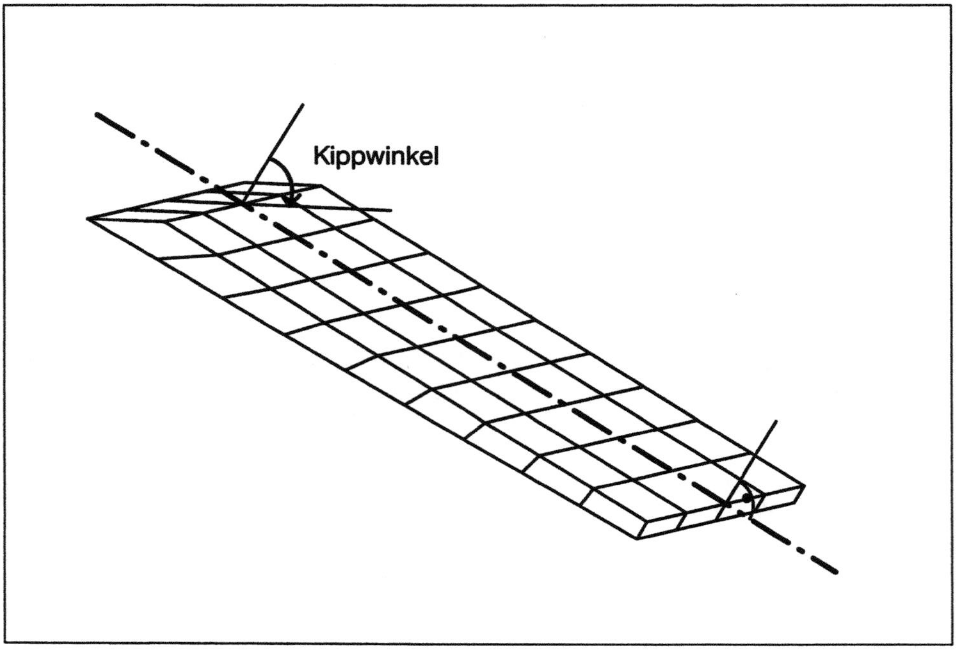

Bild 22 Freiheitsgrad "Kippen"

4.1.2 Bauteilverband

Die Anforderungen an die Bauwerksbeschreibung hinsichtlich der möglichen Entwurfsvielfalt ist durch die Verwendung des sehr allgemein gehaltenen, linienförmigen Grundelements sicher erfüllt. Allein die Forderung nach komfortabler Erzeugung bzw. Veränderbarkeit eines Entwurfs macht zusätzliche Überlegungen notwendig. Diese Anforderung resultiert aus der Erkenntnis, daß schnell durchzuführende Systemänderungen bei der Entwurfsbearbeitung eher berücksichtigt werden können als zeitaufwendige. Gerade in diesem Bereich sollte die Unterstützung durch den Computer zu einer Verbesserung des status quo führen. Dies ist umso wichtiger, als eine schnellere Bearbeitungszeit nicht nur eine kürzere Planungszeit nach sich ziehen kann, sondern durch vermehrt möglich werdende alternative Untersuchungen auch eine Qualitätssteigerung erreicht werden kann. Am Beispiel einer Bogenbrücke soll dieser Sachverhalt in Bild 23 kurz erläutert werden. Bogen, Hänger sowie die Fahrbahnplatte werden dazu nur schematisch angedeutet.

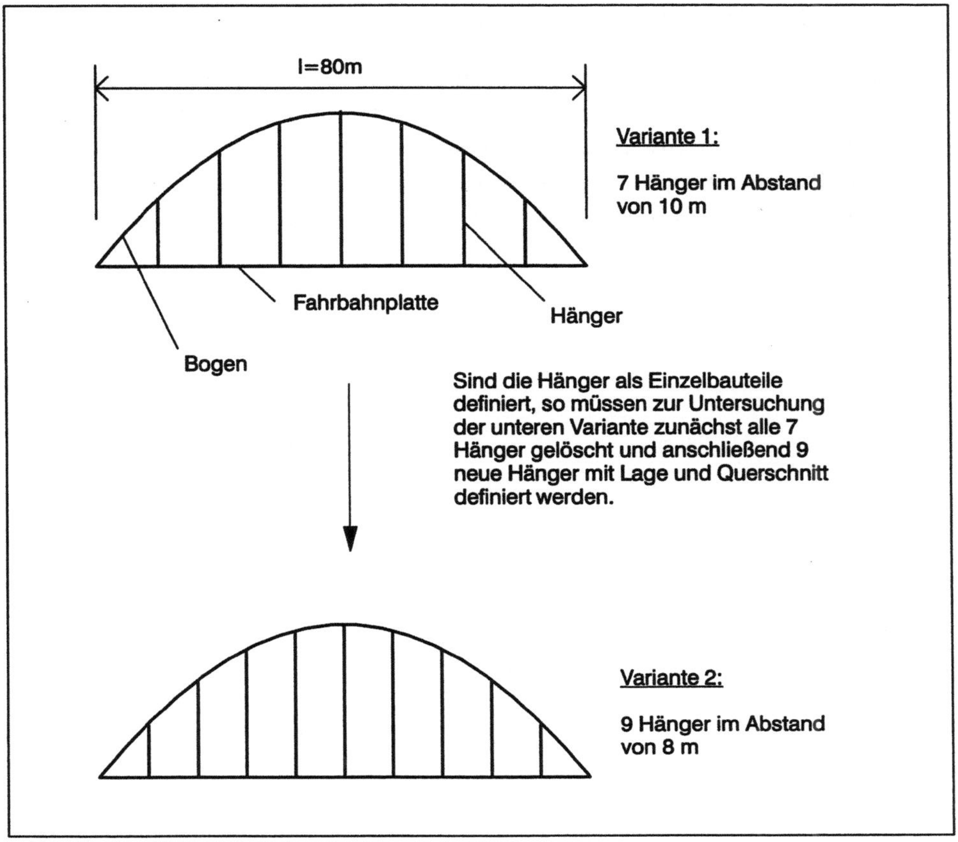

Bild 23 Bogenbrücke mit unterschiedlichen Hängerabständen

Ausgehend von einer zunächst betrachteten Bogenbrücke mit relativ wenigen Hängern und großen Stützweiten soll eine Untersuchung einer Brückenvariante mit mehr Hängern in geringerem Abstand erfolgen. Die Systemgenerierung sowie die gewünschte Systemänderung erfordern einen großen Aufwand, solange jeder einzelne Hänger als eigenständiges Bauteil mit Lage, Querschnitt und Verbindung zu anderen Bauteilen zu definieren ist. Je größer der Aufwand zur Untersuchung einer Variante ist, desto weniger wahrscheinlich findet diese alternative Untersuchung statt.

Eine entwurfsorientierte Computerunterstützung sollte aber gerade in diesem Bereich angreifen, um die Untersuchung vieler verschiedener Varianten in relativ kurzer Zeit zu ermöglichen. Deshalb wird zusätzlich zu dem allgemeinen, einzelnen, linienförmigen Element noch ein zweites Element zur Bauwerksbeschreibung eingeführt, das einen komplexen Verband einzelner Bauteile darstellt. Dieses Element zur Bauwerksbeschreibung wird im weiteren Bauteilverband genannt. In aller Regel wird dieser Bauteilverband zur Verknüpfung hierarchisch höher stehender Einzelbauteile eingesetzt. Im vorher gezeigten Beispiel wird der Brückenträger durch einen Hängerverband mit dem Bogen verbunden.

Der Bauteilverband wird durch die zu verknüpfenden Einzelbauteile, die Lage des Bauteilverbandes sowie durch die Anordnung der einzelnen Bauteile innerhalb des Verbandes beschrieben. Der Bauteilverband sollte so angelegt sein, daß die einzelnen Bauteile des Verbandes auch einzeln manipuliert werden können (bspw. zur Querschnittsänderung), ohne daß dazu die Zuordnung zum Bauteilverband gelöst werden muß. In Bild 24 wird dieser Sachverhalt näher erläutert.

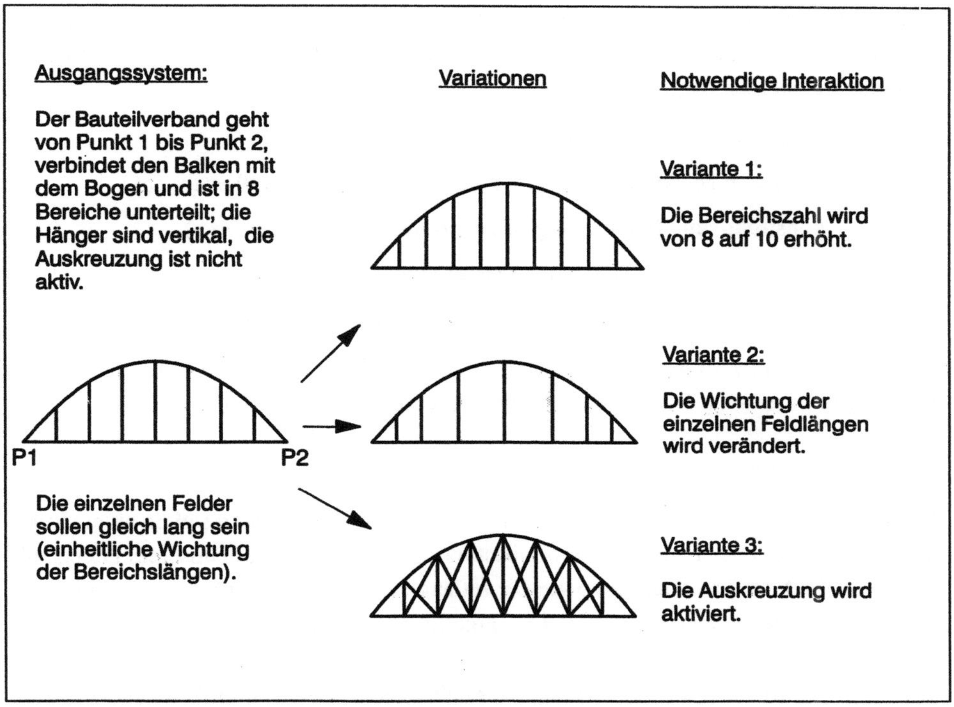

Bild 24 Der Bauteilverband in der Anwendung

Mit Hilfe der beiden vorgestellten Grundelemente (linienförmiges Element mit veränderlichem Querschnitt und Bauteilverband) lassen sich Brückenbauwerke weitestgehend beschreiben, sieht man einmal von Sonderkonstruktionen wie massigen Widerlager– oder Fundamentkonstruktionen ab, die hier zunächst keine wesentliche Rolle spielen. Für die Systemgenerierung, also Ersterzeugung, eines Brückenentwurfs ist sicher zu überprüfen, inwieweit man diese Grundelemente direkt verwendet oder sie zur Formulierung bekannter Brückenbauteiltypen, wie Balken, Stütze etc. benutzt. Auf diese Fragestellung wird in Kapitel 5 im Rahmen der Realisierungsbeschreibung näher eingegangen.

4.1.3 Unterschiedliche Modellierungsvorschriften

Die Bewertung von Entwürfen und Entwurfsalternativen findet anhand vieler verschiedener Kriterien statt. Für die Untersuchung der einzelnen Kriterien sind unterschiedliche Modelle des Entwurfs zu bilden und entprechend auszuwerten. Die Modellbildungsprozesse und –bewertungen finden im Entwurfsprozeß parallel statt und sollten dabei immer auf einer einheitlichen (konsistenten) Bauwerksbeschreibung basieren. Deshalb besteht die Forderung nach einer Integration der verschiedenen Modellbildungsprozesse. Das bedeutet für die Bauwerksbeschreibung, daß alle in Betracht kommenden Modelle aus der konsistenten Bauwerksbeschreibung abgeleitet werden müssen. Die Bauteile sind somit nicht nur ihrer geometrischen Form nach zu beschreiben sondern müssen auch mit Informationen hinterlegt werden bzgl. der

- graphischen Modellierung (Oberflächen, Farben, etc.)
- statischen Modellierung (Werkstoff, Querschnitt, Steifigkeiten, etc.)
- konstruktiven Modellierung (Bewehrung, Verbindungen, etc.)
- ökonomischen Untersuchung (Materialkosten, Zeitaufwand, etc.)
- ökologischen Untersuchung (Energieaufwand, Baustoffe, etc.)

Im weiteren soll geprüft werden, inwieweit diese Informationen in die bauteilorientierte Bauwerksbeschreibung, wie sie oben dargestellt wurde, zu integrieren sind.

Graphische Information

Die graphischen Informationen über ein auszuwertendes Objekt lassen sich in zwei Gruppen aufteilen. Zum einen gibt es die formbestimmenden Parameter; in unserem Falle sind dies der Verlauf der Bauteilachse sowie der entlang der Achse zu beschreibende Querschnitt. Zum anderen sind es materialabhängige Eigenschaften wie Farbe, Transparenz, Reflexionsgrad, Rauhigkeit der Oberfläche, usw.. Die Informationen über die Form sind durch die Definition des Grundelements sicher abgedeckt; die weiteren Parameter können als Attribute beim einzelnen Bauteil oder beim verwendeten Material abgelegt werden. Notwendige Voraussetzung für die vollständige graphische Beschreibung ist also lediglich die Möglichkeit, Bauteile und die verwendeten Materialien mit entsprechenden Attributen versehen zu können.

Statische Information

Die statische Information über ein Bauwerk besteht zum einen aus den Aussagen über das Bauteil selbst (Geometrie, Werkstoff) und zum anderen aus Aussagen über die Verknüpfung verschiedener Bauteile bzw. über die Randbedingungen. Dazu kommen Informationen zur Belastung und den anzuwendenden Lastfallkombinationen.

Zur Untersuchung eines Entwurfs in statischer Hinsicht, muß zunächst ein mechanisches Modell zur Berechnung des Tragwerks ausgesucht werden (Balken, Schalen, Fachwerk, etc.), für das dann ein geeignetes Berechnungsmodell abgeleitet, berechnet und ausgewertet wird. Dazu wird das Bauteil in Einzelelemente (Finite Elemente) unterteilt, die ihre Eigenschaften (Material, Form bzw. Steifigkeit) aus den Bauteileigenschaften beziehen. Die geometrische Form der Finiten Elemente ist dabei querschnittsabhängig (also möglicherweise über die Bauteilachse veränderlich); die Anzahl der Elemente in Achsenrichtung sowie die Materialeigenschaften sind bauteilabhängig (also für das ganze Bauteil konstant).

Folgende Forderungen bestehen demnach aus Gründen der automatischen Generierung eines statischen Modells an die Bauwerksbeschreibung:

- Die Einteilung der FE–Modellierung entlang der Bauteilachse ist bauteilabhängig zu definieren.
- Jeder Querschnitt muß mit einer Modellierungsvorschrift in statischer Hinsicht versehen werden. Bei der Anwendung einer in der Genauigkeit variablen Modellierung müssen je Querschnitt zu jeder Genauigkeitsstufe Modellierungsvorschriften abgelegt werden.
- Das Bauteil muß mit Informationen über Verknüpfungen bzw. Randbedingungen versehen werden.
- Die Last ist so zu beschreiben, daß sie unabhängig von der FE–Einteilung auf das FE–Modell aufgebracht werden kann.
- Jedes Bauteil muß mit Informationen bzgl. der verwendeten Materialien versehen werden.

Während die Speicherung der bauteilabhängigen Informationen bei der bauteilorientierten Beschreibung keine Schwierigkeiten bereitet, sind zusätzliche Überlegungen bzgl. der Behandlung der querschnittsabhängigen (Modellierungsvorschrift) und der bauteilübergeordneten (Lastdaten) Information notwendig.

Die Lastdaten können sowohl global für das Tragwerk definiert werden (z.B. zu erwartende Windlast in horizontaler Richtung) als auch bauteilabhängig vorgegeben sein (z.B. Verkehrslast auf dem Brückenträger). Die bauteilabhängige Lastdarstellung bereitet keine Probleme, denn sie kann als zusätzliche Information der Bauteilbeschreibung hinzugefügt werden. Zur Erzeugung, Verwaltung und Interpretation globaler Lastinformationen müssen einerseits bauteilübergeordnete Informationen vom Konzept her zugelassen werden, andererseits müssen auch entsprechende Mechanismen zur Verfügung gestellt werden, die eine Interpretation der globalen Information auf der Bauteilebene ermöglichen. Die globale Last muß also je nach Bauteilform und Ausrichtung auf eine bauteilabhängig Darstellung umgerechnet und bei der Erzeugung des statischen Modells berücksichtigt werden.

Diese Vorgehensweise ist dem Vererbungsprinzip in den objektorientierten Programmiermethoden ähnlich; die Lastinformation des gesamten Bauwerks wird dabei an alle Bauteile weiter vererbt. Sie muß aber keinesfalls mit entsprechenden Methoden realisiert werden, wie im nächsten Kapitel gezeigt wird. Der Mechanismus der "Lastvererbung" soll in der folgenden Darstellung in Bild 25 verdeutlicht werden.

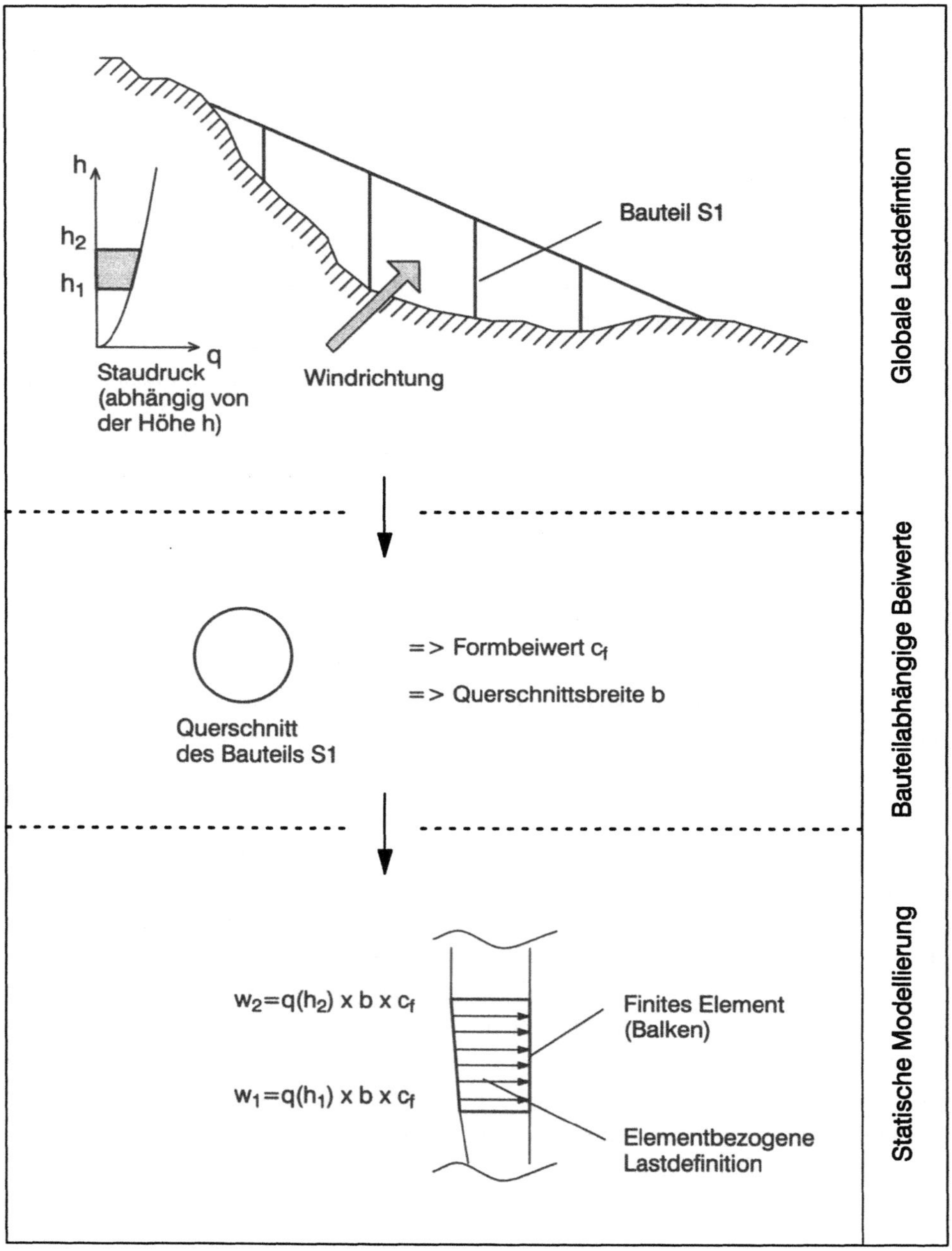

Bild 25 Ableitung der elementbezogenen Lastdaten aus globaler Lastdefinition und bauteilabhängiger Information

Die querschnittsabhängige statische Modellierungsvorschrift sollte so angelegt sein, daß sie zum einen bei der Erzeugung bereits visuell kontrolliert werden kann und zum anderen bei der Modellerzeugung aus dieser zunächst ebenen Vorschrift (der Querschnitt ist als ebene Fläche definiert) ein räumliches Modell wird.

Die visuelle Kontrolle wird dadurch erreicht, daß bei der Erzeugung der Modellierungsvorschrift die geometrische Form des Querschnitts hinterlegt wird. Eventuelle Widersprüche zwischen geometrischer Form und statischer Idealisierung sind somit sofort sichtbar.

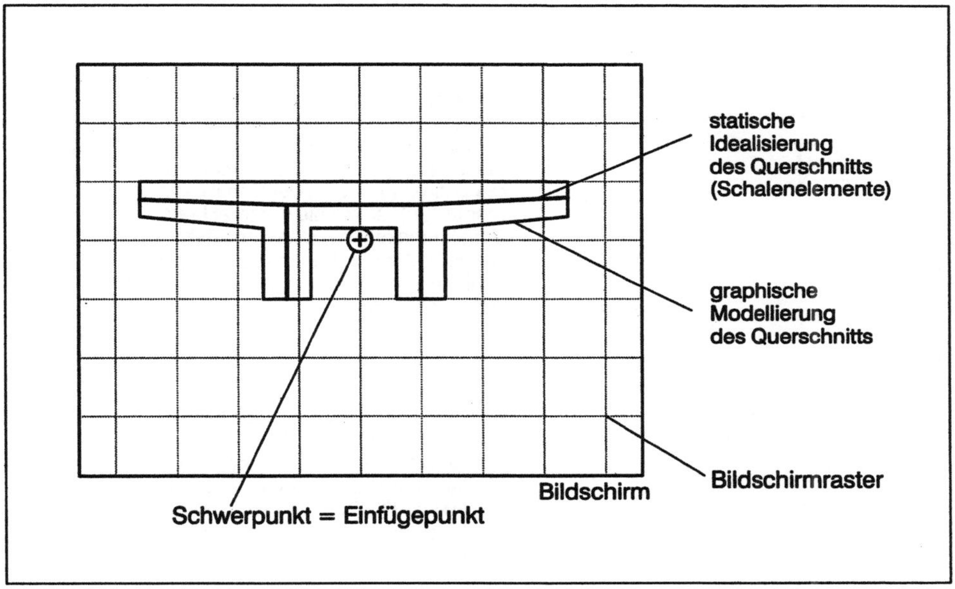

Bild 26 Visuelle Kontrolle der Querschnittsidealisierung

Die Ableitung eines räumlichen Modells aus der ebenen Querschnittsmodellierung erfolgt analog der graphischen Modellierung. Das gesamte Bauteil wird in Segmente unterteilt. Bei unterschiedlichen Querschnitten am Anfang und am Ende wird die Querschnittsveränderung (hier die Veränderung der statischen Idealisierung) auf die einzelnen Segmentquerschnitte verteilt. Die einzelnen Querschnittsidealisierungen werden zu einem räumlichen Modell verbunden.

Den eigentlichen Modellierungsvorgang soll Bild 27 verdeutlichen.

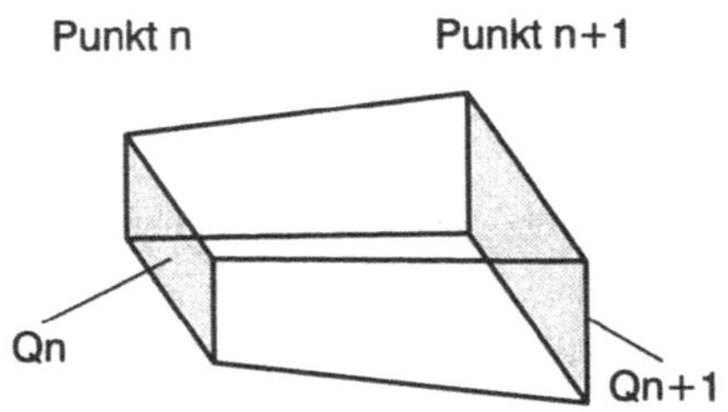

Der Querschnitt ist durch 4 Kanten definiert. Die Abmessungen können sich von Punkt zu Punkt unterscheiden. Das graphische Volumenmodell wird durch die Oberfläche des dargestellten Körpers beschrieben. Die Oberfläche ergibt sich aus der Verbindung der entsprechenden Querschnittseckpunkte.

graphisch

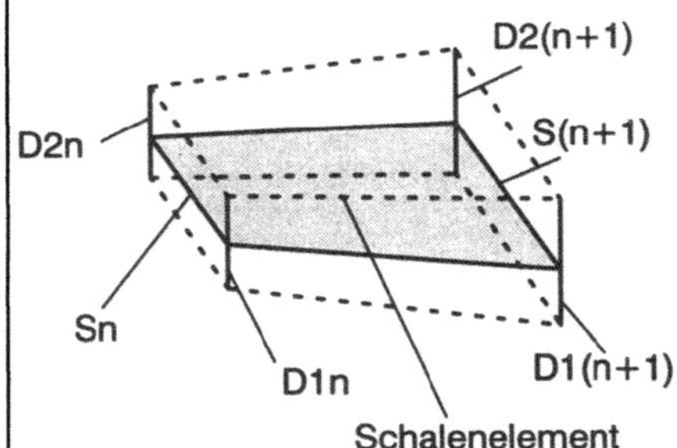

Das statische Modell wird ebenso wie das graphische über den Querschnitt definiert. Im Falle einer Schalen–idealisierung ist für jeden Querschnitt die Lage und Anzahl der Schalenelemente (Sn), sowie die entsprechende Schalendicke (D1n,D2n) anzugeben. Durch Verbinden benachbarter Querschnitte kann dann das gesamte Modell gefunden werden.

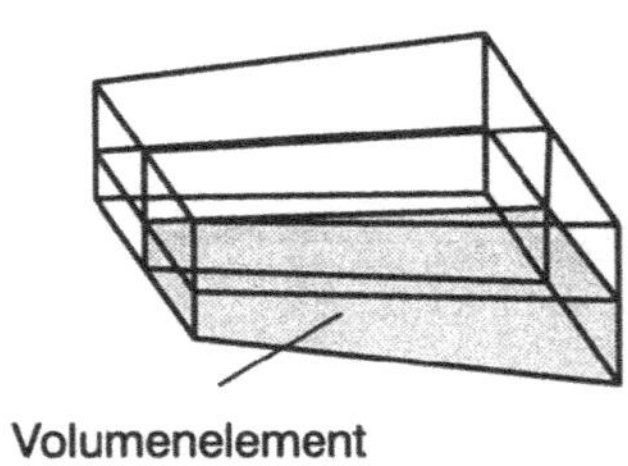

Im Falle einer Volumenmodellierung ist für jeden Querschnitt die Einteilung des Querschnitts in 4–knotige Flä–chenelemente anzugeben. Verbindet man diese Flächen wiederum miteinander, so erhält man das gewünschte Volumenmodell.

statisch

Bild 27 Querschnittsabhängige Modellierung

Konstruktive Information

Bei der konstruktiven Durchbildung eines Bauwerks hilft eine bauteilorientierte Betrachtung nicht weiter, da die kritischen Bereiche oft in den Verbindungen verschiedener Bauteile (D–Bereichen) liegen. Deshalb läuft sie in zwei Schritten ab. Zunächst muß für die Konstruktion ein geeignetes Lastabtragungsmodell gefunden werden, das zum einen das Tragverhalten des betrachteten Bauwerksausschnitts richtig wiedergibt und zum anderen Aussagen über die Größe der Beanspruchung zuläßt. Dazu werden im allgemeinen Stabwerkmodelle benutzt. In einem zweiten Schritt wird das gefundene Stabwerkmodell in ein entsprechendes konstruktives Modell umgesetzt. Bei Stahlbetonbauteilen werden bspw.

Zugkräfte durch Bewehrung abgedeckt; bei Stahlbauteilen werden bspw. Verbindungskonstrukionen entsprechend der Belastung entworfen.

Um die konstruktive Durchbildung eines kritischen Bereichs beurteilen zu können, muß also zunächst ein Stabwerkmodell entworfen werden, aufgrund dessen dann die Realisierbarkeit eines konstruktiven Modells überprüft werden kann. Die Einbindung des Konzepts der Stabwerkmodelle in das hier im Vordergrund stehende entwurfsorientierte Konzept ist deshalb notwendig. Auf diesen Punkt soll aber erst später (Kapitel 5 – Realisierung) eingegangen werden. Hier soll zunächst der Frage nachgegangen werden, inwieweit die Beschreibung des konstruktiven Modells, soweit es eine Bedeutung innerhalb des Ent–wurfsprozeß hat, in die diskutierte, bauteilorientierte Bauwerksbeschreibung integriert werden kann.

Zur Information über das konstruktive Modell zählen bei Bauteilen aus Stahlbeton Aussagen über Bewehrungsmenge und –verteilung sowie die Beschreibung von Art und Lage der Spannglieder. Allgemein werden darunter Aussagen über die konstruktive Durchbildung der einzelnen Bauteile sowie deren Verbindung verstanden. Dazu kommen Informationen, die für die Bemessung relevant sind (z.B. Materialeigenschaften).

Die Beschreibung der Bewehrung erfolgt im Entwurfsstadium oft durch Angabe eines durchschnittlichen Bewehrungsgehalts der einzelnen Bauteile. Aus den Betonvolumina lassen sich dann die zur Konstruktion notwendigen Stahlmengen ermitteln. Zur Beurteilung der konstruktiven Duchbildung, und das ist ja das Ziel der "konstruktiven Modellierung", genügt dies sicher nicht. Vielmehr muß dazu die Bewehrung exakt mit Stabform, –position und –durchmesser definiert werden.

Zur Lagebeschreibung der einzelnen Bewehrungsstäbe bietet sich das lokale Koordinatensystem des einzelnen Bauteils an. Gerade Stäbe sind einfach durch die Angabe von Anfangs– und Endpunkt im lokalen System definiert. Komplexere Biegeformen (z.B. Bügel) werden zunächst als Biegeform definiert und anschließend über Einfügepunkt und entsprechende Rotationen eingepaßt (s. Bild 28).

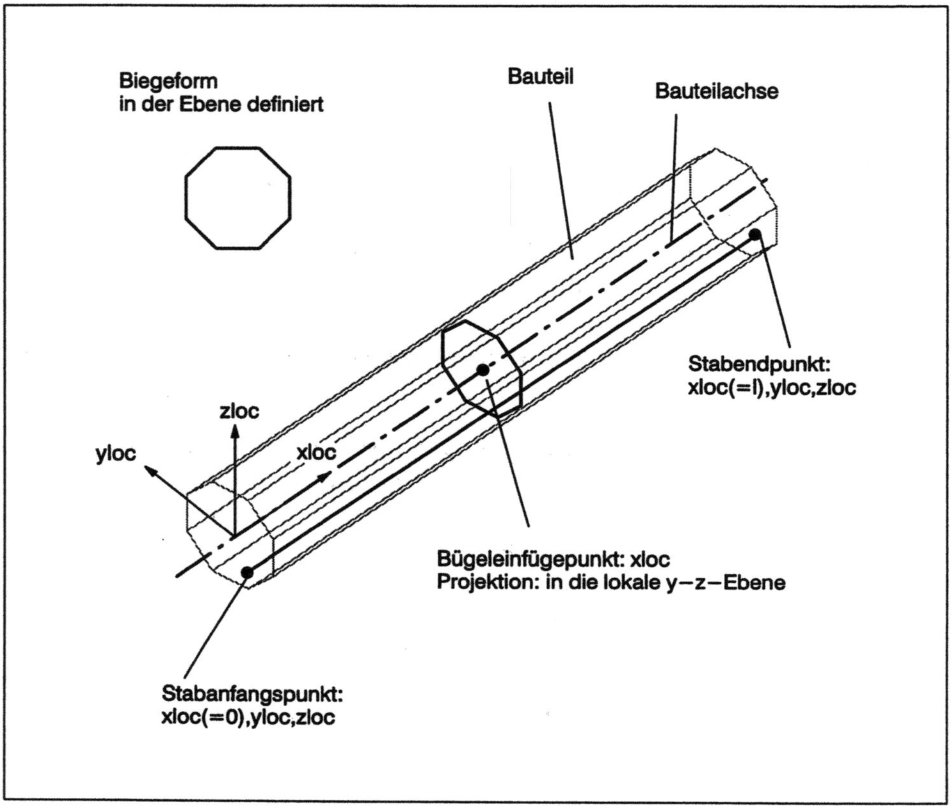

Bild 28 Bauteilabhängige Lagebeschreibung der Bewehrung

Wichtig für die Erzeugung und die Manipulationsmöglichkeit der Bewehrungsbeschreibung ist die Zusammenfassung von mehreren Biegeformen in komplexeren Bewehrungseinheiten. Dazu wird eine Biegeform zuerst geometrisch definiert und anschließend im Bauteil aufgrund einer Verlegevorschrift "verlegt". Bild 29 soll dies veranschaulichen.

Bewehrungsinformation:

Bauteil: Stütze
Achse: P1 nach P2

Betondeckung: c=3.0 cm

Längsbew: in den Ecken je 1 Stab
Durchm.=20 mm

Bügelform N−Eck, dm=12 mm
Verlegung 3 Bereiche:
Ber1: L=1.00 m, s=100 mm
Ber2: L=8.00 m, s=250 mm
Ber3: L=1.00 m, s=100 mm

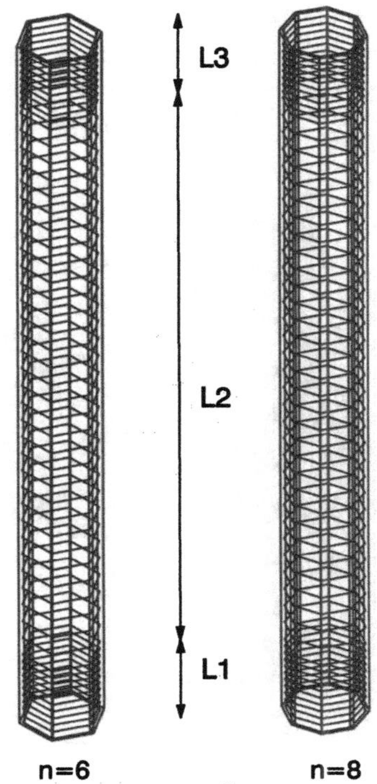

Die Stützenbewehrung ist unter Zuhilfenahme von Verlegevorschriften sehr kompakt definiert. Eine Veränderung des N−Eck−Querschnitts von 6 auf 8 Ecken bei gleichem Außendurchmesser der Stützen kann in diesem Fall die notwendige Aktualisierung der Biegeform ohne jegliche Interaktion nach sich ziehen.

Bild 29 Verlegevorschriften für Bewehrung

Bild 30 zeigt die Bewehrung der 8–eckigen Stütze des oberen Beispiels im Detail. Während für alle Bewehrungsstäbe oben aus Gründen der Übersichtlichkeit nur die Stabachse dargestellt ist, muß die Bewehrung zur visuellen Beurteilung der Konstruktion im Detail mit den reellen Abmessungen dargestellt werden können.

Die Beschreibung der Bewehrung bzw. der konstruktiven Details ist damit sicher noch nicht abgeschlossen; sie steht jedoch auch nicht im Vordergrund der vorliegenden Untersuchungen. Denn die ausführungsreife Ausarbeitung der konstruktiven Details findet nicht im hier betrachteten Entwurfsprozeß, sondern im Anschluß daran statt. Gleichwohl sollte die Bewehrung, soweit sie schon während der Entwurfsphase eine Rolle spielt, vom Konzept her berücksichtigt sein. Hier wurde deshalb durch die obigen Ausführungen nur aufgezeigt, daß die vorgestellte, bauteilorientierte und querschnittsabhängige Beschreibung eines Bauwerks auch mit Informationen über die Bewehrungsanordnung versehen werden kann. Die Visualisierung und damit konstruktive Bewertung kritischer Bewehrungsdetails ist damit ein integraler Bestandteil des vorliegenden Konzepts.

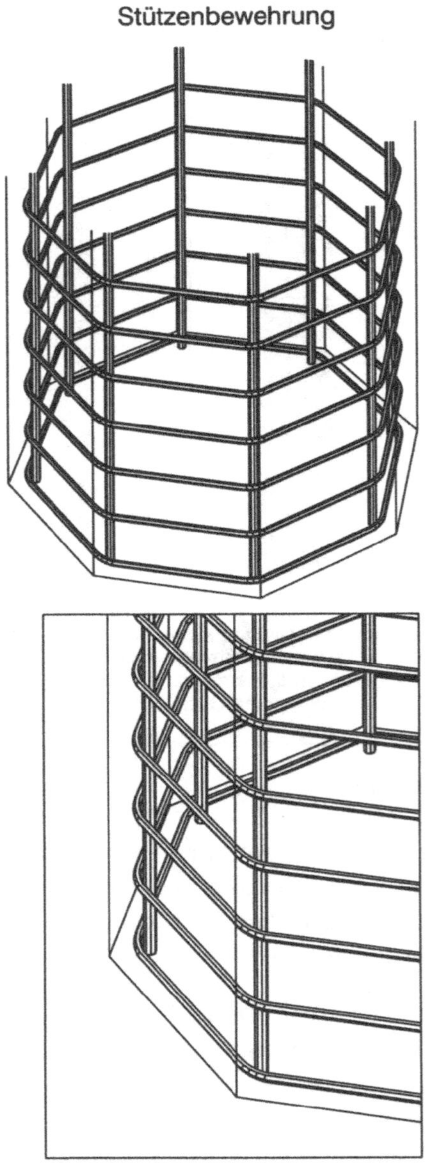

Dargestellt ist die Bewehrung der 8–eckigen Stütze im unteren Bereich.

Die einzelnen Stäbe sind mit den richtigen Durchmessern dargestellt (Bügel 12 mm, Längsstab 20 mm).

Detailvergößerung der obigen Darstellung.

Bild 30 Visualisierung der Bewehrung

Ökonomische Information

Unter den ökonomischen Informationen werden alle Parameter verstanden, die zur Durchführung einer Kostenschätzung notwendig sind. Die Kostenschätzung soll dabei nicht mit den üblichen flächenbezogenen Kennzahlen (z.B. 3000.–DM / m^2 Brückenfläche), sondern bereits unter Berücksichtigung der benötigten Baustoffmengen stattfinden. Dabei sind hier nur diejenigen Informationen von Bedeutung, die nicht bereits durch vorhergehende Aspekte (z.B. Erfassung des Volumens aus der graphischen Modellierung) erfaßt sind. Im wesentlichen sind dies Aussagen über Materialkosten. Sie können leicht als Attribute bei den Materialeigenschaften abgelegt werden.

Ökologische Information

Die Bewertung eines Bauwerks im Hinblick auf seine ökologischen Auswirkungen (Eingriff in die Natur, Ressourcenverbrauch, Gesamtenergieverbrauch, etc.) ist heute noch nicht selbstverständlich, wird jedoch in Zukunft zunehmend an Bedeutung gewinnen. Eine systematische Vorgehensweise, die ökologische Qualität eines Bauwerks zu beurteilen, gibt es noch nicht; Ansätze dazu werden aber bereits u.a. im Rahmen einer Forschergruppe (s. FOGIB (1994)) erarbeitet. Sicher ist allerdings, daß für entsprechende Untersuchungen, Informationen über Werkstoffe, Massen und Gewichte, Bauverfahren, oder auch notwendig werdende Geländebewegungen benötigt werden. Diese werden aufgrund anderer Untersuchungsmodelle sowieso Bestandteil der Bauwerksbeschreibung sein und stehen damit auch einer zukünftigen Auswertung im Hinblick auf ökologische Qualität zur Verfügung.

4.1.4 Beispiel für die Integration verschiedener Modellierungsvorschriften

Im folgenden soll die Integration der querschnittsabhängigen Modellierung der Bauteile in graphischer und statischer Hinsicht kurz an zwei Beispielen demonstriert werden.

Beispiel 1:
Eine Stütze soll mit Hilfe eines linienförmigen Bauteils abgebildet werden. Die Stütze ist vertikal und hat einen über die Höhe veränderlichen Querschnittsverlauf. Die graphische Modellierung soll in Form einer Volumendarstellung erfolgen; für die statische Modellierung werden zwei Alternativen aufgezeigt. Die erste statische Modellierung erfolgt mit Balkenelementen, deren Steifigkeit elementweise abgestuft wird. Bei der zweiten statischen Modellierung wird die Stütze mit Schalenelementen abgebildet. Die veränderliche Steifigkeit der Stütze wird dabei in der Schalenebene über eine veränderliche Elementfläche und in der Schalennormalenrichtung durch eine abgestufte Schalendicke abgebildet. In Bild 31 sind die für die Modellierungen notwendigen Informationen sowie die ausgeführten Modellierungen gegenübergestellt.

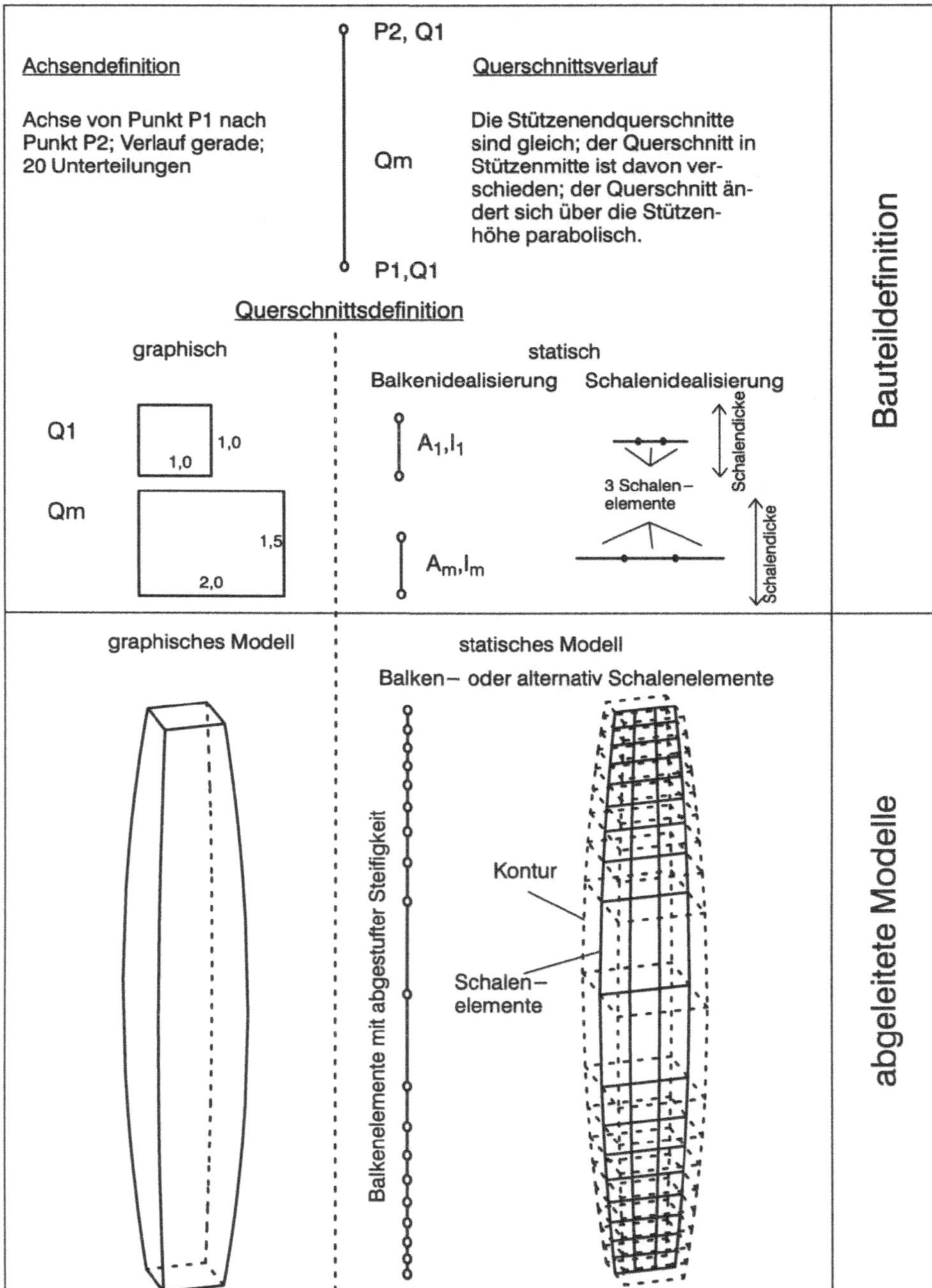

Bild 31 Das linienförmige Grundelement zur Bauteilbeschreibung am Beispiel einer vertikalen Stütze

<u>Beispiel 2:</u>

Ein Bogen soll mit Hilfe des linienförmigen Bauteil–Elementes abgebildet werden. Der Bogen soll parabelförmig zwischen Punkt 1 und Punkt 2 mit dem Stich f verlaufen. Der Querschnitt ist über die Bogenlänge veränderlich. Für die statische Modellierung soll, ebenso wie für die graphische, ein Volumenmodell verwendet werden.

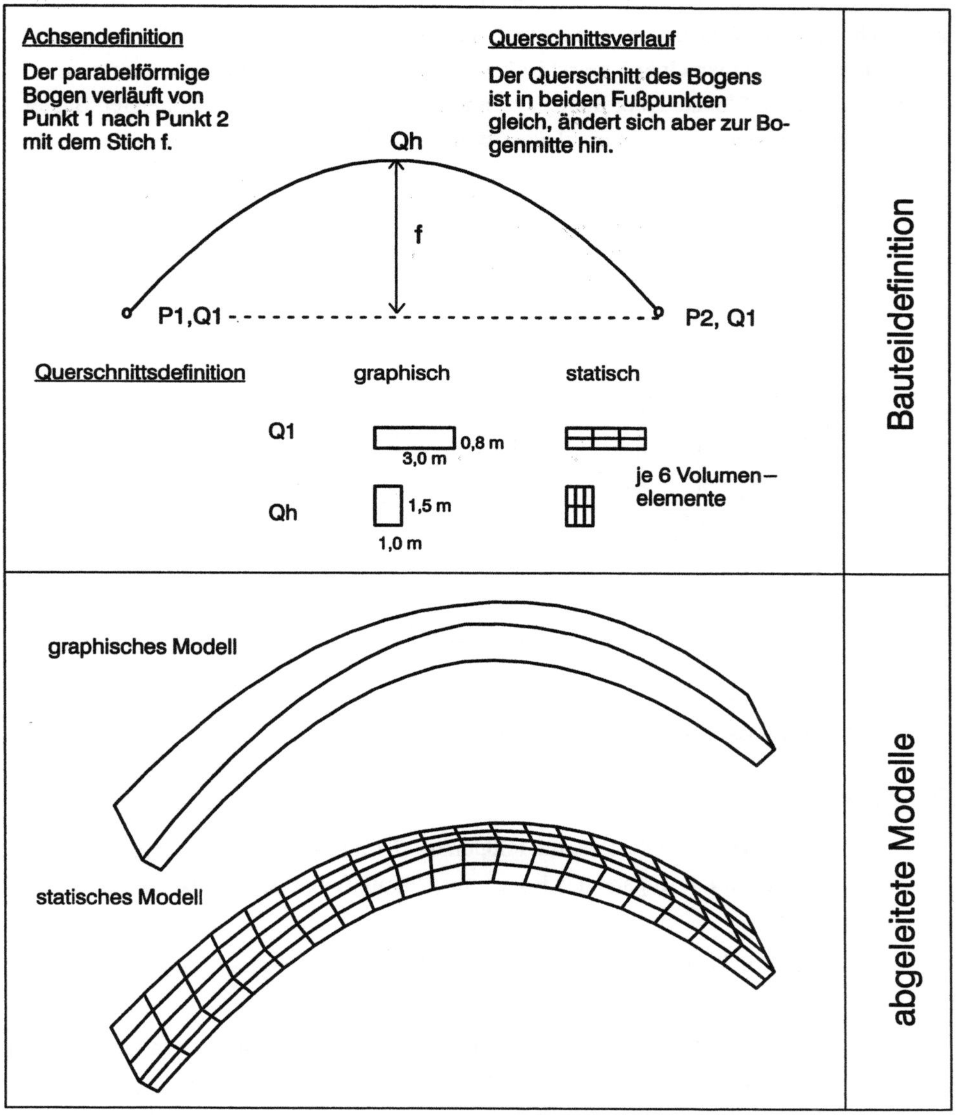

Bild 32 Das lineare Grundelement zur Bauteilbeschreibung am Beispiel eines parabelförmigen Bogens

4.1.5 Wie wird die Lage eines Bauteils beschrieben?

Die Lage und Größe der einzelnen Bauteile kann auf sehr unterschiedliche Weise festgelegt sein. Die Lage der Fußpunkte der Gründungselemente bezieht sich z.B. in aller Regel auf das zum Entwurfsbeginn feststehende Gründungsniveau; die Achse des Brückendeckes ist mehr oder weniger von Verkehrsplanern festgelegt. Dazu kommt eine Reihe von Elementen, deren Position und Größe von anderen Bauteilen abhängen. Um diese Abhängigkeiten abbilden zu können und bei eventuell notwendigen Veränderungen nicht zu verlieren, bedarf es zum einen einer hierarchischen Ordnung unter den Bauteilen, zum andern der Möglichkeit auf lokale Koordinatensysteme von hierarchisch höher stehenden Bauteilen zugreifen zu können. An einem kleinen Beispiel soll dies gezeigt werden.

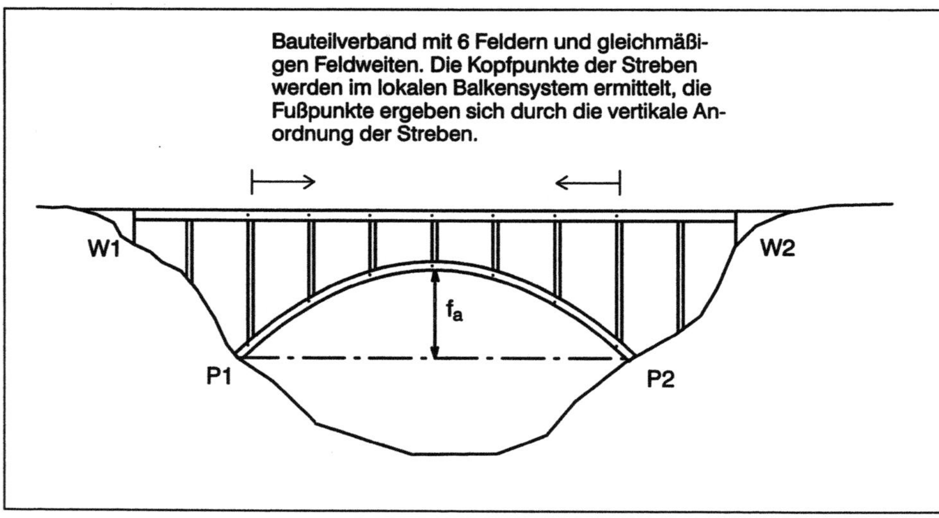

Bild 33 Lagebeschreibung einzelner Bauteile

Im dargestellten Beispiel sind drei Bauteile wie folgt definiert:

- Der Bogen wird durch seine Fußpunkte (P1 und P2 auf Gründungsniveau) sowie durch die Angabe des Bogentyps (Parabel) und des Parabelstichs f definiert.
- Das Brückendeck verläuft entlang der Wegachse zwischen den beiden Auflagern
- Der Strebenverband zwischen Bogen und Balken befindet sich in einem bestimmten Abstand auf der Strecke von Widerlager W1 zu Widerlager W2. Die Streben sind vertikal, sie werden jeweils durch Balken und Bogen begrenzt. Der Vollständigkeit halber sind zwei weitere Stützen zwischen Bogen und Widerlager angeordnet.

Wird nun der Parabelstich verändert, so können die Streben automatisch wieder richtig eingepaßt werden, da die Lage der Fußpunkte durch den Bogen festgelegt wird. Die Festlegung der Strebenkopfpunkte durch Koordinaten im lokalen Brückenträgerkoordinatensystem ermöglicht z.B. auch eine problemlose Veränderung der Brückenachse.

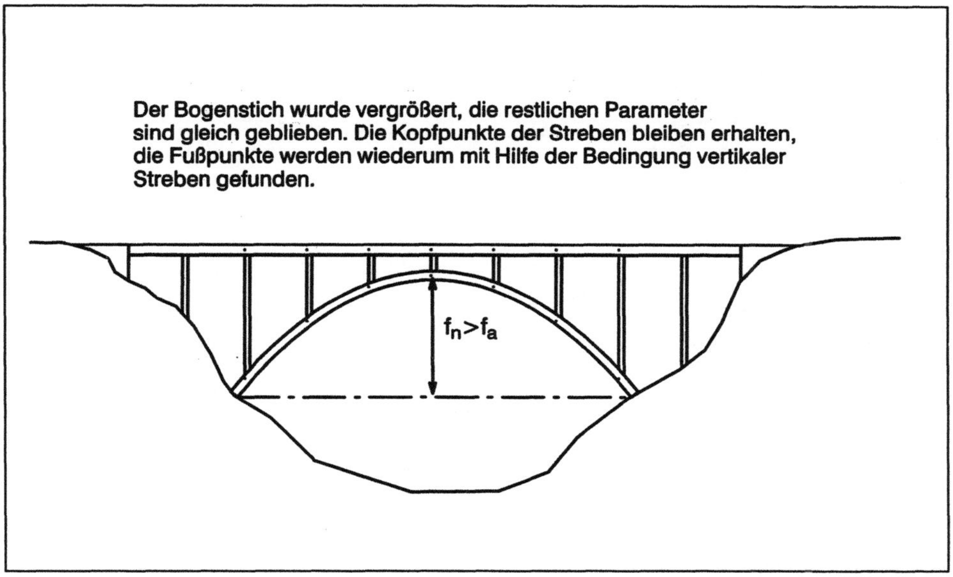

Bild 34 Veränderung der Geometrie einzelner Bauteile unter Berücksichtigung der hierarchischen Lagebeschreibung

Eine weitere Verbesserung wird erreicht, wenn zusätzlich zur Definition "absoluter lokaler Koordinaten" auch die Definition "relativer lokaler Koordinaten" ermöglicht wird. Am folgenden Beispiel kann dies näher erläutert werden:

Ausgangssystem:
Symmetrische Schrägkabelbrücke mit einer semiharfenförmigen Kabelanordnung. Als Variante zum Ausgangssystem soll eine Brücke mit höherem Pylon untersucht werden.

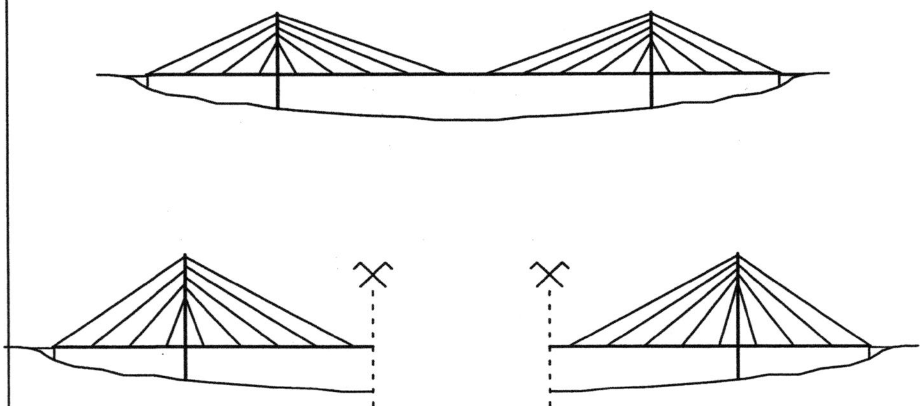

Variante 1:
Die Kabelkopfpunkte sind im lokalen System des Pylons *relativ* zur Gesamthöhe definiert. Die Kabelkopfpunkte greifen auch nach der Pylonerhöhung verteilt über die halbe Pylonhöhe am Pylon an.

Variante 2:
Die Kabelkopfpunkte sind im lokalen System des Pylons *absolut* definiert. Die Kabelkopfpunkte haben deshalb nach der Pylonerhöhung den gleichen Abstand untereinander wie zuvor.

Bild 35   Absolute und relative Definition lokaler Koordinaten

Werden die Schrägkabelkopfpunkte relativ im lokalen System der Pylonachse definiert, dann werden sie bei einer Pylonhöhenveränderung immer relativ zur gesamten Pylonhöhe positioniert. Werden die Schrägkabelkopfpunkte hingegen "absolut lokal definiert" so bleibt der Abstand der Kopfpunkte von der Pylonspitze sowie untereinander bei einer entsprechenden Modifikation erhalten. Beide Verhaltensweise können erwünscht sein; beide Möglichkeiten zur Geometriedefinition müssen deshalb Teil des Konzepts sein und später vom Programmsystem auch unterstützt werden.

4.1.6 Wie wird die Art der Verbindung festgelegt?

Erst durch die Verbindung der Bauteile entlang der einzelnen Bauteilbegrenzungen entsteht das gesamte Bauwerk. Die Art der Verbindung wird in aller Regel anhand von konstruktiven und statischen Gesichtspunkten sowie der vorhandenen Bauteilhierarchie festgelegt. Während die Beschreibung der einzelnen Bauteile bei der Entwicklung der statischen, konstruktiven oder graphischen Modelle im Grunde keinerlei Schwierigkeiten mit sich bringt, ist die konsistente Abbildung der Bauteilverbindungen ein wesentlich größeres Problem. Die Problematik soll an einem Beispiel weiter erläutert werden.

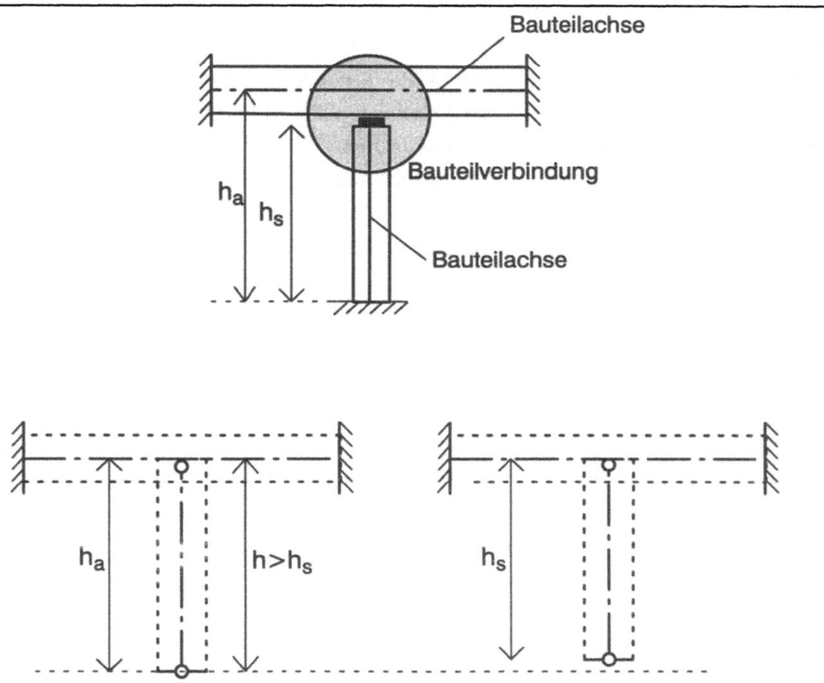

Im ersten Modellierungsversuch wird das statische Modell durch Verlängerung der Bauteilachsen bis zum gemeinsamen Schnittpunkt gefunden. Es ergeben sich falsche Bauteillängen. Gestrichelt dargestellt ist das entsprechende graphische Modell.

Im zweiten Versuch wird das statische Modell unter Beibehaltung der Bauteillängen erzeugt. Die Fußpunkte sind danach nicht mehr auf der gleichen Höhe, das dazugehörige graphische Modell ist ebenso falsch.

Bild 36 Verbindung zweier Bauteile

In Bild 36 ist ein System aus einem beidseitig eingespannten Balkenabschnitt, der mittig auf einer einzelnen Pendelstütze gestützt wird, dargestellt. Beide Elemente können sehr einfach als linienförmiges Bauteil mit in diesem Falle geradlinig verlaufenden Bauteilachsen und konstantem Querschnitt abgebildet werden. Bildet man das statische Modell nun einfach durch Verbindung der Bauteilachsen bis zum gemeinsamen Schnittpunkt, so entsteht ein falsches Modell, da die Systemlänge der Pendelstütze zu groß wird. Wählt man andererseits in Kenntnis dieses Problems eine kürzere Bauteilachse, so ist das daraus abgeleitete konstruktive und graphische Modell sicher falsch (Der Fußpunkt der Pendelstütze liegt dann auf einer falschen Höhe). Für dieses einfache Problem scheint eine konsistente Lösung schwierig.

Die Lösung (s, dazu Bild 37) liegt in der eindeutigen Beschreibung der Lage und der Verbindung der beiden hierarchisch geordneten Bauteile. Die beiden Bauteile werden dabei durch die Lage ihrer Achsen und den Querschnitt über den Achsenverlauf beschrieben. Die Achsen der beiden Bauteile enden beim gemeinsamen Schnittpunkt. Dadurch ist die feste Verknüpfung beider Bauteile an einem gemeinsamen "Bauteilknoten" gewährleistet. Für die Verbindung der beiden Elemente ist zunächst die Hierarchie der Bauteile festzulegen. Es wird dazu vereinbart, daß das Bauteil 1 (Pendelstütze) durch das Bauteil 2 (Balken) begrenzt wird. Zusätzlich wird ein Zwischenraum der Höhe Lh für die Lagerkonstruktion vereinbart. Mit dieser Beschreibung ist es möglich, sowohl ein richtiges statisches wie auch ein korrektes konstruktives oder graphisches Modell aus einer konsistenten Bauteilbeschreibung abzuleiten.

Das graphische, konstruktive Modell wird gefunden, indem zunächst das hierarchisch höher stehende Bauteil 2 aus der Beschreibung seiner Achse und seines Querschnitts heraus abgebildet wird. Anschließend kann das Bauteil 1 erzeugt werden. Dazu wird zunächst der Schnittpunkt der Bauteilachse mit Bauteil 2 gesucht, und dieser um die Lagerkonstruktionshöhe Lh nach unten verschoben. Das Belegen der so neu gefundenen Bauteilachse mit dem Querschnitt führt schließlich zum Volumenmodell des Bauteils 1.

Die Ableitung des statischen Modells funktioniert analog zum graphisch, konstruktiven Modell. Im Falle einer Balkenelementidealisierung ist die klaffende Lücke mit einem entsprechenden Distanzelement zu versehen, das die statischen Lagerbedingungen abbilden kann.

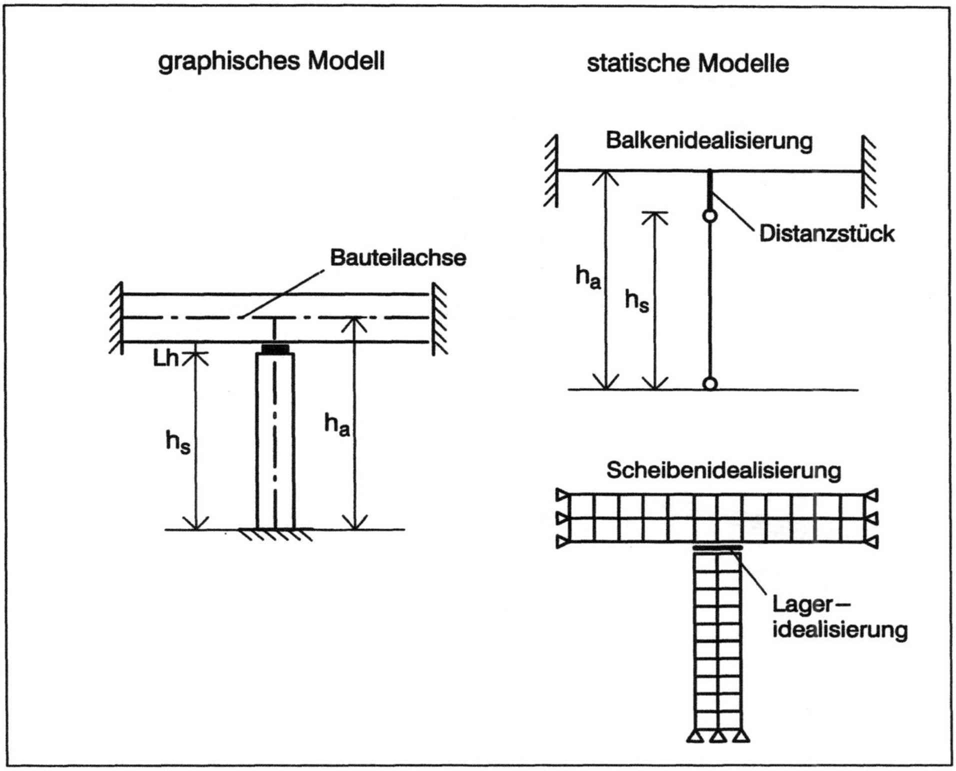

Bild 37 Konsistente Modellierung zweier verknüpfter Bauteile

Durch die querschnittsabhängige statische und graphische Modellierung ist die Kopplung zweier Bauteile, die sich auf dieselbe Achse beziehen und den gleichen Querschnitt besitzen, immer problemlos möglich. Dies gilt auch dann noch, wenn von der Möglichkeit einer variablen Modellierungsgenauigkeit (im folgenden Beispiel als "Level" bezeichnet) Gebrauch gemacht wird. Ein Beispiel für diesen Zusammenhang zeigt die Darstellung in Bild 38.

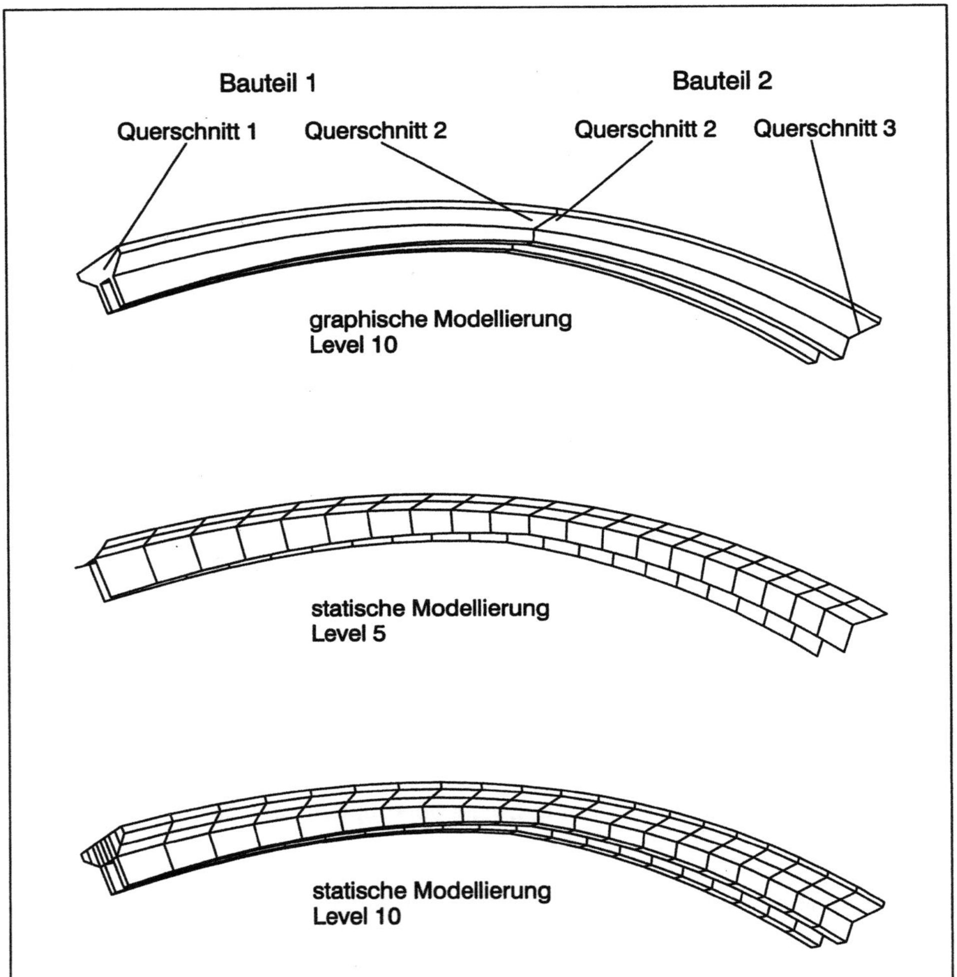

Bild 38 Bauteilmodellierung zweier gekoppelter Bauteile

4.1.7 Zusammenfassung

Mit dem dargestellten Konzept einer Bauwerksbeschreibung durch einzelne oder in Bauteilverbänden zusammengefaßte, allgemein formulierte, linienförmige Bauteile sind sowohl die Anforderungen hinsichtlich der Entwurfsvielfalt wie auch die nach einer automatischen oder zumindest schnellen, interaktiven Modellbildung für unterschiedliche Untersuchungsmodelle zu erfüllen.

Es bleibt die Frage nach der Abbildung dieses Konzepts in einem Programmsystem. Das Konzept für ein solches Programmsystem soll im weiteren erarbeitet werden, bevor dann in Kapitel 5 (Realisierung) auf die Umsetzung des Konzepts in ein Programmsystem eingegangen wird.

4.2 Programmsystem

Das konzipierte Programmsystem soll in seiner Anwendung dazu führen, daß der entwerfende Ingenieur bei seiner Entwurfstätigkeit effizient unterstützt wird. Diese Entwurfstätigkeit findet nicht isoliert von anderen Prozessen statt, sondern ist vielmehr eingebettet in den gesamten Planungsablauf, wie er in Bild 39 dargestellt ist. Während des Entwurfsprozesses werden Informationen, die aus der Grundlagenermittlung vorhanden sind, bearbeitet; neue Informationen kommen hinzu. An den Entwurfsprozeß schließt sich eine weitere Ausarbeitung des Entwurfs an.

Der im Bild 39 grau hinterlegte Bereich ist Gegenstand der weiteren Untersuchungen. Wie bereits im ersten Kapitel eingehend erläutert, unterteilt sich der gesamte Entwurfsprozeß in mehrere Abschnitte, die einer Computerunterstützung mehr oder weniger direkt zugänglich sind.

Den ersten Abschnitt, also die Erzeugung einer Entwurfsidee, beschreibt Stuurstraat (1994) als einen weniger algorithmischen, mehr heuristischen Vorgang. Er leitet daraus die Begründung ab, daß dieser Prozeß sinnvollerweise nur mit den Methoden der künstlichen Intelligenz unterstützt werden kann, und beschreibt im weiteren die Entwicklung eines Expertensystems zum Entwurf von Betonbrücken. Das wesentliche Problem bei dieser Entwicklung war seiner Ansicht nach die Definition geeigneter Entwurfsregeln, die den eigentlichen Programmablauf steuern. Zu dieser Problematik bemerkt hingegen Schlaich (1992):

"Nichts engt die Entwurfsphantasie mehr ein als Regeln und Rezepte."

Aus der Erkenntnis, daß für Expertensysteme Regeln festgelegt werden müssen, für einen möglichst freien und phantasievollen Entwurf diese Regeln aber sicher nicht in der für Expertensysteme notwendigen "Wenn–Dann" – Syntax aufgestellt werden können, leitet sich die Schlußfolgerung ab, daß der erste rein kreative Abschnitt des Entwurfsprozesses nicht von einem Programm erbracht werden kann (s. hierzu auch Hübner (1992)). Die Phantasie und Kreativität des Entwerfenden bleibt die notwendige Voraussetzung für entsprechende Entwürfe; sie sollte durch eine Programmunterstützung möglichst wenig eingeschränkt werden.

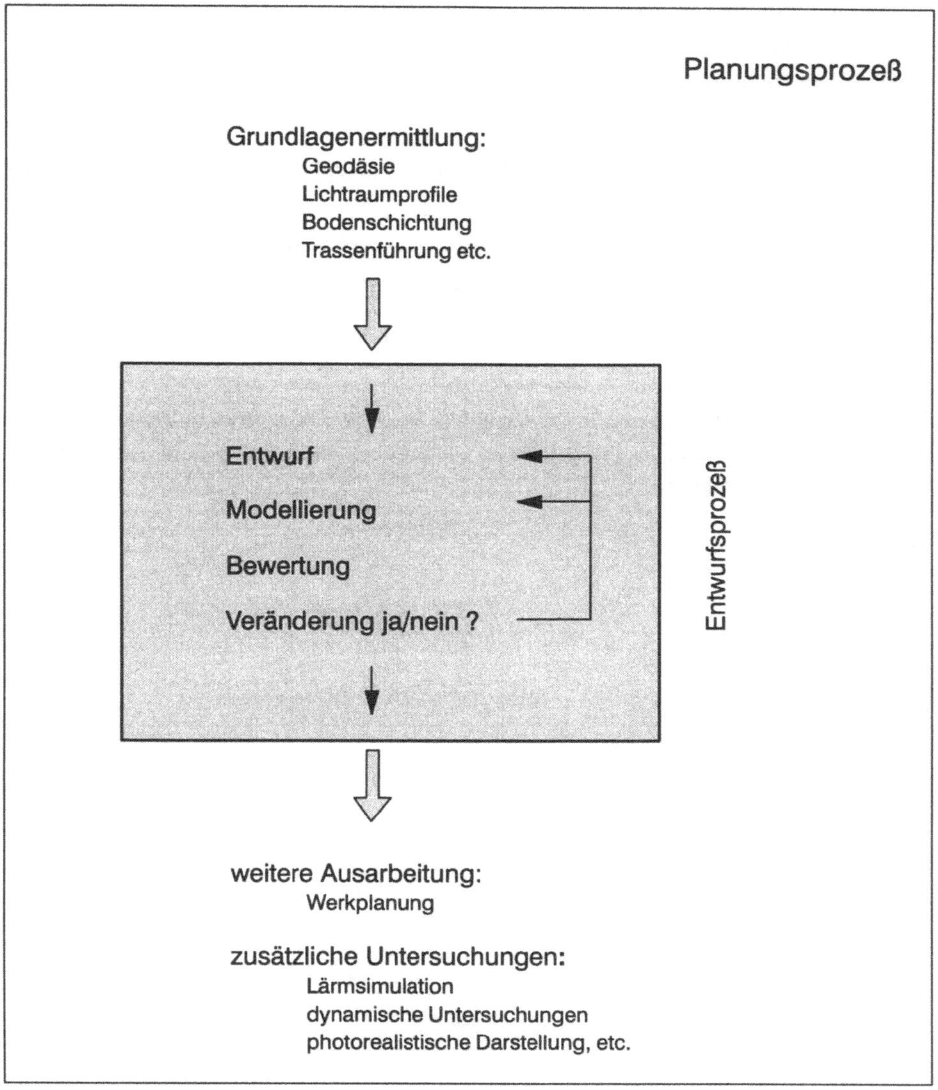

Bild 39 Die Einbettung des Entwurfsprozeß in den Planungsablauf

Für alle weiteren Abschnitte des Entwurfsprozesses ist eine direkte Bearbeitung durch den Computer oder auch eine unterstützende Wirkung möglich. Im wesentlichen sind dies Modellbildungsprozesse, die nahezu vollständig automatisiert werden können, sowie unterstützende Maßnahmen zur Bewertung der einzelnen Teilaspekte, die in der Summe zum Gesamturteil über die Qualität des Entwurfs führen.

Zur Beurteilung eines Brückenentwurfs sind viele Kriterien zu untersuchen. Für jede Untersuchung muß der Entwurf auf ein entsprechendes Modell abgebildet werden. Die folgenden Darstellungen beschränken sich auf drei für die Beurteilung eines Brückenentwurfs sicher wesentliche Modelle:

- statisches Modell zur Untersuchung der Tragfähigkeit und der Gebrauchsfähigkeit
- konstruktives Modell zur Untersuchung der konstruktiven Durchbildung und der Realisierbarkeit der entworfenen kritischen Details
- graphisches Modell zur Beurteilung der gestalterischen Qualität des Gesamtentwurfs

Durch diese Beschränkung soll keine Wichtung der verschiedenen zu untersuchenden Kriterien eingeführt werden; sie soll lediglich zu einer übersichtlicheren Darstellung der Programmkonzeption führen.

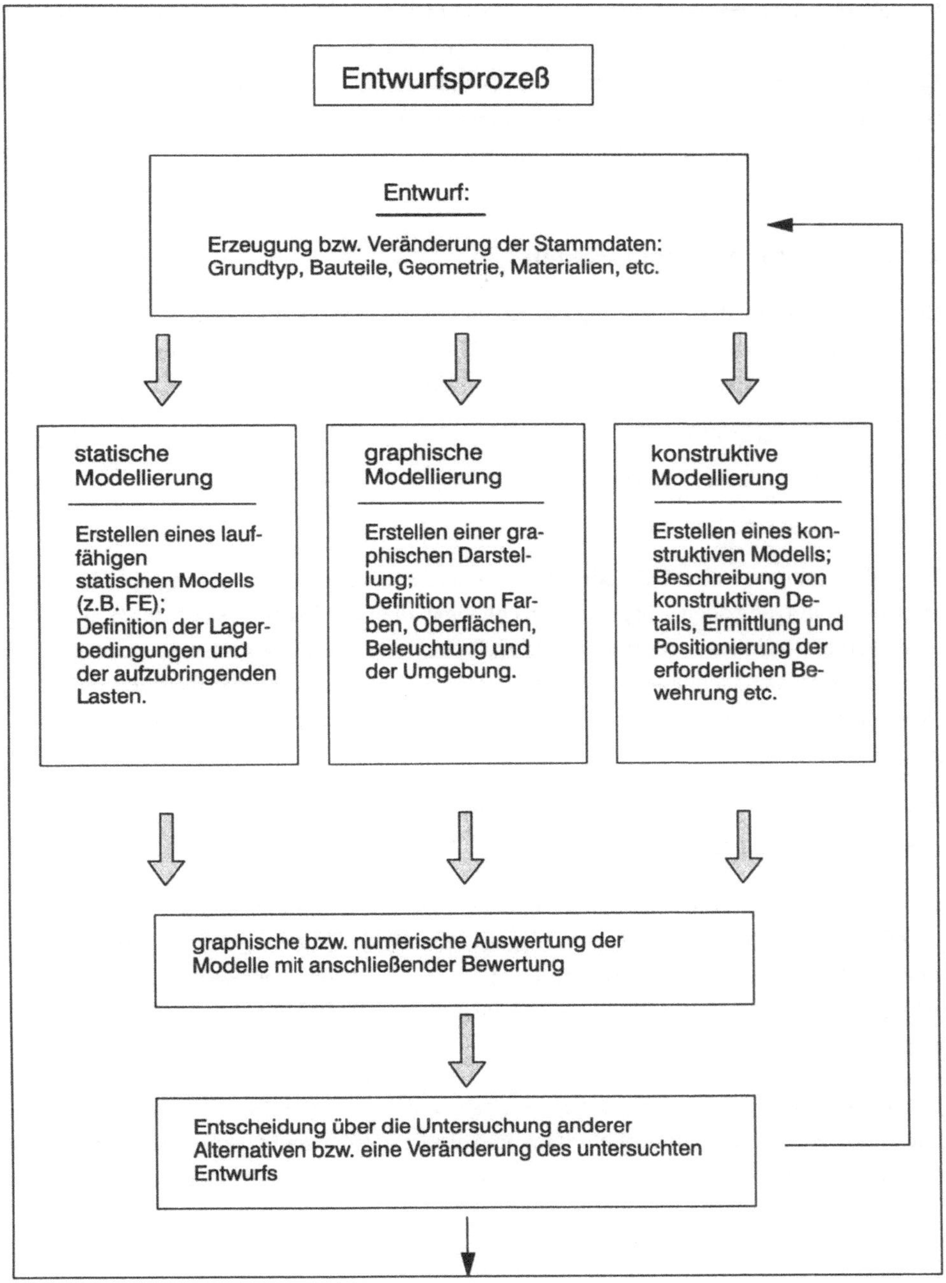

Bild 40 Die Komponenten des Entwurfsprozesses

Der in Bild 40 dargestellte Entwurfsprozeß soll nun mit Hilfe eines Programmsystems möglichst umfassend unterstützt werden. Das gesamte Programmsystem wird zur besseren Beschreibung in verschiedene Programmsystemkomponenten unterteilt. Zunächst wird im weiteren die Struktur der Komponenten dargelegt, bevor abschließend in diesem Kapitel die Beschreibung der einzelnen Komponenten folgt.

4.2.1 Struktur der Komponenten

Bei der Darstellung der Anordnung der Komponenten in einem Gesamtsystem beschränken wir uns wieder auf die Modellierung der Stammdaten in drei verschiedene Teilmodelle, die jeweils Aussagen zur Bewertung des Entwurfs liefern sollen:

- Statisches Modell
- Graphisches Modell
- Konstruktionsmodell

Die Behandlung weiterer Teilmodelle, die weitere Aussagen zur Bewertung des Gesamtentwurfs beitragen sollen – bspw. Untersuchungen über die Lärmemission des Bauwerks unter Verkehr – sind wie das statische Modell ohne weiteres in dieses System einzubinden. Die für diese Untersuchungen notwendigen Daten werden vom Entwurfsprogramm zur Verfügung gestellt; die graphische Auswertung kann dann über das CAD–Programm erfolgen.

Die Funktionsweise des Programmsystems, wie es in Bild 41 dargestellt ist, soll im weiteren kurz beschrieben werden:

Das graphische Interface stellt die Verbindung zwischen dem Programmanwender und den einzelnen, interaktiv zu bedienenden Programmbausteinen dar. Im gesamten Programmsystem existiert nur ein graphisches Interface; d.h. die Bedienung der einzelnen Programme erfolgt immer mit Hilfe einer Benutzerschnittstelle; die Befehlseingabe erfolgt immer nach dem gleichen Prinzip.

Im Entwurfsprogramm werden alle entwurfsspezifischen Daten (Stammdaten) abgelegt und verwaltet, sodaß Teilmodelle schnell und automatisch erzeugt werden können. Die Datenhaltung ist damit, zumindest was die Stammdaten betrifft, konsistent und redundanzfrei.

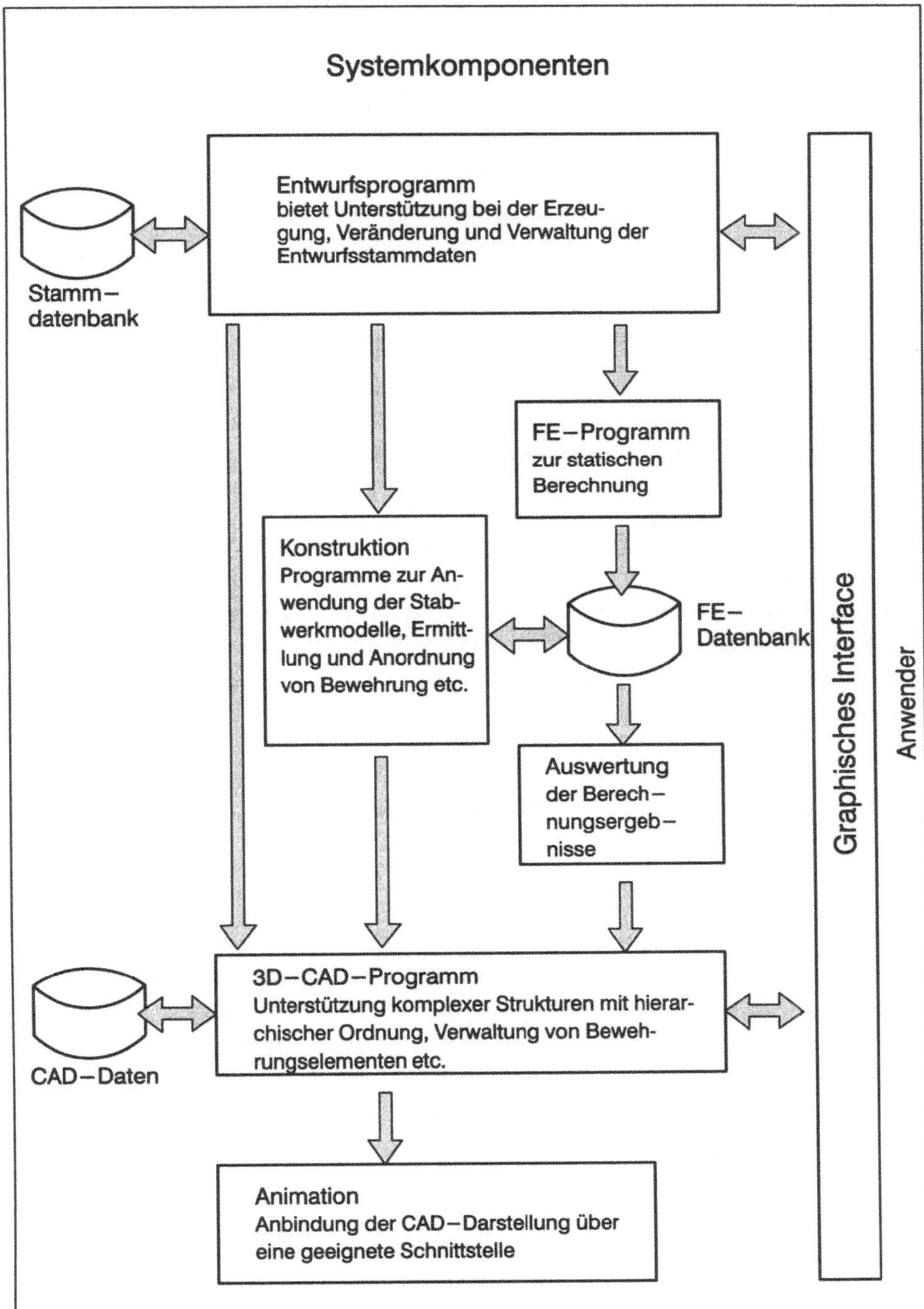

Bild 41 Die Komponenten des Programmsystems

Sämtliche graphische Darstellungen erfolgen über das CAD–Programm. Die gesamte Visualisierungstechnik für 3D (gleichzeitiges Darstellen verschiedener Ansichten eines räumlichen Modells, hidden–line Darstellung, Ansteuerung von Ausgabegeräten etc.) ist damit nur einmal im Programmsystem vorhanden bzw. zu programmieren.

Durch die Anbindung der CAD–Graphik an die entsprechende Software auf einer Graphikworkstation stehen die Möglichkeiten der in Echtzeit bewegten Darstellungen allen graphischen Auswertungen automatisch zur Verfügung. Rein geometrische Darstellungen (z.B. zur Beurteilung der ästhetischen Wirkung von Bauteilformen) können ebenso animiert werden, wie auch die graphische Darstellungen von Berechnungsergebnissen. Wird bspw. der Beanspruchungszustand eines Bauwerks oder Bauteils auf diese Weise dargestellt, so wird der Beanspruchungszustand des Bauwerks bzw. Bauteils für den Betrachter erlebbar. Er kann – eine entsprechende Modellierung (Volumen) und eine entsprechende Ergebnisdarstellung (z.B.Hauptspannungen) vorausgesetzt – sogar in das Innere des Bauwerks eindringen und dort den lokalen Beanspruchungszustand betrachten.

Das gleiche gilt auch für die Darstellung von räumlichen Stabwerkmodellen. Werden die entsprechenden Programme in dieses Konzept eingebunden, so kann das Stabwerkmodell und/oder sein Beanspruchungszustand sehr einfach übersichtlich dargestellt werden. Graphische Verfahren zur Kontrolle der Qualität eines Stabwerkmodells (z.B. Bemessung von Druckfeldern mit Hilfe einer graphischen Kontrolle s.a. Kapitel 5) werden damit auf eine sehr einfache Weise in einer sehr hohen Qualität unterstützt.

4.2.2 Beschreibung der Einzelkomponenten

4.2.2.1 Entwurfsprogramm

Dieses Programm stellt den Kern des gesamten Programmsystems dar. In Interaktion mit dem Anwender werden hier die entwurfsrelevanten Daten erzeugt, manipuliert und verwaltet. Zur Erzeugung und Manipulation der Daten werden dem Anwender bildliche Funktionen zur Verfügung gestellt. Die Datenverwaltung des Entwurfsprogramms sollte in der Anwendung sicher und vom Datenbestand her redundanzfrei und konsistent sein. Von hier aus können Modelle für weitere Untersuchungen automatisch und wenn nötig mit der notwendigen Interaktion erstellt werden. Zur besseren Anwendbarkeit des Programms sollte eine Projektstruktur in der Datenorganisation unterstüzt werden.

4.2.2.2 Graphisches Interface

Das graphische Interface ermöglicht die graphisch interaktive Kommunikation zwischen dem Benutzer und den verschiedenen Programmen. Folgende Funktionen sollten vom graphischen Interface zur Verfügung gestellt werden:

- Eingabe von Zahlen (Integer oder Real)
- Eingabe von Textstrings (Name o.ä.)
- Eingabe einer Position im Raum (x,y,z–Koordinate eines Punktes)
- Auswahl eines Feldes aus einer Menudarstellung
- Erkennen eines vorhandenen Elements (Elementpick)
- Erkennen eines vorhandenen Punktes (Punktpick)
- Bereichsweises Erkennen von Punkten
- Bereichsweises Erkennen von Elementen
- Werteeingabe über einen Schieberegler bzw. Drehknopf (Valuator)

Für Eingabe von beliebigen Informationen stehen zwei grundsätzlich verschiedene Modi zur Verfügung:

- Request–Modus: Es wird immer nur eine Information abgefragt. Das Programm erwartet entweder eine Menuauswahl oder einen Textstring.
- Event–Modus: Es können verschiedene Informationen parallel eingegeben werden. Ein Befehl kann entweder durch Eintippen des Befehlsnamens oder durch Anwahl des entsprechenden Befehlsnamens in der Menuauswahl aktiviert werden. Die Wahl der Eingabeart liegt hier beim Anwender.

Gegenüber einer vergleichsweise einfach zu realisierenden Request–Mode–Programmsteuerung ist eine sinnvolle Einbindung der Event–Abfragen in die Programmablaufsteuerung wesentlich aufwendiger. Für die erste Phase der Programmentwicklung scheint der Request–Modus deshalb durchaus ausreichend; gleichwohl sollte die spätere Einbindung von Event–Steuerungen bereits bei der Konzeption des graphischen Interface bedacht werden.

4.2.2.3 FE–Programm

Die Auswahl des FE–Programms richtet sich nach der Möglichkeit der Einbindung des Programms in das vorgestellte Konzept, bzw. nach den möglichen Berechnungsmethoden und Modellierungsmöglichkeiten. Die Qualität der Einbindung steht dabei oft den nutzbaren Berechnungsmöglichkeiten der Programme konträr gegenüber. Während die Programme aus eigener Entwicklung in aller Regel sehr einfach in das Programmsystem eingebunden werden können, da zum Teil notwendig werdende Änderungen im Quellcode ohne weiteres eingebracht werden können, decken diese häufig nicht das ganze Spektrum der notwendigen Berechnungsmöglichkeiten (physikalisch nichtlinear mit frei definierbarem Materialgesetz etc.) ab.

Demgegenüber können kommerzielle FE–Pakete nicht ohne weiteres in das dargestellte Programmsystem eingebunden werden. Sie verfügen häufig über eine eigene Graphik zur

Auswertung der Berechnungsergebnisse und stellen in aller Regel keine Programmierschnittstelle für die Anbindung an die FE–Datenbank zur Verfügung.

Das FE–Programm sollte deshalb entsprechend den jeweiligen Anforderungen gewählt werden können; verschiedene Formate bei der Beschreibung der rechnerischen Modelle müssen folgedessen unterstützt werden.

4.2.2.4 CAD–Programm

Als CAD–Programm kommt nur ein vollwertiges 3D–Programm in Frage. Für die Ausarbeitung der graphischen Darstellungen sollten Symbole zur Verfügung stehen; die Auswertung umfangreicher numerischer Ergebnisse muß möglich sein. Der Export der graphischen Daten auf Ausgabegeräte (Drucker, Plotter) sowie auf weitere Darstellungsprogramme (Animation, Rendering, etc.) sollte unterstützt werden.

Bewehrungselemente sollten vom CAD–Programm zur Verfügung gestellt werden. Eine Auswertung der Bewehrungselemente in Form von Stahllisten und Auszügen sollte ebenso möglich sein, wie die Ausgabe der für eine nc–gesteuerte Fertigung notwendigen Informationen in entsprechendem Format.

4.2.2.5 Programme zur Unterstützung bei Bemessung und Konstruktion

Ausgehend von den Ergebnissen einer detaillierten FE–Berechnung sollte der Benutzer bei der Anwendung der Stabwerkmodelle möglichst umfassend unterstützt werden. Die Unterstützung reicht von der Herauslösung der angesprochenen Detailmodelle inklusive der an den Schnittufern angreifenden Schnittgrößen, über die interaktive bzw. programmunterstützte Definition des Stabwerkmodells, bis hin zur Berechnung und Bemessung sowie Darstellung der gewählten Bewehrungsanordnung.

4.2.2.6 Schnittstellen

Wir unterscheiden zwei Arten von Schnittstellen:

- Systeminterne Schnittstellen, z.B. zwischen CAD–Programm und Entwurfsprogramm
- Externe Schnittstellen zur Anbindung externer Programme an das Programmsystem.

Während die systeminternen Schnittstellen entscheidend für die Geschwindigkeit und damit für den Komfort in der Anwendung sind und die Daten jeweils mit möglichst wenig Informationsverlust übertragen sollten, muß bei den externen Schnittstellen mehr Wert auf die Verwendung standardisierter Formate gelegt werden. Zwei Beispiele sollen dies verdeutlichen:

- Das Objekt Stütze soll vom Entwurfsprogramm aus im CAD–Programm ausgegeben werden. Sowohl das CAD–Programm wie auch das Entwurfsprogramm kennt ein komplexes Element vom Typ Stütze. Die systeminterne Schnittstelle unterstützt die Erzeugung des Elementtyps Stütze; anschließend kann vom Entwurfsprogramm über die Schnittstelle auf das komplexe Element zugegriffen werden (z.B. löschen, Farbe ändern, kopieren, etc.).
- Die geometrische Information über die Stütze wird über eine externe Schnittstelle an ein Programm für Raytracing übergeben. Dieses Programm kennt nur das geometrische Element Fläche mit den dazugehörigen Eigenschaften. Zur Übergabe der Stützeninformation an das Raytracing–Programm muß die Stütze deshalb in einzelne Flächen zerlegt werden. Die Verwendung von DXF als Schnittstellenformat ist in diesem Fall also möglich.

Während die Ausbildung der systeminternen Schnittstellen weitgehend von der eigentlichen Programmrealisierung abhängt, können für die Anwendbarkeit des Gesamtsystems folgende Anforderungen hinsichtlich der externen Schnittstellen gestellt werden:

- Zur Einbindung der Grundlagendaten, insbesondere der Geodäsiedaten sind entsprechende Schnittstellen vorzuhalten.
- Zur Anbindung zusätzlicher, geometriedarstellender Programme (Raytracing etc.) sollte DXF als Ausgabeformat im CAD–Programm unterstützt werden.
- Für die Ausgabe der graphischen Information auf Drucker oder Plotter sollte vom CAD–Programm aus im Hinblick auf die Ausgabequalität Postscript unterstützt werden.
- Bei der Umsetzung des graphischen Interface auf der Betriebssystemebene sollten gängige Standardprodukte (Windows, X–Windows/Motif o.ä.) berücksichtigt werden.

4.2.2.7 Datenbanken

Die verschiedenen Datenbanken sind in aller Regel bereits als Teil der bestehenden Programmkomponenten vorhanden. Für neu zu entwickelnde Programme (Entwurfsprogramm) sollte auf bereits vorhandene Datenbanksysteme zurückgegriffen werden. Dabei ist besonderer Wert auf eine klare Strukturierung der Schnittstelle Programm–Datenbank sowie auf eine mögliche Portabilität zu legen. Für die FE–Datenbank sollten geeignete Prozeduren zum Abruf von Systemschnittgrößen entlang definierter Schnittebenen bereitgestellt werden.

4.2.2.8 Zusatzmodule

Als einziges Zusatzmodul wurde in der Darstellung der Komponentenstruktur beispielhaft ein Programm zur Animation von räumlichen Modellen angeführt. Durch die zentrale

Ausgabe aller graphischen Darstellungen in einem Programm (CAD) kommt der Anbindung entsprechender Programme zur weiteren graphischen Auswertung eine zentrale Bedeutung zu. Dabei muß man deutlich zwischen der reinen Animation bereits vorhandener Daten und der Aufbereitung der graphischen Information zur photorealistischen Darstellung unterscheiden.

Während das erste im Grunde ohne Zeitverlust zu einer Verbesserung der Bewertungsmöglichkeit graphischer Darstellungen führt, erfordert das zweite einen erheblichen Aufwand ohne die Qualität der Bewertung entscheidend zu verbessern. Es dient eher der Präsentation von Entwürfen gegenüber nicht direkt an der Planung Beteiligter (z.B. Bauherr oder auch im Rahmen eines Entwufswettbewerbs).

Weitere Zusatzmodule für die Durchführung und Auswertung weiterer Untersuchungen können jederzeit entsprechend den gezeigten Modulen über geeignete Schnittstellen in das Programmsystem eingebunden werden.

5 Realisierung

In diesem Kapitel wird die Realisierung, d.h. die Umsetzung des zuvor beschriebenen Konzepts in ein Programmsystem, dargestellt. Die Realisierung eines komplexen Programmsystems mit doch sehr eingeschränktem Entwicklungsaufwand, wie er im Rahmen dieser Arbeit aufzubringen war, bedingt die möglichst umfassende Einbindung bereits vorhandener Programme oder Programmbausteine in das Gesamtsystem. Dies wurde konsequent versucht, und trotzdem kann die Entwicklung des Programmsystems nicht als abgeschlossen bezeichnet werden. Dies war jedoch auch nicht das Ziel.

Ziel war vielmehr, die Realisierung soweit voranzutreiben, daß das Konzept anhand von Beispielen überprüft werden kann, und daß eine Rückkopplung zwischen Konzept und Realisierung entsteht. Alle angesprochenen Teilbereiche des Programmsystems wurden soweit realisiert, daß die Möglichkeit der Umsetzung des Konzepts grundsätzlich unterstellt werden kann. Was verbleibt, ist die sicher noch mühsame Entwicklungsarbeit von einigen untergeordneten Programmbausteinen.

Die Beschreibung der reinen Programmierung von Standardprogrammen (im Fachjargon auch Codierung genannt) kann nicht Gegenstand der vorliegenden Arbeit sein. Auf die Entwicklung einiger notwendiger Programmbausteine wird im folgenden deshalb nur der Vollständgkeit halber hingewiesen. Interessant hingegen sind die Teile, zu deren Realisierung neue Wege beschritten werden mußten. Im einzelnen sind dies:

- Das realisierte CAD–Programm aufgrund seiner nicht üblichen internen Elementstruktur.
- Das Entwurfsprogramm aufgrund der im Hinblick auf den Entwurfsprozeß hin realisierten "Entwurfssprache", der Integration der verschiedenen Modellbildungsprozesse sowie der Verarbeitung von Grundlagendaten.
- Das Programm zur Unterstützung von Stabwerkmodellen, das eine Erweiterung des Konzepts nach Rückert (1992) auf räumliche Probleme darstellt.

Eher als Standardaufgabe kann die Programmierung von FE–Auswertung sowie die Entwicklung der verschiedenen Schnittstellen angesehen werden. Dazu kommt noch eine Bibliothek für geometrische Konstruktionsaufgaben im Raum.

5.1 Randbedingungen

Ein Schwerpunkt der Forschungsarbeit an unserem Institut ist seit Jahren die Entwicklung der Stabwerkmodellmethode zum methodischen Bemessen und Konstruieren von Stahlbetonbauteilen. Rückert (1992) bereitete diese Methode computergerecht auf und entwickelte ein Konzept für eine wirksame Computerunterstützung des mit Stabwerkmodellen arbeitenden Ingenieurs.

Bei der Stabwerkmodellmethode werden die im praktischen Ingenieuralltag häufig streng getrennten Prozesse der Berechnung und Konstruktion wieder zusammengeführt, da ein korrektes Berechnungsmodell stets die Konstruktion berücksichtigen muß und Probleme bei der konstruktiven Durchbildung häufig auch die Veränderung des Berechnungsmodells nach sich ziehen. Es entstand daher in der Folge ein Programmsystem, in dem die Integration von Berechnungs–, Bemessungs– und Konstruktionsprozessen bereits weitgehend verwirklicht wurde.

Die grundsätzliche Frage, ob eine standardisierte CAD–Software für die graphische Ein– und Ausgabe in das Konzept mit eingebunden werden kann, oder etwa eigene Entwicklungen in diesem Bereich sinnvoller sind, wurde von Rückert in Richtung der eigenen Entwicklung, aufbauend auf einem dem Institut im Quellcode vorliegenden CAD–Programm, beantwortet. Wie die positiven Erfahrungen während der folgenden Entwicklungen und der erfolgreiche Abschluß seiner Arbeit gezeigt haben, war diese Entscheidung richtig.

Die Frage nach Einbindung einer kommerziellen CAD–Software stellte sich nun wieder, weil die am Institut vorhandene CAD–Software lediglich 2D–fähig war und die Neuprogrammierung eines 3D–Programms auf den ersten Blick als zu aufwendig erschien. Folgende Gründe gaben den Ausschlag für die Entwicklung eigener 3D–CAD–Software:

- Kein kommerzielles CAD–Programmsystem verfügte zum Zeitpunkt der Entscheidung über eine entsprechend schnelle, komfortable Programmierschnittstelle, wie sie am Institut für das eigene CAD–Programm entwickelt worden war.
- Zu Beginn der Entwicklungen war noch nicht bekannt, welche geometrischen Objekte mit welchen Eigenschaften zur Abbildung der graphischen Modelle benötigt werden. Eine spätere Anpassung an veränderte Anforderungen ist bei kommerzieller Software kaum möglich.
- Bestehende Anwenderprogramme, also bspw. Programme zur Stabwerkmodellmethode, basieren auf der am Institut entwickelten Programmierschnittstelle. Sie sollen auch weiterhin Bestandteil des gesamten Programmsystems bleiben. Das Umschreiben aller Anwenderprogramme auf ein verändertes Schnittstellenkonzept wäre zu aufwendig gewesen.

Über die beiden genannten Softwarekomponenten (2D–CAD–Programm inkl. Programmierschnittstelle und Programm für Stabwerkmodelle) hinaus kennzeichnen die folgenden Punkte die EDV–mäßigen Randbedingungen, unter denen die Entwicklungen stattfinden mußten:

- Zur statischen Berechnung stehen verschiedene FE–Programme (ANSYS, ABAQUS, CARAT, PENFEM) am Institut zur Verfügung. Diese können teilweise direkt, d.h. im Quellcode (CARAT,PENFEM), eingebunden werden; teilweise müssen sie über entsprechende Betriebssystemfunktionen aufgerufen und mittels Ein– und Ausgabedatei informationstechnisch angebunden werden.

- Als Datenbanksysteme stehen dem Institut direkt das CAD–Datenbanksystem und mittelbar über das Institut für Baustatik das Datenbanksystem PSS zur Verfügung.
- Compiler stehen für alle in Frage kommenden Programmiersprachen zur Verfügung; entsprechende Softwareentwicklungswerkzeuge (z.B. Debugger) sind vorhanden.
- Das institutseigene CAD–Programm basiert auf dem graphischen Standard GKS. Dieses graphische Kernsystem übernimmt im wesentlichen die Aufgaben der Geräteansteuerung für Ein– und Ausgabe. GKS sollte deshalb auch für die 3D–CAD–Entwicklungen als Basis verwendet werden.
- Die Hardware besteht am Institut im wesentlichen aus HP/Apollo–Workstations. Ausgabegeräte stehen entweder direkt im Institut oder aber im Rechenzentrum der Universität zur Verfügung.

Abgesehen von der vorhandenen Soft– und Hardware verfügt das Institut über eine ausreichende Erfahrung in der Programmierung auch komplexer Programmsysteme, so daß die eigenen angestrebten Entwicklungen mit einem überschaubaren Aufwand zum Erfolg gebracht werden konnten.

5.2 Gesamtkonzept

Die Struktur des gesamten Programmsystems lehnt sich direkt an die Darstellung in Kapitel 4 (Bild 41) an. Die einzelnen Softwarekomponenten sollen im folgenden kurz aufgeführt und die für ihre Anwendung notwendig werdenden Entwicklungen angesprochen werden:

Entwurfsprogramm
Dieser Programmbaustein ist komplett neu zu entwickeln. Hier ist die Umsetzung der in Kapitel 4 beschriebenen Bauteilbeschreibung mit den dazugehörigen Entwurfs– und Modellierungsmöglichkeiten zu realisieren.

CAD–Programm
Aufbauend auf dem am Institut vorhandenen CAD–Programm soll ein 3D–CAD–Programm entwickelt werden, das weiterhin auf GKS basiert, die wesentlichen Anforderungen an ein 3D–fähiges CAD–Programm erfüllt und über eine 3D–fähige Programmierschnittstelle verfügt. Die Elementstruktur ist an den Anforderungen, die aus dem Entwurfsprogramm resultieren, zu orientieren. Schnittstellen zu weiteren kommerziellen Darstellungsprogrammen sind vorzusehen.

Graphisches Interface
Die Realisierung des einheitlichen graphischen Interface wird, wie bisher auch, durch die Verwendung des CAD–Programms als alleinige, graphisch interaktive Schnittstelle zum Anwender erreicht. Die Funktionalität ist an die gewachsenen Ansprüche einer 3D–Ein- und Ausgabe anzupassen.

FE–Programm
Zur Anbindung der FE–Programme müssen entsprechende Pre– und Postprozessoren entwickelt werden. Die Integration aller Bausteine (Berechnung, Bemessung und Konstruktion) in einem Programmsystem ermöglicht auch die Nutzung der konstruktiven Daten (z.B. Bewehrungsanordnung) bei der Berechnung.

Konstruktionsmodell
Die bereits vorhandenen Programme bzw. Algorithmen zur Unterstützung des Ingenieurs bei der Arbeit mit Stabwerkmodellen sind auf ihre weitere Anwendbarkeit hin zu prüfen.

Auswertung
Für die Auswertung sind verschiedene Algorithmen zur Verfügung zu stellen. Für die Visualisierung von Berechnungsergebnissen sind entsprechende Programme zu entwickeln; die Visualisierung ist direkt an das CAD–Programm anzubinden.

Die Einbindung von Grundlagendaten (Gründung, Gelände, Straßen, etc.) sollte über entsprechende Schnittstellen möglich sein. Die Verwendung der Grundlagendaten für den Entwurfsprozeß muß vom Entwurfsprogramm unterstützt werden.

5.3 CAD–Programm

Im folgenden soll die Entwicklung des eigenen 3D–CAD–Programms kurz dargestellt werden. Eingegangen wird dabei hauptsächlich auf Merkmale des CAD–Programms, die mit seiner Verwendung innerhalb des integrierten Programmsystems zur Entwurfsunterstützung zu tun haben und in denen sich das Programm von anderen am Markt befindlichen CAD–Programmen unterscheidet. Im einzelnen sind dies:

- 3D–Struktur
- Objektstruktur
- Punktbezogene Achsdefinition
- Elementhierarchie
- Symbolverwaltung
- Graphische Segmente
- Programmierschnittstelle
- Programmtechnische Realisierung

5.3.1 3D–Struktur

Die erste Frage, die es bei der Neukonzeption eines 3D–CAD–Programmes zu beantworten gilt, stellt sich nach der 3D–Struktur, die realisiert werden soll. Die Antwort darauf ist für die gesamte Lebensdauer des Programms von entscheidender Bedeutung hinsichtlich möglicher Funktionalität, aber auch hinsichtlich des zu erwartenden Programmieraufwands. Folgende Möglichkeiten bieten sich zunächst an:

- 2,5D–Struktur
- 3D–Flächenstruktur
- 3D–Volumenstruktur (B–REP–Darstellung)
- 3D–Volumenstruktur (CSG–Modell)

Die erste Variante zeichnet sich durch einen sehr niedrigen Aufwand in der Programmentwicklung aus. Diese Art der 3D–Programmierung, bei der im Grunde die Information aus ebenen Ansichten lediglich durch Eingabe einer dritten Dimension quasi räumlich wird, ist immer dann interessant, wenn schnelle Lösungen gesucht werden. Mit Hilfe dieser Technik wurden in der Vergangenheit ansprechende Lösungen für die interaktive Eingabe von typischen Hochbauten (meist orthogonale Systeme aus Decken, Wänden und Stützen mit horizontalen Decken) verwirklicht. Für räumlich komplexere Strukturen ist diese Methode gänzlich ungeeignet; sie scheidet deshalb von vorneherein aus.

Für die Entscheidung zwischen den drei verbleibenden Möglichkeiten sind weitere Überlegungen notwendig. Zunächst soll dazu der Unterschied zwischen den beiden Volumenmodellierungen verdeutlicht werden (s. hierzu Bild 42).

- *CSG–Modell (Constructive Solid Geometry)*
  Die zu beschreibenden Körper werden durch die Verknüpfung von geometrisch einfach zu definierenden Grundkörpern gebildet. Als Verknüpfungsoperatoren stehen dabei im allgemeinen die Bool'schen Operatoren zur Verfügung. Diese Methode ist immer dann angebracht, wenn die endgültigen Körper mit Hilfe Bool'scher Verknüpfungen aus einfachen Grundkörpern erzeugt werden können.

- *B–REP–Modell (Boundary Representation)*
  Bei diesem Verfahren werden die Körper durch ihre Oberfläche beschrieben. Die Oberfläche wird dabei repräsentiert durch einzelne Flächenelemente, die durch Form und Übergangsbedingungen beschrieben sind. Die Oberfläche kann beliebig definiert sein (Freiformflächen etc.), ist jedoch meist durch eine begrenzte Anzahl von Facetten (3– oder 4–knotige Flächenelemente) ausreichend genau darzustellen.

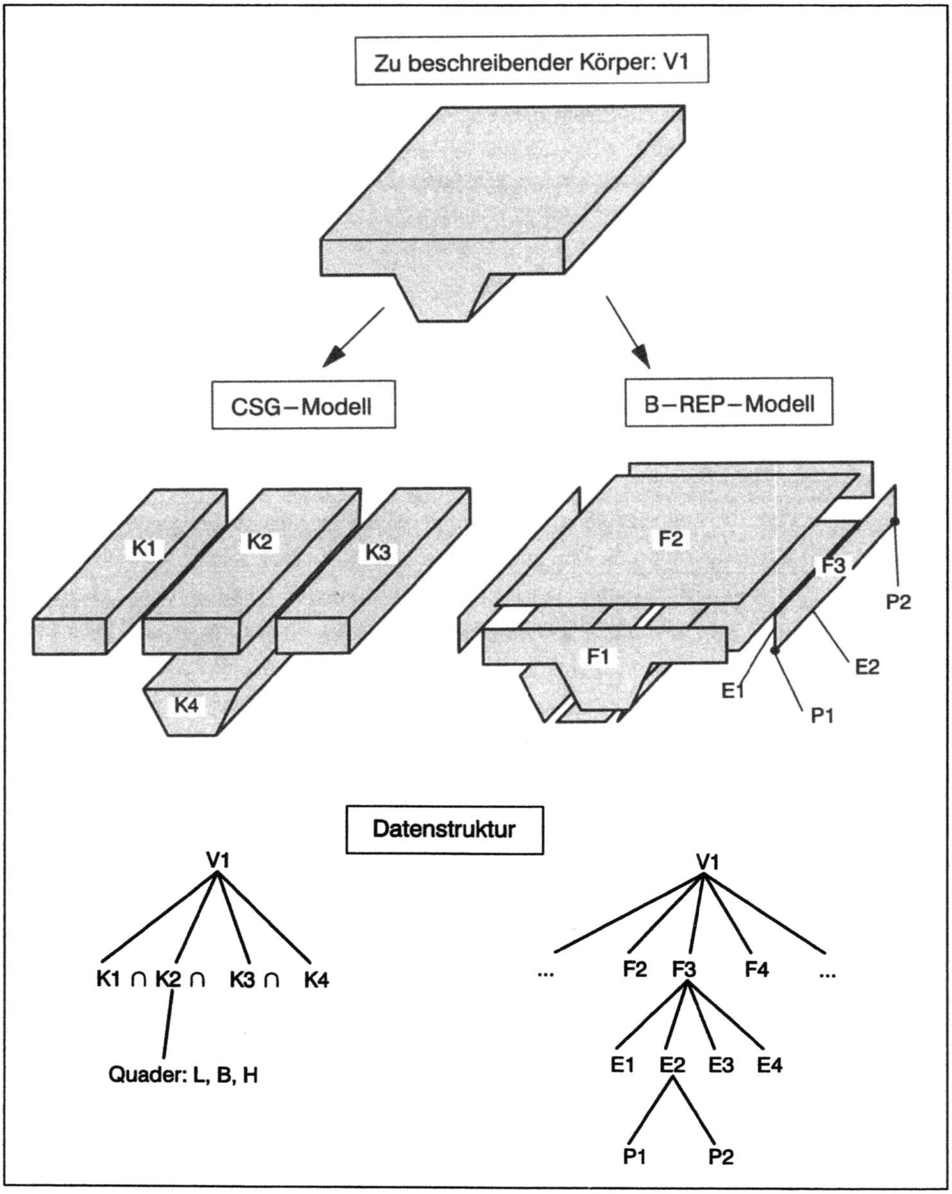

Bild 42 Volumenmodelle

Die direkte Beschreibung eines räumlichen Objekts aus geometrisch festgelegten Grundkörpern (Kugel, Zylinder, Kubus etc.) ist für die hier vorliegende Aufgabe sicher nicht allgemein genug; die Beschreibung des Objekts über seine Fläche ist der allgemeinere Weg. Die CSG–Methode kommt als Volumenmodellierung hier also nicht in Betracht.

Die Frage, die sich nun stellt, ist, ob die Information über alle einzelnen, die Oberflächen verschiedener Objekte darstellenden Flächen genügt (3D–Flächenstruktur), oder ob die Information über die Zugehörigkeit einzelner Flächen zu bestimmten Elementen von Bedeutung ist.

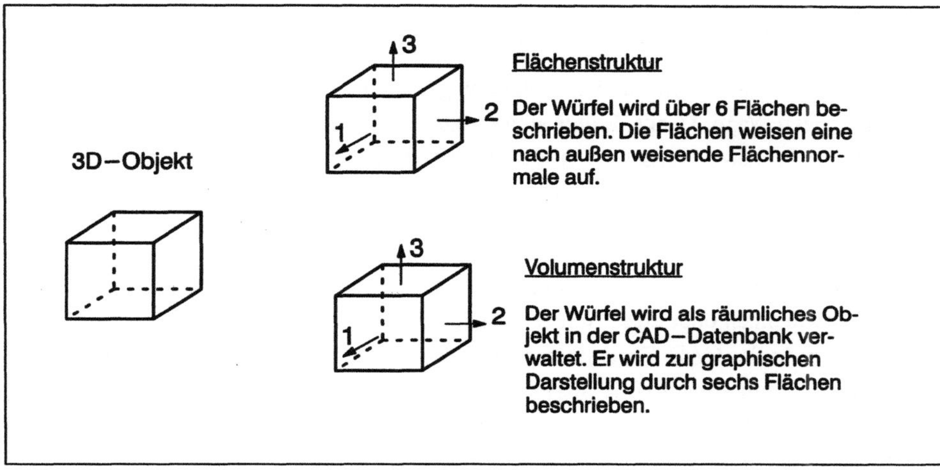

Bild 43 3D–Struktur

Wie in Bild 43 zu sehen ist, gibt es in der rein graphischen Darstellung bei diesen beiden Methoden zunächst keinen offensichtlichen Unterschied, was dazu führte, daß einige Softwarehersteller bei der Umstellung von 2D nach 3D zunächst diesen Weg beschritten. Der Unterschied liegt vielmehr in der nach der Objekterzeugung möglichen geometrischen oder visuellen Manipulation. Objekte, die im CAD–Programm als komplexe räumliche Elemente bekannt sind, können bei Vorhandensein entsprechender Algorithmen numerisch ausgewertet (z.B. Volumenberechnnung), graphisch verändert (z.B. Zuweisung einer anderen Oberflächenstruktur für das gesamte Objekt) oder in Beziehung mit anderen Objekten (z.B. mit Bool'schen Operationen) weiterbearbeitet werden. Diesen Vorteilen steht ein erhöhter Aufwand bei der Programmierung der programminternen Elementlogik gegenüber. Die genannten Vorteile führten zu der Entscheidung für eine 3D–Volumenstruktur (B–REP) für die eigene CAD–3D–Programmierung.

5.3.2 Objektstruktur

Wie aus den Ausführungen in den vorherigen Kapiteln unmittelbar folgt, kann die Umsetzung der real im Bauwerk existierenden Objektstruktur – das Bauwerk setzt sich aus verschiedenen Bauteilen sprich Objekten zusammen – nur mit einer Objektstruktur im Sinne der EDV sinnvoll realisiert werden. Dies ist zusammen mit dem eben ausgeführten Gedanken zur allgemeinen 3D–Struktur der Grund für die hier realisierte Objektstruktur im

3D–CAD–Programm. Nach der positiven Entscheidung für eine Objektstruktur sind folgende Fragen zur Objektstruktur zu beantworten:

- Welche Objekte werden benötigt ?
- Welche Eigenschaften besitzen diese Objekte ?
- Welche Prozeduren können auf diesen Objekten ausgeführt werden ?

Neben den allgemein für Bauwerksbeschreibungen aller Art notwendigen und gebräuchlichen Elementen Wand, Decke, Stütze sowie zugehörigen Öffnungen oder Aussparungen (Fenster, Tür, Wanddurchbruch, etc.), ist für die Darstellung frei geformter, komplexer Körper (im Bauwesen bspw. ein Pylonkopf aus Gußstahl) die Beschreibung eines Körpers durch eine beliebige Anzahl von Oberflächenelementen zu unterstützen.

Das für die Beschreibung von Brückentragwerken wichtigste Element ist durch seine Bauteilachse sowie einen über diese Achse veränderlichen Bauteilquerschnitt definiert. Dieses Element ist so in das CAD–Programm zu integrieren, daß die in Kapitel 4 beschriebene Bauwerksbeschreibung mit Hilfe dieses Grundelements möglich wird. Dazu gehört die Unterstützung der drei geometrischen Freiheitsgrade (Rotation, Scherwinkel, Kippwinkel). Die Realisierung dieses Elements lehnt sich direkt an die Beschreibung des linienförmigen Grundelements in Kapitel 4 an.

5.3.3 Punktbezogene Achsdefinition

Grundsätzlich gibt es zwei verschiedene Konzepte beim Aufbau der programminternen geometrischen Struktur:

- Elementstruktur
- Punktbezogene Struktur

Während bei der ersten Struktur das Element (z.B. eine 3D–Linie) das letzte Glied in der Kette der geometrischen Verknüpfung darstellt, ist dies bei der zweiten Struktur immer ein Punkt.

Der Vorteil bei der elementbezogenen Struktur ist, daß eine Ebene in der geometrischen Hierarchie entfällt, die Verwaltung der Informationen deshalb einfacher und schneller ist und insgesamt weniger Platz benötigt wird.

Der Vorteil der punktbezogenen Struktur liegt in der einfacheren Verknüpfung geometrisch zusammenhängender Objekte. Durch die Verwendung gleicher Punktnummern (also gleicher Zeiger auf die Punktmatrix) bei der Beschreibung zweier Linien ist immer sichergestellt, daß beide Linien einen gemeinsamen Punkt haben. Wird der gemeinsame Punkt verändert, so wird die Verbindung der beiden Linien automatisch erhalten bleiben. Die

"Assoziativität" der Geometrie ist Teil der inneren Struktur und nicht wie bei elementbezogenen Strukturen nachträglich mit großem Aufwand und entsprechendem Fehlerrisiko aufzusetzen.

Eine weitere Betrachtung zu diesem Fragenkomplex führte schließlich zur Entscheidung für eine punktbezogene Struktur im 3D–CAD–Programm:

Das Zusammenfügen räumlicher oder auch ebener Konstruktionen aus mehreren linienförmigen Bauteilen erfolgt in aller Regel aus Gründen des Tragverhaltens durch das Zusammenführen der verschiedenen Bauteilachsen in einem gemeinsamen Schnittpunkt, um Beanspruchungen, die aus einem Versatz resultieren würden, zu vermeiden. Wenn nun wiederum die Bauteile durch ihre Achsen und einen Querschnitt entlang der Achsen im CAD–Programm dargestellt werden und die Geometriestruktur des Programms punktbezogen angelegt ist, wird durch die Struktur des CAD–Programms das "richtige" Konstruieren (d.h. Zusammenfügen veschiedener Bauteile im gemeinsamen Achsenschnittpunkt) direkt unterstützt. Es wird somit ein Beitrag zur Verminderung der Fehlerwahrscheinlichkeit bei interaktiv entworfenen Strukturen geleistet. Die interne Struktur des CAD–Programms führt damit direkt zur Qualitätssteigerung oder doch zumindest zur Qualitätssicherung der betrachteten Bauteilkonstruktionen.

Durch die punktbezogene Achsstruktur wird auch erreicht, daß bei Veränderung der Systemgeometrie die richtige Verknüpfung der beteiligten Bauteile automatisch erhalten bleibt. Eine Veränderung der Systemgeometrie ist somit einfacherer und sicherer zu handhaben.

In Bild 44 wird dies weiter verdeutlicht. Gezeigt wird der Anschluß zweier Diagonalen an einen Untergurtstab. Alle Profile seien rechteckig; gezeigt wird jeweils die Ansicht des Anschlußdetails. Im oberen Teil des Bildes wird die Ausgangssituation dargestellt. Im unteren Teil wird die Situation dargestellt, die sich durch Verschieben eines einzigen Punktes (nämlich dem Verbindungspunkt der anschließenden Elemente) im CAD–System ergibt.

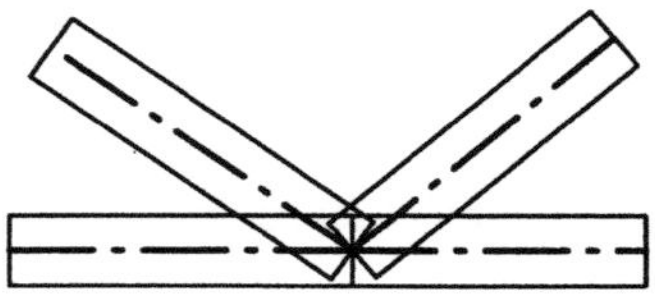

Richtige Konstruktion:

Die Bauteile (hier der Anschluß zweier Diagonalstäbe an einen Untergurt) erfolgt so, daß sich alle Bauteilachsen in einem Punkt schneiden.

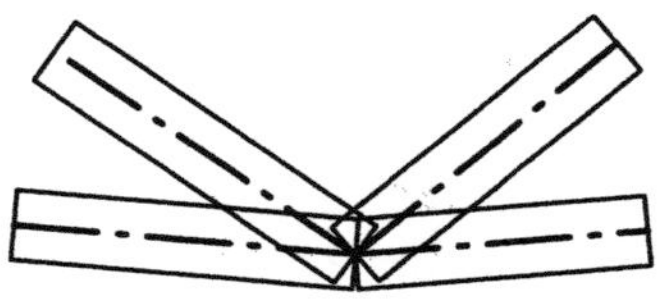

Punktbezogene Achsstruktur:

Eine Systemveränderung (hier wird der Verlauf des Untergurts verändert) hat keinen Einfluß auf die Verbindung der verschiedenen Bauteile. Lediglich ein Punkt wird im dargestellten Beispiel nach unten verschoben. Alle Elemente hängen mit ihrer geometrischen Beschreibung an diesem Punkt und werden dementsprechend automatisch nachgeführt.

Bild 44 Achsbezogene Punktstruktur

Ein offensichtliches Problem bei dieser Art der Bauteilverknüpfung ist, daß sich die an einem Knoten treffenden Bauteile gegenseitig durchdringen. Dies **kann** zu Schwierigkeiten bei der graphischen Darstellung führen; dies **muß** zu falschen Ergebnissen bei numerischen Auswertungen (Massenermittlung etc.) führen.

5.3.4 Elementhierarchie

Eine Verbesserung ist durch die Einführung einer Elementhierarchie zu erwarten. Sie wurde in das 3D–CAD–Programm implementiert; ihre Funktionsweise wird im folgenden kurz beschrieben. Zur bildlichen Darstellung wird das gleiche Beispiel wie oben verwendet. Folgende Veränderungen sind in die Bauteilbeschreibung aufzunehmen, um eine korrekte Bauteilverknüpfung zu erhalten:

- Im ersten Schritt wird der durchlaufende Untergurt zu einem durchlaufenden Bauteil zusammengefaßt.
- Im zweiten Schritt wird den Diagonalstäben die hierarchische Unterordnung gegenüber den Untergurtstäben zugewiesen. Die Achslage wird danach zwar immer noch durch den Schnittpunkt der Achsen bestimmt, das Profil der Diagonalstäbe wird aber durch das hierarchisch höher stehende Profil des Untergurtstabes begrenzt.

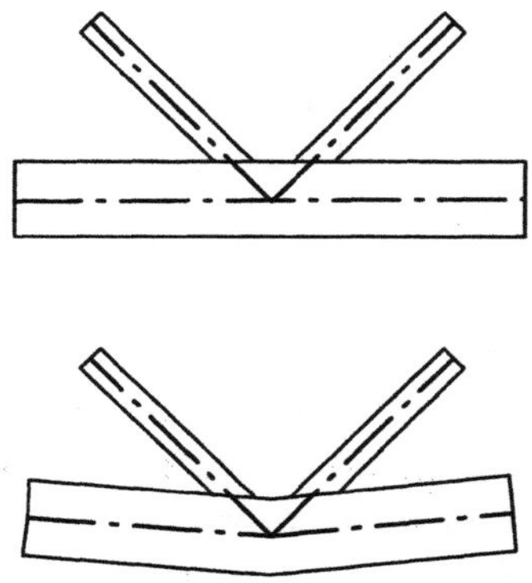

Elementhierarchie:

Die Untergurtstäbe stehen hierarchisch höher als die beiden Diagonalstäbe. Die Lage der Achsen ist gegenüber oben unverändert, es ändert sich jedoch die wahre Länge der Diagonalstäbe

Manipulation:

Die Anwendung der punktbezogenen Achsstruktur sowie einer sinnvollen Elementhierarchie führt zu dem gewünschten Verhalten:
Automatisch richtige Position der Bauteile zueinander bei komfortabler Veränderbarkeit des gesamten Systems.

Bild 45 Elementhierarchie

Diese hierarchische Verknüpfung verschiedener Bauteile ist auf beliebige linienförmige Elemente mit beliebigem Querschnittsverlauf anwendbar. Dies wird in dieser Weise von kaum einem kommerziellen CAD–Programm zur Verfügung gestellt, ist aber für die CAD–Anwendung in unserem Falle von entscheidender Bedeutung; es ist damit ein Beispiel für den Vorteil eigener CAD–Entwicklungen.

5.3.5 Symbolverwaltung

Für die realitätsnahe Darstellung von Brückenentwürfen und die Beurteilung der formalen Wirkung des Bauwerks in seiner Umgebung auf den Betrachter spielt die Maßstäblichkeit eine entscheidende Rolle. Die Beschreibung der formalen Wirkung eines Bauwerks erfolgt häufig mit Attributen wie "leicht, filigran, massig, plump" etc.. Sie beschreiben das subjektive Empfinden des Betrachters, das wesentlich von der Größenrelation Betrachter zu betrachtetem Bauwerk geprägt wird. Um diese Relation auch in einer Computersimulation richtig "empfinden" zu können, müssen Symbole in der Computersimulation dargestellt werden, deren absolute Größe jedem Betrachter sofort klar ist und mit Hilfe deren Darstellung er die Maßstäblichkeit der dargestellten Situation schnell erfassen kann. Solche Symbole sind beispielsweise Fahrzeuge (Auto, Bus oder Fahrrad) oder auch symbolische Darstellungen von Personen.

Die Darstellung von Personen oder auch von Fahrzeugen stellt kein prinzipielles Problem dar. Es ist heute möglich, die angesprochenen Symbole in jeder beliebigen Qualität darzustellen. Die Grenzen werden jedoch von der maximal sinnvoll zu bearbeitenden Datenmenge im CAD–Programm gesetzt. Für eine realitätsnahe Darstellung von Personen lassen sich leicht entsprechende Flächenmodelle mit mehreren hundert Flächen je Person vorstellen. Die Darstellung einer Personengruppe würde sehr schnell mehr Platz in der Datenbank verschlingen als die gesamte Brückendarstellung. Dies kann nicht sinnvoll sein. Ziel ist vielmehr, die Symbole mit vertretbarem numerischem Aufwand und einer ausreichenden Aussagekraft, was die Maßstäblichkeit betrifft, zu gestalten.

Um den datentechnischen Platzbedarf einer Symboldarstellung so gering wie möglich zu halten, wird die Programmierung einer "Symbolverwaltung" im EDV–technischen Sinn notwendig. Dabei wird ein Symbol nicht direkt mit seiner geometrischen Beschreibung in die Matrizen der CAD–Datenbank aufgenommen, sondern für jedes Symbol nur ein Verweis auf die Symbolstammdatenbank und die für die Einfügung des Symbols notwendigen ergänzenden Informationen (Einfügeort, Rotation um 3 Achsen, Folienzugehörigkeit etc.) eingetragen. Von jedem Symbol wird damit nur eine Zeile in der Elementmatrix belegt, unabhängig von der Komplexität seiner geometrischen Beschreibung.

5.3.6 Graphische Segmente

Die Integration der graphischen und numerischen Modellbildungsprozesse sowie der graphischen Auswertung der verschiedenen Ergebnisdarstellungen in dem hier beschriebenen Programmsystem führt zur Notwendigkeit, auch umfangreiche numerische Daten graphisch mit dem CAD–Programm auswerten zu können. Grundsätzlich stellt die reine Visualisierung von Daten völlig andere Anforderungen an ein Graphiksystem als die Interaktivität eines CAD–Programms. Während bei der reinen Visualisierung die Menge der Daten sehr groß ist, und die Schnelligkeit der graphischen Aufbereitung im Vordergrund steht, ist beim interaktiven CAD–Programm die Komplexität der einzelnen graphischen Elemente, vor allem was die Manipulationsfähigkeit anbelangt, von entscheidender Bedeutung für den Komfort bei der Anwendung des Programms. Dies ist sicher der ausschlaggebende Grund, wieso CAD–Programme erst in jüngster Vergangenheit auf dem Gebiet des FE–Pre– und Postprocessing Fuß fassen konnten.

Hier wurde eine Lösung gewählt, die sich bereits im 2D–Modus bewährt hat und die hier im wesentlichen den gewachsenen Anforderungen aus dem 3D–Betrieb angepaßt wurde. Dabei wird die graphische Information nicht in der CAD–Datenbank abgelegt sondern in einer externen ASCII–Datei. Das Format ist selbst definiert; der Inhalt, also die graphische Information selbst, kann vom CAD–Programm weder manipuliert noch erzeugt werden. In der CAD–Datenbank ist wiederum nur ein Zeiger auf die ASCII–Datei eingetragen. Die Verwaltung der graphischen Segmente läßt sich mit dem der Symbole vergleichen. Der Unterschied besteht lediglich in der größeren Flexibiltät und der zentralen, d.h. für mehrere Programmanwender gemeinsamen Verfügbarkeit der Symbole.

Von seiten der Visualisierung her besteht keine Einschränkung für die Behandlung von Symbolen und graphischen Segmenten. Sämtliche Darstellungstechniken (Wire–Frame, hidden line, etc.) sowie die Anbindung externer Graphiksysteme über geeignete Schnittstellen stehen für ihre Darstellung zur Verfügung.

5.3.7 Programmierschnittstelle

Eine einheitliche graphische Benutzeroberfläche wird im vorliegenden Programmsystem dadurch erreicht, daß es nur ein graphisches Interface im gesamten System gibt. Es wird vom CAD–Programm allen anderen Programmen zur Verfügung gestellt. Das wiederum bedeutet, daß zwischen externen Programmen und CAD–Programm eine direkte Verbindung bestehen muß, über die die Kommunikationsdaten vom graphischen Interface an die externen Programme übergeben werden können. Für diesen Zweck wurde bereits für den 2D–CAD–Betrieb eine Fortran–Programmierschnittstelle zum CAD–Programm geschaffen.

Diese Schnittstelle mußte nun auf die veränderten Anforderungen des 3D–Betriebs hinsichtlich der interaktiven Steuerung sowie der graphischen Ausgabe angepaßt werden. Da die Schnittstelle bidirektional verwendet wird, sollte bei der Übertragung graphischer Information über diese Schnittstelle möglichst wenig Information verloren gehen (s. dazu auch Kapitel 4 "Schnittstellen"). Dies wurde dadurch erreicht, daß zum einen der logische Aufbau der Struktur des CAD–Programms an den Erfordernissen des Entwurfsprogramms orientiert wurde, und zum anderen dadurch, daß für die wichtigsten Elemente (z.B. linienförmiges Grundelement) direkte Übergabemöglichkeiten in der Programmierschnittstelle geschaffen wurden.

5.3.8 Programmtechnische Realisierung

Für die programmtechnische Realisierung sind folgende Fragen zu beantworten:

- Welches graphische Kernsystem wird verwendet ?
- In welcher Sprache wird programmiert ?
- Welche Datenbank wird verwendet ?
- Welche Schnittstellen werden realisiert ?

Auf diese Fragen soll im folgenden nur sehr kurz der Vollständigkeit halber eingegangen werden, da ihre Behandlung nicht im Zentrum der vorliegenden Arbeit steht.

Graphisches Kernsystem
Als Alternative bieten sich folgende graphische Kernsysteme an:

- GKS
- PHIGS
- PEX

Alle drei sind mehr oder weniger standardisiert und bieten, wenn gewünscht, 3D–Funktionalität an. PHIGS bietet im Vergleich zu GKS kaum Vorteile. Die uns bekannten Umsetzungen von PHIGS (z.B. von der Fa. Hewlett–Packard) zeichnen sich eher durch eine schlechte Interaktionssteuerung (z.B. Menuauswahl) sowie eine sehr beschränkte Ansteuerungsmöglichkeit von Ausgabegeräten aus.

PEX ist eine relativ neue Entwicklung, die auf X–WINDOW basiert und dem Programmierer die gesamte Funktionalität von X–WINDOWS und Motif für die Programmsteuerung zur Verfügung stellt. Leider gibt es derzeit nur eine C–Schnittstelle für die Anwendung von PEX. Die Verwendung von PEX hätte die Neuprogrammierung auch der 2D–CAD–Programmteile nach sich gezogen und kam deshalb nicht in Frage.

Ausschlaggebend für die Auswahl von GKS war in unserem Fall, daß das bereits vorliegende 2D–CAD–Programm auf GKS–2D basierte und im Umgang mit GKS bisher ausreichend Erfahrung gesammelt worden war, um die Realisierbarkeit der anstehenden Programmieraufgaben abschätzen zu können.

Programmiersprache
Zur Auswahl standen im wesentlichen die Programmiersprachen C und Fortran. Fortran wurde deshalb gewählt, da alle bereits bestehenden Programme inkl. des vorhandenen 2D–CAD–Programms in Fortran programmiert waren und bei einem Umstieg auf C den geringen Vorteilen in der Datenverwaltung und bzgl. der Betriebssystemnähe ein zu großer Aufwand gegenüber gestanden hätte. Zudem können beide Sprachen gemischt eingesetzt werden, und so wurden lediglich diejenigen Routinen in C programmiert, für die es keine Realisierungsmöglichkeit in Fortran gegeben hätte.

Datenbank
Als Datenbank kommt weiterhin das Datenbanksystem des 2D–CAD–Programms zum Einsatz. Für die Trennung der 2D– und 3D–Daten mußten lediglich neue Feldbezeich–nungen eingeführt werden. Die Struktur der Datenbank wurde unverändert belassen.

Schnittstellen
Für die Anbindung von kommerzieller Software zur realitätsnahen Darstellung (Programme mit Rendering– und Raytracing–Verfahren, z.B. Personal Visualizer von Fa. Wavefront) wurde eine DXF–Schnittstelle realisiert. Zur Anbindung des eigenen Animationsprogrammes B3D–View, das auf PEX basiert und die Hardwaregraphiksubsysteme der HP–Workstations nutzen kann, wurde eine eigens dafür definierte Schnittstelle geschaffen, ebenso für die Anbindung von POV–Ray, einem Freeware–Raytracing Programm von Drew Wells und Chris Young (POVRAY s.a. Wells (1993)).

Zur Ausgabe von Plots stellt GKS eine Reihe standardisierter Schnittstellen (HPGL, Postscript, etc.) zur Verfügung.

5.4 Entwurfsprogramm

5.4.1 Entwurf

Die zentrale Aufgabe des Entwurfsprogrammes ist die Unterstützung des entwerfenden Ingenieurs bei der interaktiven Definition und Manipulation eines Brückenbauwerks. Die Umsetzung des im vorigen Kapitel geschilderten Konzepts unter Berücksichtigung der in Kapitel 3 formulierten Anforderungen an ein entwurfsunterstützendes Werkzeug führte zu einem Programm, das sich unter anderem durch folgende Punkte charakterisieren läßt:

- Bauteilorientierte Definition eines Bauwerks
- Unterstützung der üblichen Entwurfssprache und –methodik
- Elementhierarchie und Assoziativität der eingegebenen Elemente
- Speicherung der Erzeugungsvorschrift zur Erhaltung der Manipulationsfähigkeit der Bauwerksbeschreibung

Der interaktive Entwurf eines Brückenbauwerks vollzieht sich dabei unter Berücksichtigung der zuvor eingelesenen Grundlagendaten, wie im nächsten Kapitel ausführlich beschrieben wird.

Ziel der folgenden Ausführungen ist nicht die vollständige Beschreibung des derzeit erreichten Standes der Programmentwicklung (dazu s. Programmdokumentation). Vielmehr soll dargestellt werden, wie die Anforderungen bzgl. einer Entwurfsunterstützung und das im letzten Kapitel dargestellte Konzept grundsätzlich im Programm Berücksichtigung finden konnten. Die oben angeführten charakteristischen Punkte sollen deshalb im folgenden noch näher, vor allem im Bezug auf ihre Umsetzung im Programm, beleuchtet werden.

Bauteilorientierte Definition eines Bauwerks

Im Entwurfsprogramm wird grundsätzlich nicht zwischen verschiedenen "Grundtypen" (s. Kapitel 3.1.1) unterschieden. Vielmehr können in einer beliebigen Reihenfolge Bauteile definiert und zu einem Gesamtsystem (Bauwerk) zusammengefügt werden. Bei der Erzeugung dieser Bauteile können die Grundlagendaten einbezogen werden (z.B. kann der Fußpunkt einer Stütze vom Programm selbständig gefunden werden, nachdem der Kopfpunkt der Stütze festgelegt und ein Gründungsniveau eingelesen wurde).

Alle Bauteile sind entsprechend dem Konzept als linienförmige Bauteile mit einem über die Achse zu definierenden Querschnitt angelegt. Um eine komfortablere Erzeugungs– und

Manipulationsmöglichkeiten zu erhalten, wurde auch das komplexere Element "Bauteilverband" realisiert.

Unterstützung der üblichen Entwurfsmethodik und –sprache

Sowohl die Entwurfsmethodik (Stichwort "vom Groben ins Feine") als auch die Entwurfssprache bzgl. Erzeugung und Manipulation der Bauteile wurden im Programm umgesetzt.

Für alle Modellierungsvorschriften (FE, Graphik) kann ein sogenannter "Ausführungslevel" angegeben werden. Für einen Balkenquerschnitt kann bspw. zunächst eine grobe Querschnittsform (Rechteckquerschnitt, Ausführungslevel 2) angenommen werden. Zu einem späteren Zeitpunkt kann der Querschnitt mit einer genaueren Ausformulierung (z.B. Platte mit seitlichen Vouten, Ausführungslevel 5) versehen werden, ohne daß Bauteile, die sich auf diesen Querschnitt beziehen, neu definiert werden müssen. Für die Erzeugung eines graphischen Modells (gleiches gilt auch für das statische Modell) muß dann ein gewünschter Ausführungslevel angegeben werden.

Als Entwurfssprache wird bei der Erzeugung von Bauteilen hauptsächlich die Verknüpfung bestimmter Bauteilnamen mit einer entsprechenden geometrischen Form oder Positionierung bzw. einer Funktion, was das Tragverhalten des Bauteils anbelangt, verstanden. Obwohl sich eine Stütze im Sinne der Bauteildefinition (Stabachse mit Querschnitt) grundsätzlich nicht von einem Bogen unterscheidet, sind die für die Definition des Bauteils notwendigen Interaktionen bei beiden verschieden. Während beim Bogen weitergehende Abfragen hinsichtlich der geometrischen Form folgen müssen, ist die Definition der direkt durch die Stütze zu tragenden Bauteile für die Definition der Stütze wichtig.

Im Programm werden deshalb für den interaktiven Entwurf nicht nur das allgemeine linienförmige Element sowie der Bauteilverband als auszuwählendes Bauwerkselement zur Verfügung gestellt, sondern die ganze Palette verschiedener Bauteile, wie sie typischer Weise benannt werden:

- Balken
- Bogen
- Stütze
- Pylon
- Seil
- Kabel
- Streben
- Hänger

Das Element "Balken" ist dabei dasjenige, das der Definition des allgemeinen linienförmigen Elements (s. Kapitel 4) am nächsten kommt. Die Form eines Balkens kann im Programm über die Definition eines "lokalen Systems" beliebig definiert werden. Der Querschnitt kann sich dabei über die Balkenlänge beliebig ändern. Grundsätzlich wäre es also möglich, ein Bauwerk lediglich aus "Balken" zu formulieren. Dies wäre zwar eine vom programmiertechnischen Standpunkt aus wünschenswerte Eindeutigkeit der Bauteilbeschreibung und Anwenderführung, führt jedoch zu einer Entfremdung zwischen Programm und Anwender. Die Akzeptanz eines Programmes durch den Anwender, die sich auch durch die zu verwendende Sprache bei der Interaktion beeinflussen läßt, ist jedoch für den sinnvollen Einsatz des Programms entscheidend. Deshalb wurde von dieser "puren Umsetzung" des Konzepts Abstand genommen.

Für eine detailliertere Darstellung der realisierten Programmstruktur soll hier, stellvertretend auch für die weiteren Ausführungen, auf die im Rahmen dieser Arbeit entstandenen Handbücher (Schreiber (1994)) verwiesen werden.

Um eine "bildliche Manipulation" von geometrischen Formen zu ermöglichen, wurden zur Veränderung der "lokalen Systeme" entsprechende Funktionen im Programm realisiert. Da sich Bauteile wiederum in ihrer Form auf lokale Systeme beziehen können, werden beliebige Formmanipulationen möglich. Eine Erweiterung der Manipulationsmöglichkeiten ist durch die Entkopplung der eigentlichen Bauteilspezifikation (Querschnitt, Material, etc..) und der geometrischen Beschreibung der Bauteilachse problemlos möglich.

Elementhierarchie und Assoziativität der eingegebenen Elemente

Bauwerke setzen sich – gemäß unserer Definition – aus hierarchisch geordneten Bauteilen zusammen. Der Unterschied zwischen verschiedenen "Brückentypen" liegt lediglich in der Auswahl der verwendeten Bauteile sowie deren gegenseitiger Zuordnung. Für das Zusammenfügen verschiedener Bauteile zu einem gesamten System ist der Bezug der Elemente aufeinander (Assoziativität) sowie die Definition einer hierarchischen Gliederung notwendig.

Die Umsetzung erfolgte derart, daß sich die Definition der Bauteilachsen immer auch auf bereits bestehende Bauteile beziehen kann. Eine Veränderung des Bezugelements führt so automatisch auch zu einer Veränderung des abhängigen Elements (Die Auswirkungen der Assoziativität und Bauteilhierarchie bei Manipulationen wurde bereits in den vorangegangenen Kapiteln an Beispielen verdeutlicht).

Speicherung der Erzeugungsvorschrift zur Erhaltung der Manipulationsfähigkeit der Bauwerksbeschreibung

Grundsätzlich werden immer nur Erzeugungsvorschriften und nicht etwa erzeugte Modellierungen gespeichert. Dies führt auf der einen Seite zu einer wesentlich kleineren zu verwaltenden Datenmenge, ist aber hauptsächlich wegen der Erhaltung der Manipulationsmöglichkeit notwendig. Würde ein bogenförmiger Träger bspw. nach seinem Entwurf als Träger mit punktweise bekanntem Achsenverlauf gespeichert (wie er zur graphischen Darstellung ja berechnet werden muß), so könnte er zu einem späteren Zeitpunkt nicht mehr einfach durch Veränderung seines Bogenstichs in seiner Form verändert werden. Genau dies ist aber wünschenswert und notwendig.

5.4.2 Integration von Grundlagendaten

Aus der Summe aller Grundlagendaten, die den Brückenentwurf maßgeblich beeinflussen und die für die Beschreibung des Brückenentwurfs notwendig sind, werden im folgenden drei Gruppen herausgegriffen:

- Geländebeschreibung
- Gründungsverhältnisse
- Verkehrswegebeschreibung

Für alle drei Arten von Grundlagendaten wurde die Möglichkeit geschaffen, sie direkt über Schnittstellen in das Entwurfsprogramm einzubringen und für die Bearbeitung von Brükkenentwürfen zu nutzen. Im folgenden soll dies näher beschrieben werden.

Geländebeschreibung
Jeder reellen Bauaufgabe geht die Aufnahme der Geländedaten durch einen Vermesser voraus. Er ermittelt und speichert die im Feld gemessenen Daten heute üblicherweise bereits auf elektronischem Wege. Zur Erstellung von Höhenlinienplänen, die lange Zeit das Kommunikationsmittel zwischen Vermesser und Tragwerksplaner darstellten, ist im Anschluß daran eine Aufbereitung dieser Daten mit Hilfe von geeigneten Nachlaufprogrammen erforderlich. Diese Programme sind häufig auch in der Lage, aus den punktorientierten Daten eine flächenorientierte Geländebeschreibung zu erstellen, die sich dann wiederum sehr gut zur weiteren Verarbeitung im Entwurfsprogramm eignet. Dies kann jedoch nicht immer vorausgesetzt werden, und so wurden für das Entwurfsprogramm mehrere Schnittstellen zur Übertragung einer Geländebeschreibung realisiert:

- Punktraster: Dabei wird ein regelmäßiges Raster von Punkten vorausgesetzt, für das die jeweiligen Punktkoordinaten eingelesen werden (s. dazu Bild 46).
- Flächendarstellung: Dabei wird eine beliebige Anordnung von koordinatenmäßig bekannten Punkten über eine zusätzliche Topologie zu einer Flächeninformation verknüpft (s. dazu Bild 47).

Punkteraster: Übergabeformat
5 Punkte in X–Richtung
4 Punkte in Y–Richtung

0.000	0.000	0.400
1.000	0.000	0.900
2.000	0.000	1.800
3.000	0.000	2.200
4.000	0.000	3.700
0.000	2.000	0.000
1.000	2.050	0.500
2.000	2.100	1.100
3.000	2.100	1.600
4.000	2.150	2.100
0.000	4.000	0.900
1.000	4.100	0.400
2.000	4.150	0.500
3.000	4.200	1.200
4.000	4.250	1.300
0.000	6.000	1.300
1.000	6.100	0.800
2.000	6.200	0.000
3.000	6.300	0.700
4.000	6.400	1.400

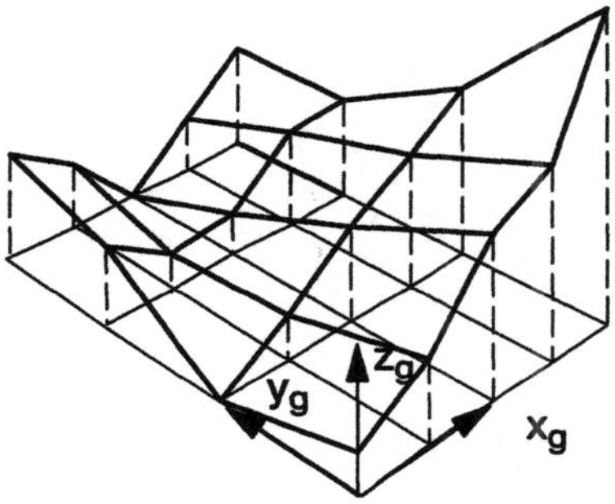

Bild 46 Geländebeschreibung über Punkteraster

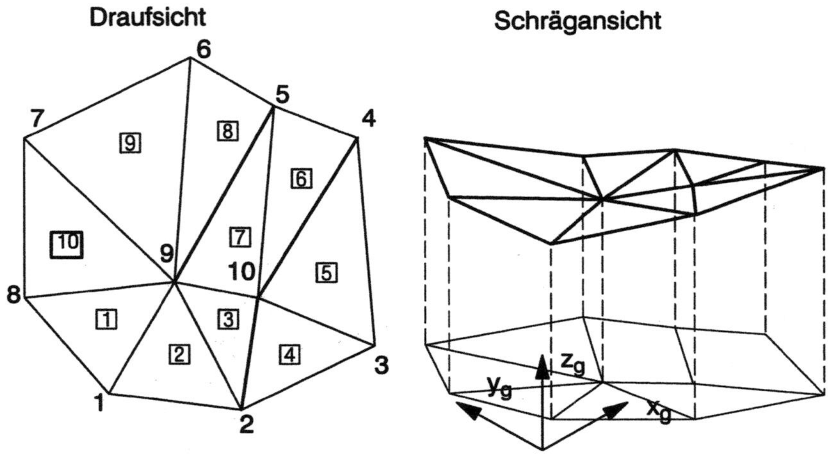

Die Knoten 1–10 werden mit ihren Koordinaten übergeben.
Die Flächentopologie sieht im Beispiel wie folgt aus:

1	1,8,9	6	10,5,4
2	1,9,2	7	10,9,5
3	2,9,10	8	9,6,5
4	2,10,3	9	9,7,6
5	3,10,4	10	9,8,7

Bild 47 Geländebeschreibung über Flächentopologie

Die Information über den Geländeverlauf wird im Entwurfsprogramm im wesentlichen dazu verwendet, die Einbettung des Brückenentwurfs in seiner Umgebung darzustellen. Für diese Aufgabe wäre es ausreichend, das Geländemodell direkt im CAD–Programm darzustellen und diese Darstellung der graphischen Modellierung der Brücke jeweils zu hinterlegen.

Der Grund für die Einbindung der Geländeinformation in das Entwurfsprogramm liegt in der Manipulationsmöglichkeit des Geländes. Zur Realisierung eines Brückenentwurfs sind in aller Regel auch Veränderungen an der Geländeoberfläche vorzunehmen (Anschütten eines Damms, Einschneiden der Trassenführung etc.). Ist die Ausgangsform des Geländes bekannt, so kann bspw. auch der Umfang einer eingebrachten Veränderung (Volumen einer notwendigen Dammanschüttung und damit bspw. über die Ermittlung der notwendigen Erdbau– und Transportarbeiten ein Beitrag zum Gesamtenergieverbrauch) numerisch erfaßt werden. Notwendig dazu ist lediglich ein Algorithmus um das Volumen von beliebig berandeten Körpern bestimmen zu können. Dieser Algorithmus steht im CAD–Programm zur Verfügung.

Ein weiterer Vorteil der Einbindung des Modells in das Entwurfsprogramm liegt in der Manipulationsmöglichkeit der Oberflächendarstellung. Zumindest aus der Punktrastereingabe ist zunächst keine Information über die Oberflächenbeschaffenheit (Farbe etc.) gegeben. Diese kann der Geländebeschreibung interaktiv nachträglich hinzugefügt werden. Bei der Eingabe von Flächendaten ist sowohl die direkte Eingabe der Oberflächeninformation über die Schnittstelle, wie auch die nachträgliche Manipulation vorgesehen.

Gründungsverhältnisse

Die Gründungsverhältnisse sind häufig entscheidend für die Baubarkeit einer Brückenalternative (z.B. bei Bogenbrücken). Sie werden gekennzeichnet durch die Bodenbeschaffenheit und die Schichtung des Bodens im "Entwurfsraum". Für die Entwurfsaufgabe wird die Beschreibung häufig darauf reduziert, daß dem Tragwerksplaner mitgeteilt wird, in welcher absoluten oder relativen (zur Geländeoberkante) Höhe er mit tragfähigem Grund rechnen kann.

Für die Einbindung von Bodendaten in das Entwurfsprogramm stehen dieselben Schnittstellen wie zur Einbindung der Geländebeschreibung zur Verfügung. Über diese Schnittstellen kann zur Zeit ein Gründungshorizont in das Entwurfsprogramm eingelesen und weiterverarbeitet werden. Prinzipiell steht einer Erweiterung dieser Methodik in Richtung auf Beschreibung mehrerer Schichten mit Angabe der entsprechenden Bodenkenngrößen nichts im Wege. Auf weitere Sicht wäre damit auch eine integrierte Planung der Gründung (bspw. Ermittlung der notwendigen Pfahllänge und entsprechende integrierte Nachweise für die Gründungselemente) in das Programmsystem mit einzubinden.

Zur Zeit wird der Gründungshorizont im Entwurfsprogramm dazu verwendet, die Lage von Bauteilfußpunkten zu ermitteln. An folgendem Beispiel (s. dazu Bild 48) soll dies kurz demonstriert werden:

Es soll auf Grundlage des dargestellten Gründungshorizontes ein Bogen erzeugt werden, dessen Fußpunkte in der Draufsicht lagemäßig bekannt sind (Punkt 1 und 2). Die höhenmäßige Lage soll aus dem Verlauf des Gründungshorizont ermittelt werden. Der Anwender wählt für die Punkteingabe den Gründungsmodus an (s.a. Handbuch zum Entwurfsprogramm) und gibt danach die beiden Punkte P1 und P2 in einer Draufsicht im CAD–Programm interaktiv ein. Durch diese beiden Punkte werden nun vertikale Geraden (G1 und G2) gelegt und mit den Flächen, durch die der Gründungshorizont beschrieben ist, zum Schnitt gebracht. Die ermittelten Schnittpunkte (SP1 und SP2) werden in der Folge als Fußpunkte für die Bogenerzeugung verwendet.

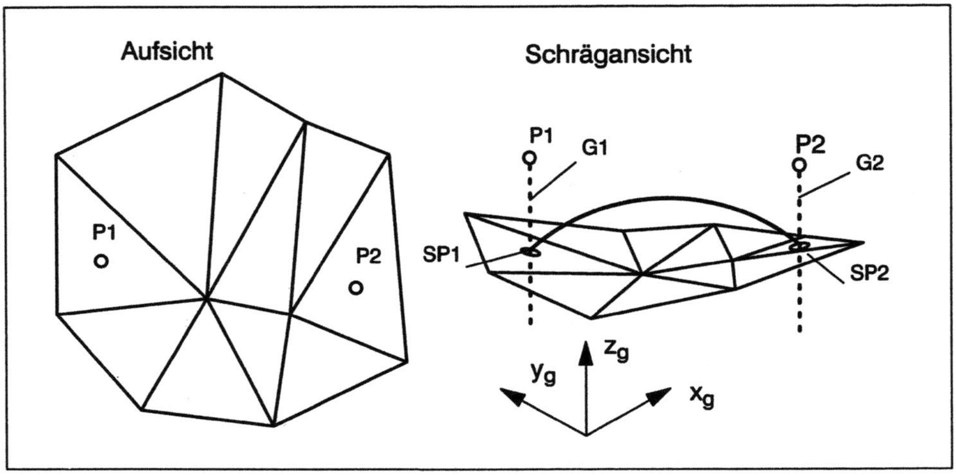

Bild 48 Verwendung des Gründungshorizontes zur Punktbestimmung

Aus dem Beispiel wird klar, daß sich für die dargestellte Verwendung eine 3–knotige Flächendarstellung am besten eignet, da dann eine Schnittpunktbestimmung ohne weiteres erfolgen kann. Bei gegenüber einer Ebene stark verzerrten 4– oder mehrknotigen Flächenelementen führt die Schnittpunktbestimmung entweder zu sehr aufwendigen Verfahren (Bestimmung einer Flächenbeschreibung mit Bezier o.ä.) oder zu kaum kontrollierbaren Fehlern.

Bild 49 zeigt das bereits in Kapitel 4 angeführte Beispiel. Dargestellt ist das vollständige Bauwerk mit Gründungskörpern, die im tragfähigen Grund angeordnet sind. Zum derzeitigen Zeitpunkt wird vom Programm noch keine direkte Hilfe beim Entwurf und der Bemessung der Gründung gegeben. Anhand der Darstellung soll lediglich gezeigt werden, welche Auswirkungen die Verwendung eines Gründungshorizontes bei der Lagebeschreibung der aufgehenden Bauteile hat.

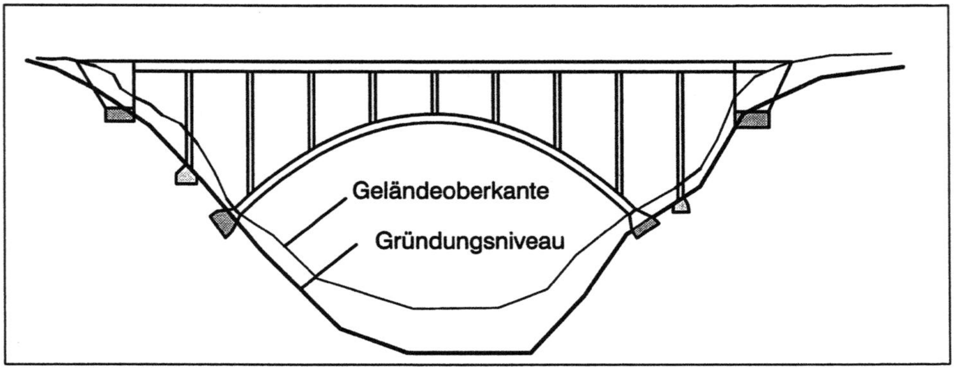

Bild 49 Bauwerk mit Gründung anhand eines Gründungsniveaus

Der Vollständgkeit halber sei noch darauf hingewiesen, daß für den Einsatz des Entwurfsprogramms in der Lehre (Bearbeitung fiktiver Aufgabenstellungen mit nicht oder nur sehr vage beschriebenem Gelände- und Gründungsverlauf) Funktionen zur Verfügung gestellt werden, um interaktiv eine entsprechende Datenbasis zu erzeugen. Im wesentlichen kommt dabei das "sweep"-Verfahren zum Einsatz, bei dem eine definierte Schnittkurve entlang einer zweiten Kurve im Raum bewegt wird und so eine Oberfläche aus einzelnen, ebenen Flächenelementen entsteht. Bild 50 zeigt dies an einem Beispiel:

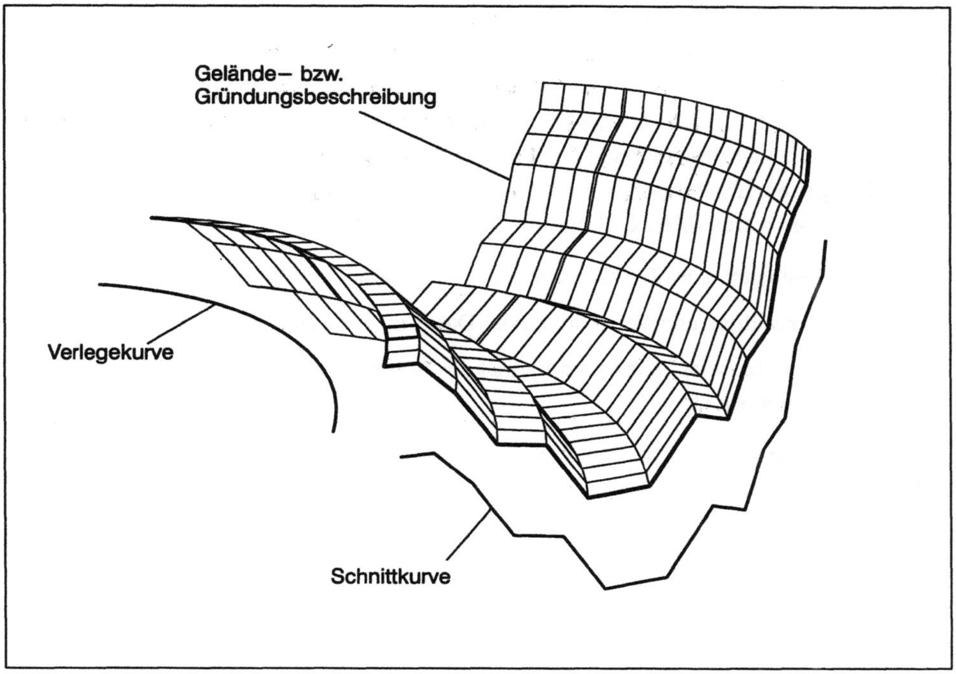

Bild 50 Interaktive Gelände– bzw. Gründungsmodellierung

Verkehrswegebeschreibung

Brücken haben die Funktion, Verkehr über topographische oder bautechnische Hindernisse hinweg zu ermöglichen. Die Planung der Verkehrswege erfolgt dabei meist vor dem expliziten Entwurf eines Brückenbauwerks (z.B. Eisenbahnlinien, Autobahnen etc.). Der Verlauf der einzelnen Verkehrswege stellt somit eine feste Randbedingung für den Entwurf dar. Dies kann soweit führen, daß die Gradiente des Verkehrsweges bereits zu Beginn des Brückenentwurfs auch im Bereich des Brückenbauwerks feststeht.

Die Integration der Verkehrsdaten in den Entwurfsprozeß ist notwendig, da durch diese Daten meist die geometrische Lage (also Anfangs– und Endpunkt) sowie die möglichen Trassenverläufe (Grundriß und Aufriß, Radien, Klothoiden, max. Steigungen etc.) im Bereich des Brückenbauwerks beschrieben werden. Verkehrswege werden vom Verkehrsplaner meist durch eine Beschreibung des Trassenverlaufs in Grundriß und Aufriß sowie den dazugehörigen Straßenquerschnitten definiert. Zur Integration dieser Daten in das Entwurfsprogramm waren folgende Detailprobleme zu lösen:

- Festlegen eines Datenformates zur Einbindung von Wegebeschreibungen
- Verwaltung und Verwendung der Daten im Entwurfsprogramm
- Umsetzen der Daten vom Format des Verkehrsplaners in das oben erwähnte Datenformat

Das Datenformat zur Übergabe der Verkehrsdaten an das Entwurfsprogramm wird in Bild 51 beschrieben und an einem Beispiel verdeutlicht:

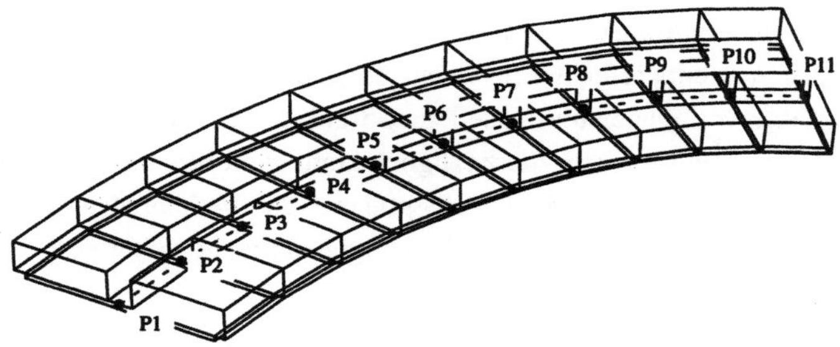

Datenformat zur Übergabe der Verkehrsdaten

```
*POI  ——————— Start der Punktdefinition
 0.   10.  0.0   1.
 10.  19.  1.0   2.
 20.  27.  1.5   3.
 30.  34.  1.8   4.
 40.  40.  1.9   5.
 50.  45.  1.9   6.
 60.  49.  1.8   7.
 70.  52.  1.5   8.
 80.  54.  1.0   9.
 90.  55.  0.0   10.
 100. 55.  -1.0  11.
*POI_END
*SEC  ——————— Start der Querschnittsdefinition
*QSEC
*NQ   ——————— Anzahl Querschnitte
 3
*Q    ——————— Querschnitt 1
 4
 15.2500   0.0000
 -15.2500  0.0000
 -15.2500  -0.7500
 15.2500   -0.7500
*Q    ——————— Querschnitt 2
 4
 2.0000   0.0000
 17.0000  0.0000
 17.0000  4.5000
 2.0000   4.5000
*Q    ——————— Querschnitt 3
 4
 -2.0000   0.0000
 -2.0000   4.5000
 -17.0000  4.5000
 -17.0000  0.0000
*SEC_END
```

Format zur Beschreibung eines Verkehrsweges:

Die Achse wird im gezeigten Beispiel durch die Koordinaten der Punkte P1 – P11 definiert.

Die Querschnitte werden in einem lokalen ebenen Koordinatensystem beschrieben. Der erste Querschnitt stellt im Beispiel den eigentlichen Verkehrsweg dar.

Die beiden darüber liegenden Querschnitte repräsentieren das zum Verkehrsweg zugehörige, freizuhaltende Lichtraumprofil.

Bild 51 Integration von Verkehrsdaten

Die Verkehrsdaten werden in die Stammdatenbank eingetragen. Sie sind damit jederzeit bei der Entwurfsbearbeitung abrufbar. Eine Veränderung der Daten innerhalb des Entwurfsprogrammes ist möglich, ein Entwurfsspielraum auch bzgl. der Verkehrswege kann somit vom Anwender ausgeschöpft werden.

Während die Erfassung und Bearbeitung der Verkehrsdaten beim Verkehrsplaner in aller Regel heute bereits auf elektronischer Basis durchgeführt wird, findet die Datenübergabe vom Verkehrsplaner zum entwerfenden Ingenieur üblicherweise immer noch auf dem Wege des Austausches von Plänen und Tabellenausdrucken statt. Dies liegt sicher auch daran, daß vom entwerfenden Ingenieur diesbezüglich keine Anforderungen an den Verkehrsplaner gestellt werden. Der Grund dafür liegt darin, daß Verkehrsdaten vom entwerfenden Ingenieur in seiner heute üblichen EDV–Umgebung nicht weiter verwendet werden können.

Können die Daten weiterverarbeitet werden, wie dies hier gezeigt wird, so kann sicher nicht davon ausgegangen werden, daß der Verkehrsplaner die Daten in ein vom entwerfenden Ingenieur gewünschtes Datenformat bringt. Der Ingenieur ist vielmehr selber dafür zuständig, Daten von dem für Verkehrsplaner üblichen Format auf ein von ihm interpretierbares Format zu übertragen.

Im Rahmen dieser Arbeit ist deshalb eine Schnittstellenkomponente entwickelt worden, die eine für Verkehrsplaner typische Wegebeschreibung in das oben beschriebene Datenformat übersetzt. Die typische Wegebeschreibung ist dabei durch folgende Punkte charakterisiert:

- Der Trassenverlauf wird für die Verkehrswegeachse getrennt in Grundriß und Aufriß beschrieben.
- Für den Aufriß stehen die geometrischen Formen Gerade und Kreisbogen zur Verfügung.
- Für die Beschreibung des Grundrisses finden Gerade, Kreisbogen und Korbklothoide Anwendung.

Die Wegebeschreibung des Verkehrsplaners liegt beim entwerfenden Ingenieur häufig sowohl als zeichnerische Darstellung als auch in tabellarischer Form vor. Während sich die zeichnerische Darstellung nicht als Grundlage zur Datenintegration in weiterführenden Programmen eignet (das nächste Bild zeigt ein Beispiel dafür), kann die tabellarische Form relativ einfach weiterbearbeitet werden.

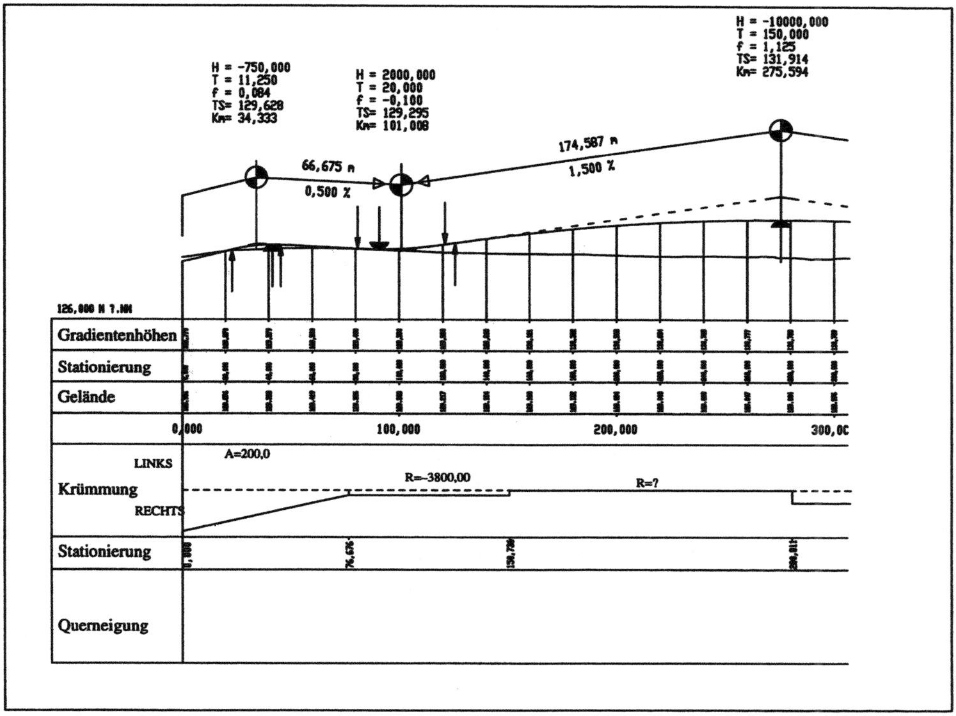

Bild 52 Ausschnitt aus einer typischen Wegebeschreibung

Im ersten Schritt der Umsetzung wird aus der Beschreibung des Trassenverlaufs im Grundriß eine zunächst ebene Raumkurve bestehend aus einer Anzahl aufeinanderfolgender Punkte gebildet. Der Anwender muß lediglich die Schrittweite der Interpolation angeben, die über die Feinheit und damit auch den Datenumfang der resultierenden Wegebeschreibung entscheidet. Im nächsten Schritt wird dann die ebene Kurve mit dem Trassenverlauf im Aufriß überlagert. Das Endergebnis ist eine Datei im oben bereits geschilderten Format, die dann vom Brückenentwurfsprogramm eingelesen werden kann.

Während die Umrechnung von geraden Teilstücken und Kreisbögen in einen polygonalen Verlauf durchaus als Standardaufgabe bezeichnet werden kann und demzufolge hier nicht näher darauf eingegangen werden soll, stellt die Umrechnung der Klothoidenteilstücke eine nicht alltägliche Aufgabe dar.

Die Klothoide ist eine ebene Spiralkurve, deren Krümmung K proportional ihrer vom Koordinatenursprung gemessenen Bogenlänge L ist (Bild 53). Das Produkt von Bogenlänge mit dem zugehörigen Krümmungsradius R ist konstant. Das konstante Glied der Definitionsgleichung wurde durch den Parameter A in quadratischer Schreibweise ersetzt.

Dadurch lautet das Bildungsgesetz der Klothoide:

$L \cdot R = A^2$

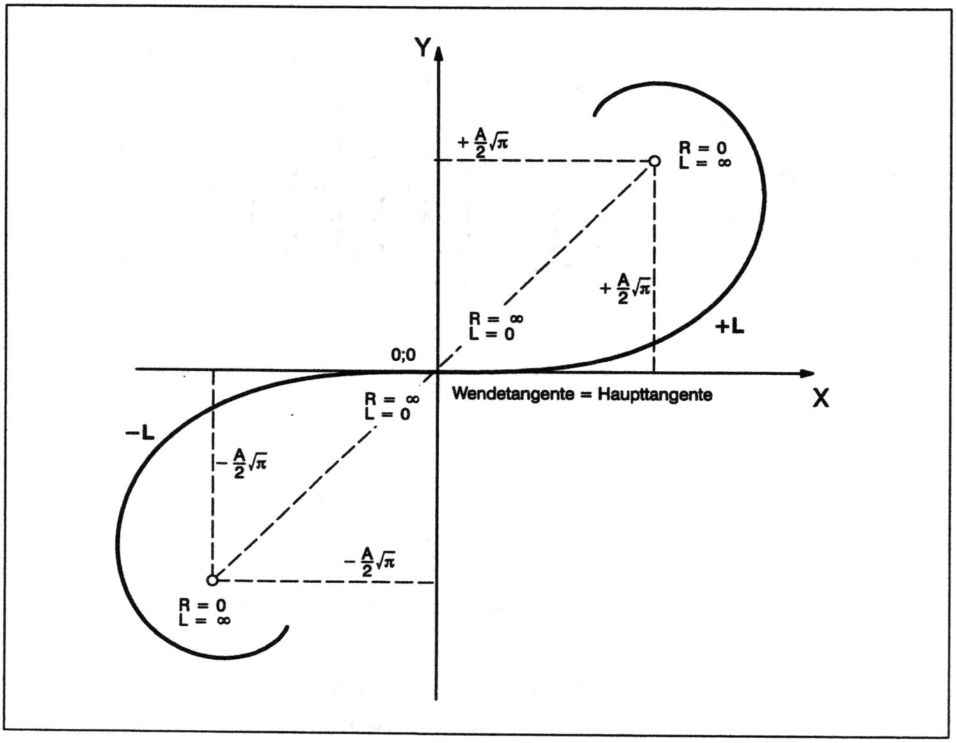

Bild 53 Klothoide

Zur Umrechnung der Klothoide auf eine polygonale Beschreibung sind die rechtwinkligen Koordinaten x und y aus der Klothoidenbeschreibung abzuleiten.

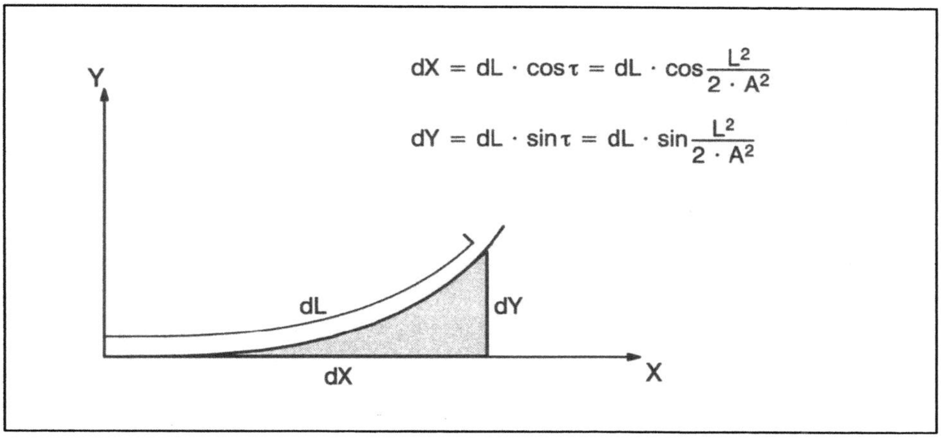

Bild 54 Bogendifferential zur Ableitung der rechtwinkligen Koordinaten der Klothoide

Durch Integration der angeschriebenen Gleichungen erhält man die Ausdrücke für x und y wie folgt:

$$X = \int_0^L \cos\frac{L}{2 \cdot A^2}\, dL$$

$$Y = \int_0^L \sin\frac{L}{2 \cdot A^2}\, dL$$

Da sich diese Integrale nicht exakt lösen lassen (*Fresnel*'sche Integrale), werden sie mit Hilfe der folgenden Reihenentwicklungen angenähert (nach Osterloh 1991):

$$X = L - \frac{L^5}{40 \cdot A^4} + \frac{L^9}{3456 \cdot A^8} - \frac{L^{13}}{599040 \cdot A^{12}} + \frac{L^{17}}{175472640 \cdot A^{16}} - + \cdots$$

$$Y = \frac{L^3}{6 \cdot A^2} - \frac{L^7}{336 \cdot A^6} + \frac{L^{11}}{42240 \cdot A^{10}} - \frac{L^{15}}{9676800 \cdot A^{14}} + \frac{L^{19}}{3530096640 \cdot A^{18}} - + \cdots$$

Abschließend zu diesem Themenkomplex (Integration von Grundlagendaten) zeigt die nächste Darstellung in Bild 55 einen Verkehrsweg, der zunächst in einer für Verkehrsplaner typischen Art und Weise beschrieben war. Diese Beschreibung wurde in der geschilderten Vorgehensweise in eine polygonale Raumkurve umgesetzt. Der Verkehrsweg wurde danach ins Brückenentwurfsprogramm eingelesen.

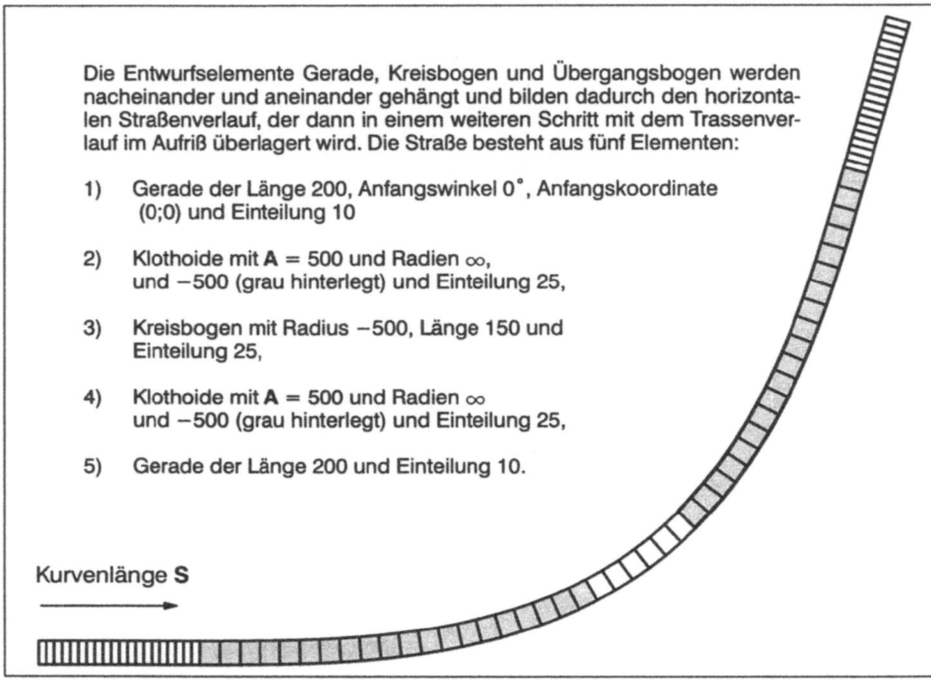

Bild 55 Beispiel für einen Trassenverlauf

5.4.3 Graphische Modellierung

Die graphische Modellierung der einzelnen Bauteile erfolgt im wesentlichen innerhalb des CAD–Programms. Die Bauteilbeschreibung wird über die Programmierschnittstelle in das CAD–Programm übertragen und dort für die graphische Darstellung interpretiert. Dies gilt für alle Bauteile, die sich mit einem linienförmigen Grundelement beschreiben lassen, da dieses mit der selben Elementlogik sowohl im Entwurfs– wie auch im CAD–Programm implementiert ist. Für die Fälle, bei denen ein solches Element nicht mehr zur Beschreibung ausreicht (z.B. Balken, der über die Länge aufgrund seines Querschnittsverlaufs in einzelne Balkenteile unterteilt werden muß) wird von der Möglichkeit im CAD–Programm, Elemente zu einer Elementgruppe zusammenschließen zu können, Gebrauch gemacht. Dadurch ist die gesamte Elementgruppe vom Entwurfsprogramm her wie ein einzelnes Element (mit einem Namen und einer Nummer, s.a. CAD–Beschreibung) ansprechbar.

Die Verknüpfung benachbarter Bauteile macht in der graphischen Modellierung keine Schwierigkeiten, da die Geometrie der Bauteile entweder schon im Entwurfsprogramm aufeinander entsprechend der Bauteilhierarchie abgestimmt wird, oder aber noch verbleibende Überschneidungen bzw. Durchdringungen von den entsprechenen Darstellungsalgorithmen fehlerfrei interpretiert werden.

Durch die direkte Verknüpfung der graphischen Darstellung im CAD–Programm mit dem Entwurfsprogramm steht zu jedem Zeitpunkt des Entwurfs eine graphische Interpretation des Bauwerks in ausreichender Qualität zur Verfügung. Die Visualisierung des Entwurfs ist nicht über entsprechende Nachlaufprogramme zu bewerkstelligen, sondern erfolgt zu jedem gewünschten Zeitpunkt sofort und ohne zeitlichen Aufwand. Durch die direkte Anbindung des CAD–Programms an das eigene Visualisierungsprogramm (B3D–VIEW) ist jede entworfene Alternative sofort durch bewegte Bilder erlebbar und in seiner gestalterischen Qualität schnell zu beurteilen.

5.4.4 Berechnung

Die Modellierung von statischen Modellen (hier in aller Regel FE–Modelle) kann nach Ramm (1993) in zwei Modellierungsschritte unterteilt werden:

- Umsetzung des wirklichen Tragwerks mit allen möglichen Randbedingungen in ein mechanisches Modell.
- Auswahl eines geeigneten Rechenmodells für das ausgewählte mechanische Modell.

Während der Anwender beim Modellierungsschritt 2, in dem die Ausformulierung des endgültigen Finiten Element Netzes mit Knotenkoordinaten, Elementtopologie, etc. stattfindet, durch entsprechende Programme sehr große Unterstützung erfahren kann (s.hierzu z.B. Entwicklungen im Bereich der adaptiven Methoden) und mit dem vorliegenden Programm auch in die Lage versetzt wird, komplexe FE–Netze in kürzester Zeit zu erstellen, obliegt ihm auch weiterhin die Verantwortung für die Auswahl eines geeigneten mechanischen Modells im Modellierungsschritt 1.

In dieser Frage kann der Anwender vom Programm nur insofern unterstützt werden, als daß ihm für die Beschreibung seines mechanischen Modells eine möglichst breite Palette an Modellierungsmöglichkeiten (verschiedene Elementtypen, verschiedene Materialgesetze, etc.) angeboten wird. Die notwendige Beurteilung einer statischen Idealisierung, z.B. die Aussage darüber, ob ein vereinfachtes Rechenmodell das Tragverhalten ausreichend genau beschreibt, wird häufig Vergleichsberechnungen mit alternativen Modellen notwendig machen. Die Genauigkeit des statischen Modells (d.h. Anzahl verwendeter Freiheitsgrade, Art des Materialgesetzes, Auflösung des Elementnetzes) sollte sich an der gewünschten Genauigkeit des Berechnungsergebnisses orientieren.

Das Ziel der Programmunterstützung für die statische Modellierung ist demnach:

- Einfache und schnelle Erzeugung von fehlerfreien FE–Netzen in unterschiedlicher Genauigkeit.
- Möglichkeiten zur visuellen Kontrolle des eingegebenen Modells.
- Angebot von Alternativen für die Tragwerksmodellierung.

Ausgehend von der Bauwerksbeschreibung mit Hilfe des in Kapitel 4 eingehend beschriebenen Grundelements (linienförmiges Element mit einem über den Achsenverlauf veränderlichen Querschnitt), wurde für die statische Modellierung ebenfalls eine querschnitts–orientierte Vorgehensweise gewählt (s.a Kapitel 4). Der Anwender legt dabei die Umsetzung des Tragwerks auf ein statisches Modell für alle von ihm definierten Querschnitte fest. Als Elementtypen werden Balken–, Scheiben–, Schalen– und Volumenelemente zur Auswahl gestellt. Die Definition der rechnerischen Modellierungsvorschrift erfolgt interaktiv im CAD–Programm mit hinterlegtem Querschnitt, sodaß eine visuelle Kontrolle der Eingabe direkt bei der Definition möglich ist.

Im Falle einer Balkenidealisierung gibt der Anwender lediglich die von ihm gewünschte Lage der Balkenachse und die für das Balkenmodell gewünschten Querschnittssteifigkeiten an, wenn diese vom Schwerpunkt des Querschnitts und/oder den berechneten Querschnittswerten abweichen sollen.

Im Falle einer Schalenidealisierung sind vom Anwender die Mittelachsen der für die Modellierung zu verwendenden Schalenelemente als Linien im CAD–Programm zu zeichnen und für die Zuweisung zum Querschnitt lediglich anzuklicken sowie mit einer Schalendicke zu versehen. Im dargestellten Beispiel (Bild 56) werden also 6 Linien im CAD–Programm gezeichnet und später angeklickt.

Im Falle einer Volumenmodellierung muß vom Anwender für jedes Volumenelement eine Polyline im CAD–Programm gezeichnet und für die Zuweisung später angeklickt werden.

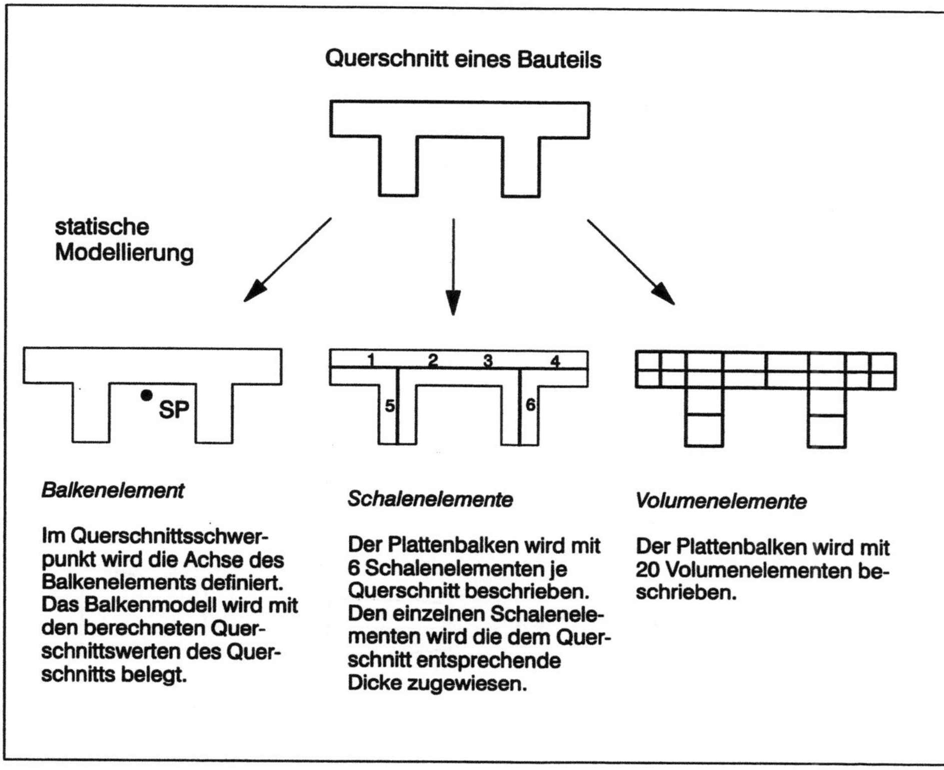

Bild 56 Statische Querschnittsmodellierung

Um Bauteile mit veränderlichem Querschnitt abbilden zu können, werden die Querschnitte dieser Bauteile an bestimmten Punkten definiert. Anschließend wird festgelegt, in welcher Form sich der Querschnitt über die Bauteillänge verändern soll. Die gesamte Querschnitts–änderung wird dann entsprechend dieser Vorschrift auf die einzelnen Segmente verteilt.

Diese Vorgehensweise funktioniert für die graphische Modellierung (im CAD–Programm) ebenso wie für die statische Modellierung. In Bild 57 wird dies an einem Beispiel für eine Volumenmodellierung gezeigt. Der schematisch dargestellte Balken sei der Einfachheit halber mit einem Volumenelement je Querschnitt zu idealisieren. Die Achse des Balkens verläuft von Punkt 1 nach Punkt 2, wobei in Punkt 1 der Querschnitt 1 und in Punkt 2 der Querschnitt 2 gültig sein soll. Der Balken wird in drei Segmente unterteilt.

Im ersten Fall wird für die Veränderlichkeit ein linearer Verlauf vorgegeben. Die Darstellung zeigt den Balken in der Ansicht. Die gesamte Querschnittsänderung (im Beispiel ändert sich die Querschnittshöhe um Faktor 2,5) wird in diesem Fall gleichmäßig auf die Segmentquerschnitte verteilt. Die beiden anderen Darstellungen zeigen einen parabolischen Querschnittsverlauf mit zunehmender bzw. abnehmender Querschnittsveränderung über die Bauteilachse.

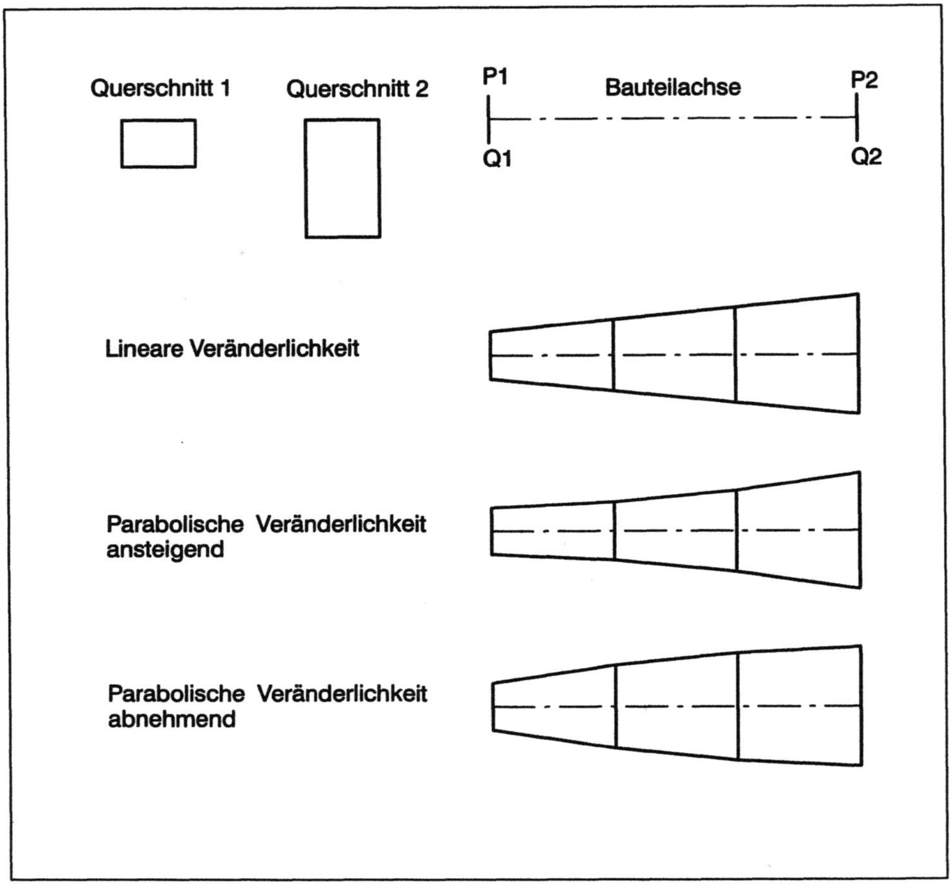

Bild 57 Veränderlichkeit bei der statischen Modellierung

Während mit dieser Vorgehensweise für das einzelne Bauteil die Anforderungen an die Modellierung sicher erfüllt werden, wirft die Zusammensetzung verschiedener Bauteile zu einem komplexen System weitere Fragen auf.

In vielen Arbeiten (u.a. Ramm (1990 und 1993) sowie Schweizerhof (1990)) wurde den Problemen bei der Kopplung unterschiedlicher Bauteilmodellierungen an den Bauteilrändern nachgegangen. Sie geben Empfehlungen für die Kopplung unterschiedlicher Elementtypen sowie unterschiedlicher Bauteilmodellierungen. Im wesentlichen kommen für die Kopplung entweder spezielle Übergangselemente in Betracht, oder die Modellierung benachbarter Bauteile wird im Vorfeld bereits so gut aufeinander abgestimmt, daß eine direkte Kopplung von Knoten der jeweiligen Finiten Elemente möglich ist. Sicher ist, daß die Kopplung unterschiedlicher Bauteilmodellierungen immer zu Problemen im Bereich der Kopplung führen wird, deren man sich bewußt sein muß.

Zur genaueren Untersuchung lokaler Störbereiche wird häufig die Submodellmethode angewandt. Dabei wird in einem ersten Schritt das globale Tragverhalten durch eine relativ grobe Modellierung des gesamten Tragwerks untersucht. Der lokale Störbereich wird anschließend wesentlich feiner modelliert und zur Untersuchung mit den aus der ersten Untersuchung bekannten statischen Randbedingungen versehen. Die Implementierung der Submodellmethode wird im nächsten Kapitel noch näher beschrieben, da sie eine Voraussetzung für die Integration der Stabwerkmodellmethode in das vorliegende Programmsystem ist.

Der Vollständigkeit halber sei noch darauf hingewiesen, daß Schnittstellen zu verschiedenen FE–Programmen (ABAQUS, ANSYS, CARAT, PENFEM) geschaffen wurden, um ein jeweils geeignetes Programm zur Berechnung benutzen zu können. Alle diese Programme bieten verschiedene Elementtypen (BEAM, SHELL, VOLUME etc.) an und verfügen über entsprechende Algorithmen um geometrisch nichtlineare Berechnungen durchführen zu können. Sie unterscheiden sich zum einen in der Fähigkeit, nichtlineare Werkstoffgesetze für die Berechnung vorgeben zu können, und zum andern durch die Integrationsfähigkeit des jeweiligen FE–Programms in das Programmsystem.

Allen Programmen gleich ist das Fehlen eines speziellen Seilelements, das jedoch häufig zur Bauteilbeschreibung benötigt wird. Für dieses spezielle Problem wurde deshalb im Entwurfsprogramm insoweit eine Lösung gefunden, als daß Seile durch einen Zug aus gelenkig verbundenen Fachwerkstäben modelliert werden (Bild 58). Mit dieser Modellierung kann sowohl das Ausfallen des Seiles auf Druck wie auch die Spannungsabhängigkeit des E–Moduls (je geringer der Durchhang, desto steifer wird das Seil) simuliert werden. Bedingung für die Berechenbarkeit ist dann allerdings ein geometrisch nichtlineares Berechnungsverfahren wegen der Kinematik der Gelenkkette.

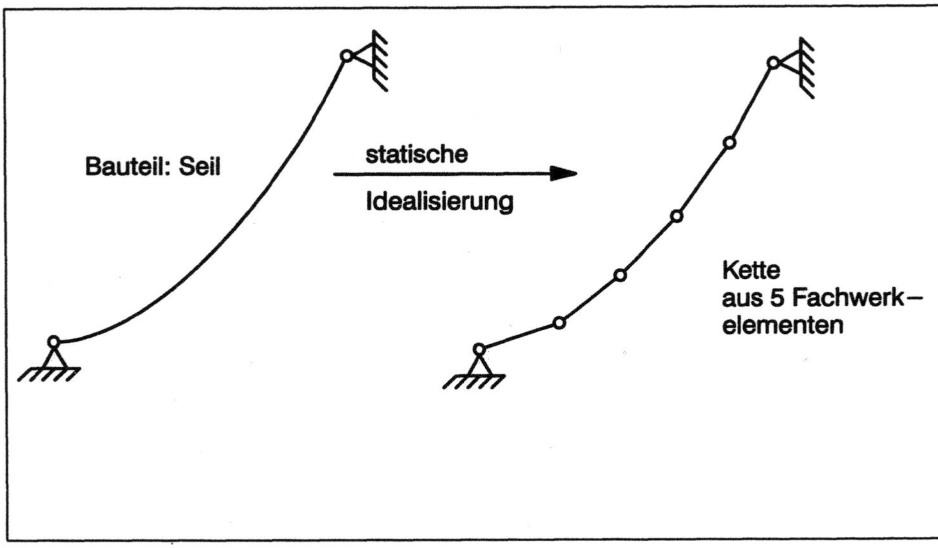

Bild 58 Seilidealisierung

5.4.5 Konstruktion

Die konstruktive Durcharbeitung eines Entwurfs – hier liegt der Schwerpunkt der Betrachtung zunächst auf Konstruktionsbetonbauteilen – und seine Beurteilung im Hinblick auf die konstruktive Realisierbarkeit läuft in mehreren Schritten ab:

- Unterteilung des Tragwerks in B– und D–Bereiche nach Schlaich, Schäfer (1993).
- Bemessung der B–Bereiche nach einschlägigen Bemessungsverfahren oder mit Hilfe der Stabwerkmodellmethode.
- Finden eines Stabwerkmodells für die Beschreibung der Lastabtragung im D–Bereich. Dabei Orientierung an der linearen Elastizitätstheorie.
- Anpassung des Modells an die mögliche Bewehrungsführung.
- Berechnen der Stabkräfte unter der maßgebenden Last und Bemessung der einzelnen Stäbe und Knoten.

Die Stabwerkmodellmethode ist geeignet, den Kraftfluß auch in D–Bereichen aufzuspüren und somit eine konsistente Berechnung und Bemessung von bewehrten Stahlbetonbauteilen auch in D–Bereichen zu ermöglichen. Darüber hinaus ist sie auch hilfreich bei der konstruktiven Durchbildung von hybriden Tragwerken (Ruth (1993)).

Im Rahmen dieser Arbeit kann die konstruktive Durchbildung in der Realisierung nicht bis zum Ende durchgeführt werden. Es soll aber im weiteren sichergestellt werden, daß eine

Anbindung von entsprechenden computerunterstützten Methoden an das Programmsystem zu jeder Zeit möglich ist. Ausgang für die weiteren Überlegungen sind deshalb wiederum die Arbeiten von Rückert (1992) bzw. von Rückert und Schreiber (1991), die ein Konzept für die systematische Unterstützung der Stabwerkmodellmethode durch entsprechende Programme beschreiben.

Als wesentliches Problem bei der Anwendung der Stabwerkmodelle stellt sich immer wieder das Auffinden eines Stabwerkmodells heraus, das das Tragverhalten eines Bauteils oder eines Tragwerksbereichs ausreichend gut beschreibt und dennoch in seiner Anwendung übersichtlich bleibt. Bewährt hat sich für diese Problemstellung die Methode, zunächst eine linear elastische FE–Berechnung durchzuführen und anschließend für die Interpretation der Berechnungsergebnisse entsprechende Hilfsmittel (–programme) zur Verfügung zu stellen.

Die einfache Übertragung der Ergebnisse von Rückert in das vorliegende Konzept scheidet aus, weil Rückert sich in seinen Ausführungen stets auf ebene (zweidimensionale) Probleme beschränkt und jeweils geschlossene Systeme betrachtet. Zwei Teilaspekte werden deshalb im weiteren näher untersucht:

- Wie kann die Behandlung von Tragwerksbereichen (D–Bereichen) in das Konzept der "Bauwerksbeschreibung durch linienförmige Bauteile" integriert werden. Die Frage wird vor allen Dingen im Hinblick auf die Ableitung eines statischen Modells des näher zu betrachtenden Tragwerksbereichs untersucht.
- Desweiteren ist zu überprüfen, inwieweit die Vorgehensweise zur Modellfindung bei ebenen Problemen einfach auf dreidimensionale Aufgabenstellungen übertragen werden kann. Notwendige Erweiterungen werden angesprochen bzw. in die Realisierung mit aufgenommen.

Beiden Teilaspekten wird im folgenden jeweils ein Kapitel gewidmet.

5.4.6 Statische Modellierung von D–Bereichen bei räumlichen Problemen

Die Modellierung von räumlichen D–Bereichen beschränkt sich hier zunächst auf die statische Modellierung, d.h. das Auffinden eines geeigneten statischen Modells und das Erzeugen der entsprechenden Modellbeschreibung durch ein Finites Element Netz und die entsprechenden Randbedingungen. D–Bereiche ergeben sich an Stellen mit statischer oder geometrischer Diskontinuität. In unserem Falle sind dies in aller Regel die Übergänge zwischen verschiedenen Bauteilen bzw. Stellen mit Querschnittsveränderungen innerhalb eines Bauteils. Für die statische Untersuchung der D–Bereiche ist eine wesentlich feinere Modellierung notwendig, als sie zur Bestimmung des Tragverhaltens des Gesamttragwerks aus Gründen der Wirtschaftlichkeit üblicherweise angewandt wird.

Drei Aufgaben sind zur statischen Modellierung eines D–Bereichs demnach zu lösen:

- Wahl eines geeigneten statischen Modells für detaillierte Untersuchungen. Die Modellgenauigkeit wird dabei gegenüber dem Modell zur Gesamtberechnung erhöht.
- Aufstellen eines statischen Modells mit der gewählten Modellgenauigkeit für den zu untersuchenden Tragwerksbereich.
- Aufbringen der statischen oder geometrischen Randbedingungen, die sich aus einer Berechnung des Gesamtsystems an den Bereichsgrenzen ergeben.

5.4.6.1 Wahl einer geeigeneten statischen Modellierung

Die Wahl der geeigneten Bauteilmodellierung wird in unserem Fall dem Anwender überlassen und nicht vom Programm getroffen. In aller Regel sind die bei Brücken zur Anwendung kommenden Bauteile in der D–Bereichsuntersuchung mit Scheiben–, Schalen– oder Volumenelementen zu beschreiben. Eine Modellierung mit Balken– und/oder Fachwerkelementen ist für die Untersuchung des Gesamttragverhaltens zwar die Regel, für weitergehende Untersuchungen jedoch nicht geeignet. Auf die statische Modellierung von Bauteilen mit diesen Elementtypen wurde bereits im vergangenen Kapitel eingegangen.

Das Konzept der stufenweisen Genauigkeitsveränderung für die jeweiligen Modellierungen (graphisch, statisch etc.), ermöglicht auch die beliebige Verfeinerung der Modellierung von einzelnen Bauteilen eines Gesamttragwerks mit minimalem Aufwand.

5.4.6.2 Modellbildung für den D–Bereich

Nach der Wahl einer geeigneten Modellierungsvorschrift für die D–Bereichsuntersuchung ist vom Anwender der Bereich des Tragwerks interaktiv anzugeben, der im weiteren untersucht werden soll. Dazu stehen ihm verschiedene Möglichkeiten zur Verfügung:

- Eingabe eines Quaders durch zwei diagonale Eckpunkte
- Eingabe eines kugelförmigen Bereichs durch Mittelpunkt und Radius
- Eingabe eines beliebig durch Facetten berandeten Bereichs

Nach der Definition des Bereichs werden vom Programm zunächst alle Schnittpunkte aller Bauteile (geprüft werden immer die Bauteilachsen) mit den Bereichsgrenzen ermittelt. Im Anschluß daran werden nur diejenigen Bauteilabschnitte mit der zuvor eingegebenen Modellierungsvorschrift abgebildet, die innerhalb der Bereichsgrenzen liegen. In Bild 59 ist diese Vorgehensweise dargestellt. Dabei soll bei einer Zweifeldbrücke, die im Stützpunkt monolithisch mit dem Pfeiler verbunden ist, der Stützbereich näher untersucht werden. Die Bereichsdefinition erfolgt über die Eingabe eines Quaders. Das abgeleitete statische Bereichsmodell (hier eine Volumenmodellierung) ist dargestellt.

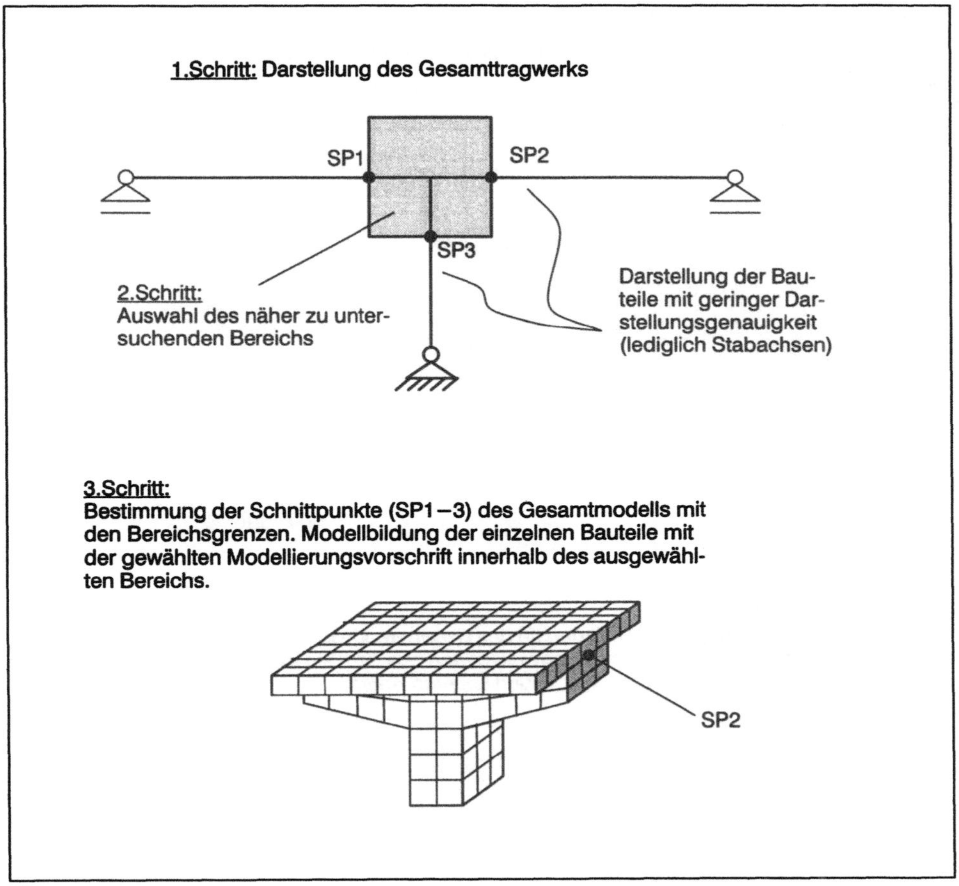

Bild 59 Statische Modellbildung eines D–Bereichs

5.4.6.3 Aufbringen der statischen Randbedingungen

Es bleibt das Problem des Herauslösens eines Bereichs aus dem Gesamttragwerk unter Berücksichtigung der statischen und geometrischen Randbedingungen. Dieses Verfahren, im letzten Kapitel nach Ramm (1993) bereits als Submodellmethode angesprochen, ist für komplexere Modellierungen von Hand äußerst aufwendig und damit fehleranfällig. Deshalb wird im weiteren eine Vorgehensweise beschrieben, die die Integration der verschiedenen Programme im Gesamtsystem voraussetzt.

Im ersten Schritt wird das gesamte Tragwerk als Balkentragwerk idealisiert und berechnet. Im nächsten Schritt wird vom Anwender ein Bereich definiert, der mit einer höheren Genauigkeit modelliert werden soll. Die Bereichsgrenzen orientieren sich sinnvollerweise an den Grenzen des D–Bereichs. Die Schnittpunkte der einzelnen Bauteile mit den definierten

Bereichsgrenzen werden dann vom Programm bestimmt. Die Schnittgrößen des Balkentragwerks werden vom Programm automatisch in diesen Schnittpunkten bestimmt und entsprechend der lokalen Balkensysteme als äußere Last auf das genauer modellierte Teilsystem aufgebracht (s. dazu Bild 60).

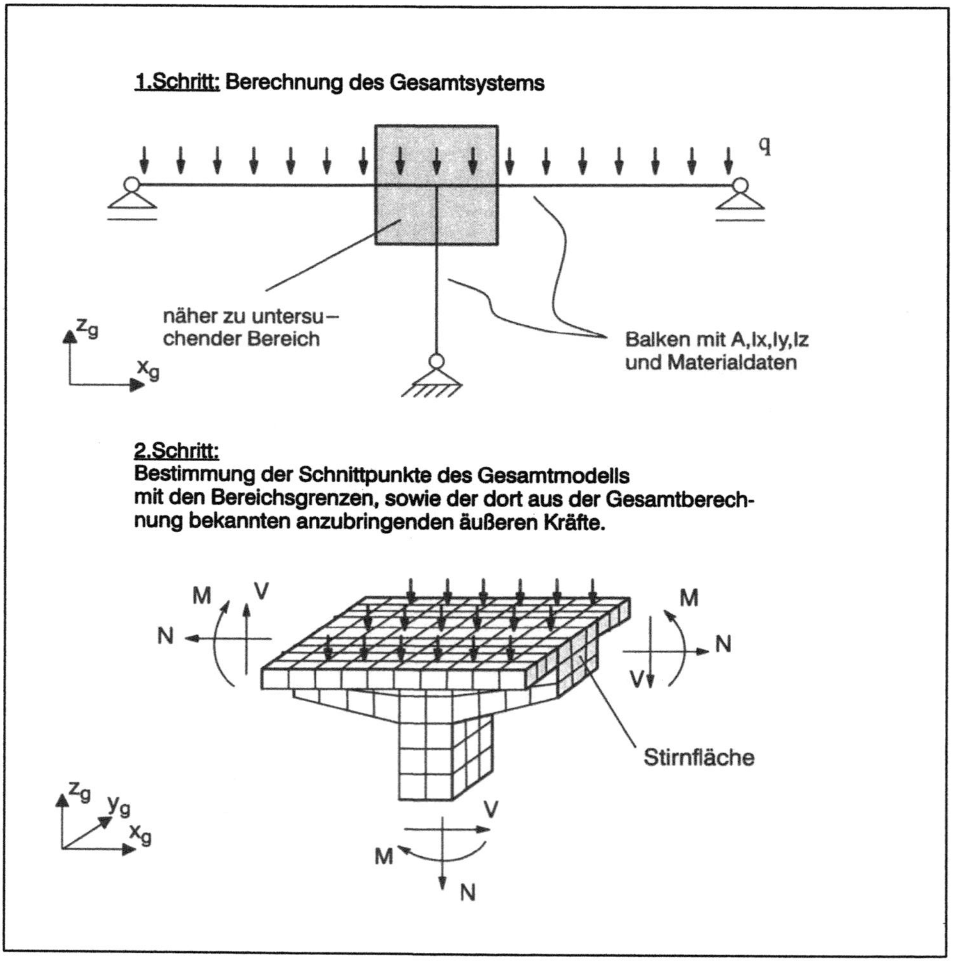

Bild 60 Modellbildung eines D–Bereichs

Alternativ zur Anbringung der Schnittgrößen als äußere Last wäre auch das Aufbringen der geometrischen Randbedingungen (Knotenverschiebungen an den Schnittufern) möglich. Diese Variante wurde im Rahmen dieser Arbeit nicht weiter verfolgt.

Das Aufbringen der statischen Randbedingungen sollte möglichst so erfolgen, daß sich aufgrund der aufgebrachten äußeren Last an den Bereichsgrenzen derselbe Dehnungszustand wie bei der Berechnung des Gesamttragwerks ergibt. Gelingt dies nicht, so müssen für eine exakte Berechnung des D–Bereichs die Grenzen für die feinere Modellierung weiter gefaßt werden, da die Störung der Lastaufbringung bis an die Grenzen des zu untersuchenden D–Bereichs abgeklungen sein sollte. Im extremen Fall kann dies bedeuten, daß der feiner zu modellierende Bereich um ein Vielfaches größer sein muß als der Bereich, der eigentlich untersucht werden soll. Da dies im Interesse einer übersichtlichen und zeitlich nicht allzu aufwendigen Untersuchung nicht sinnvoll ist, muß nach Möglichkeiten gesucht werden, äußere Balkenschnittgrößen "richtig" auf ein Netz von bspw. mehreren Volumenelementen zu verteilen.

Ausgehend von einer linearen Dehnungsverteilung (und damit bei linear elastischem Materialverhalten auch einer linearen Spannungsverteilung) infolge N und M sowie einer parabolischen Spannungsverteilung infolge V werden die Spannungsverteilungen der linearen Elastizitätstheorie dem weiteren Vorgehen zugrunde gelegt (Bild 61).

Zugrunde gelegte Spannungsverteilung infolge

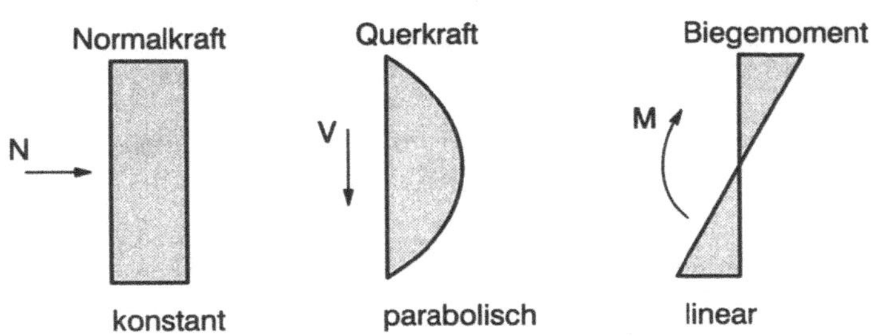

Bild 61 Zugrunde gelegte Spannungsverteilung

Die Aufgabe besteht nun darin, die im Querschnittsschwerpunkt angreifenden Balkenschnittgrößen richtig auf die Knoten eines Netzes von Volumenelementen zu verteilen. Das FE–Netz ist dabei querschnittsweise definiert durch die Knotenkoordinaten sowie die Topologie der einzelnen Flächen (Stirnflächen der Volumenelemente). Für die einzelnen Schnittgrößenkomponenten ergeben sich jeweils andere Vorgehensweisen, die im weiteren näher erläutert werden sollen.

Die folgenden Darstellungen zeigen dabei jeweils den an einem Schnittpunkt Bauteilachse–Bereichsgrenze (Bild 59, SP2) freigeschnittenen Querschnitt (in Bild 60 als Stirnfläche bezeichnet) eines Bauteils.

Normalkraft

Es wird unterstellt, daß die Spannungsverteilung über die gesamte Querschnittsbreite konstant ist. Dies gilt streng genommen nur für Rechteckquerschnitte bei gleichmäßig über die Querschnittsbreite angreifenden Lasten und entsprechender Lagerung, stellt aber für die meisten anderen, im Brückenbau zur Anwendung kommenden Querschnittsformen eine häufig vertretbare Näherung dar. Zu jedem Knoten gehört eine Einzugsfläche (A_i). Sie ist vorab für alle Knoten des Querschnitts zu ermitteln und im Anschluß daran aufzusummieren. Die gesamt aufzubringende Normalkraft wird durch diese Summe geteilt und dann entsprechend auf jeden einzelnen Knoten aufgebracht.

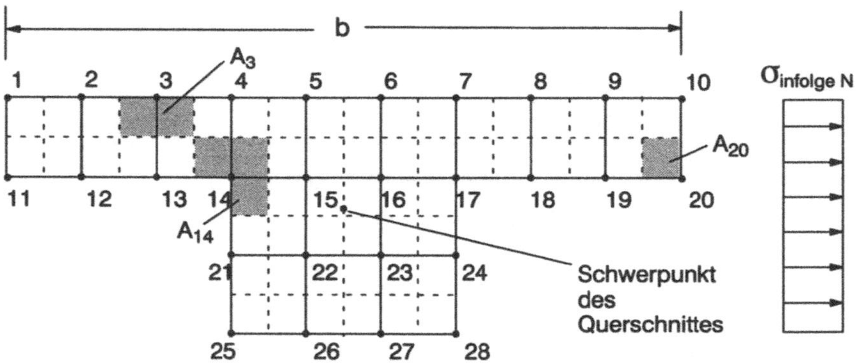

$$F_{nor} = \frac{N}{\sum_{i=1}^{i=28} A_i} \quad => \quad F_i = F_{nor}\, A_i$$

wobei F_{nor}*=normierte Schnittkraft (hier Normalkraft)*
A_i*=Einzugsfläche eines Knotens*
F_i*=Knotenlast auf einen Knoten*

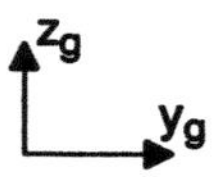

Bild 62 Aufteilung einer Normalkraft auf die Knoten

Die normierte Normalkraft F_{nor} in Bild 62 ist nichts anderes als die gesamte Normalkraft geteilt durch die gesamte Querschnittsfläche (die Summe aller Knoteneinzugsflächen bildet die gesamte Querschnittsfläche). Also gilt:

$$F_{nor} = N/A = \sigma_{\text{infolge N}}$$

Querkraft

Zugrunde gelegt wird ein parabolischer Verlauf der Schubspannung. Es wird davon ausgegangen, daß nur die Stegfläche zur Querkraftabtragung herangezogen wird. Streng genommen beteiligt sich natürlich der gesamte Querschnitt an der Querkraftabtragung; die Beschränkung auf die Stegfläche stellt aber in der Regel für die im Brückenbau üblichen Querschnittsformen eine vernünftige Vereinfachung dar.

Zur Verteilung der Querkraft wird zunächst eine Summe Fläche x Abstand^2 über alle Knoten gebildet. Als Abstand wird dabei der minimale Abstand vom äußeren Bauteilrand betrachtet. Er geht quadratisch in die Summation ein, um eine quadratische Verteilung der Kräfte über die Querschnittshöhe zu erreichen. Die gesamte Querkraft wird wiederum durch die Summe dividiert und entsprechend der einzelnen Knotenanteile auf die Knoten aufgebracht.

In der folgenden Darstellung (Bild 63) wird das Verfahren für eine Querkraft in z–Richtung erläutert. Für eine Querkraft in y–Richtung funktioniert das Verfahren analog.

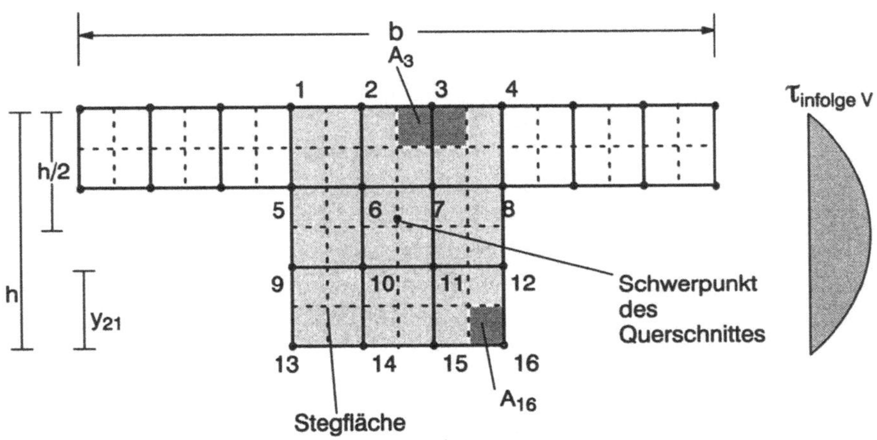

Für V in Richtung y: $F_{nor} = \dfrac{V}{\sum_{i=1}^{i=16} A_i(\frac{h^2}{4} - z_i^2)}$ => $F_i = F_{nor}\, A_i(\frac{h^2}{4} - z_i^2)$

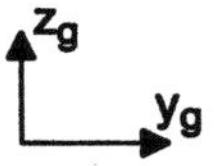

wobei *Fnor=normierte Schnittgröße (hier Querkraft)*
A_i=Einzugsfläche eines Knotens
F_i=Knotenlast auf einen Knoten

Bild 63 Aufteilung einer Querkraft auf die Knoten

Biegemoment

Die Einschränkung hinsichtlich der Verteilung der Normalspannung infolge Biegemoment in Querrichtung gilt hier ebenso wie für die Normalkraft selbst. Auch hier stellt die vorgestellte Vorgehensweise in aller Regel einen vernünftigen Kompromiß zwischen gewünschter Genauigkeit und realisierbarem Anwendungskomfort dar.

Ähnlich wie bei der Querkraft wird hier zunächst eine Summe des Produkts Fläche x Abstand^2 über alle Knoten gebildet. Dabei entspricht der Abstand dem Knotenabstand vom Schwerpunkt. Das Gesamtmoment wird dann durch diese Summe dividiert. Auf die einzelnen Knoten wird im Anschluß daran jeweils der entsprechende Anteil, geteilt durch den jeweiligen Hebelarm, als Knotenlast aufgebracht. Das Beispiel in Bild 64 zeigt die Behandlung eines Momentes um die y–Achse. Ein Moment um die z–Achse kann analog behandelt werden.

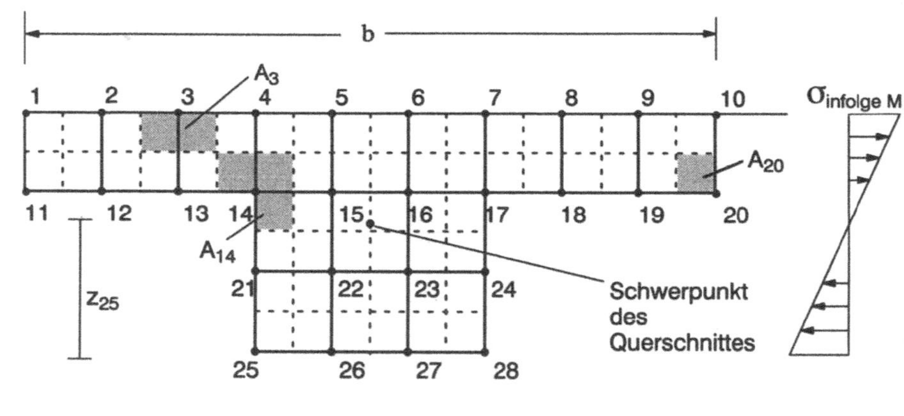

Für M um die y–Achse: $$F_{nor} = \frac{M}{\sum_{i=1}^{i=28} A_i z_i^2} \quad => \quad F_i = F_{nor}\, A_i z_i$$

wobei F_{nor}*=normierte Schnittkraft (hier Moment)*
A_i*=Einzugsfläche eines Knotens*
F_i*=Knotenlast auf einen Knoten*

Bild 64 Aufteilung eines Biegemoments auf die Knoten

Die beschriebene Vorgehensweise ist mechanisch nicht exakt, da der genaue Spannungsverlauf innerhalb eines Flächenelements in keinem Fall betrachtet wird und die Formfunktionen bei der Aufteilung der einzelnen Spannungsanteile auf die Knoten keine Berücksichtigung finden. Sie zeichnet sich jedoch durch den geringen numerischen Aufwand aus und stellt für die im Brückenbau üblichen Querschnittsformen (Platten–, Plattenbalken–, Hohlkastenquerschnitt, etc.) eine relativ gute Annäherung an die exakt bestimmbare Lösung dar. Zur Betrachtung von D–Bereichen kann diese Vorgehensweise durchaus angewandt werden, solange die D–Bereichsgrenzen im Wissen um den Näherungscharakter dieser Vorgehensweise nicht zu eng gefaßt werden.

Im folgenden wird die Methode der Lastaufteilung – wie sie oben abgeleitet wurde – an einem Beispiel dargestellt. Als Berechnungsbeispiel wird der Einfachheit halber ein Einfeldträger näher untersucht, da für diesen Fall die exakte Lösung bekannt und nachvollziehbar und der nahezu ebene Spannungszustand für verschiedene Modellierungen leicht visuell zu vergleichen ist. Der Querschnitt des Trägers sei (in Abweichung zum vorigen Beispiel) rechteckig.

Der folgende Vergleich zeigt die Auswirkungen der beschriebenen Verfahrensweise. Vom dargestellten Bauteil soll der linke Auflagerbereich näher untersucht werden. Dazu wird ein Bereich im Abstand l/5 vom Auflager definiert (s. Bild 65). Es erfolgt eine Volumenmodellierung des Bereichs (das Netz wird nicht dargestellt). Die am Schnittufer leicht zu bestimmenden Schnittgrößen werden zunächst diskret in einem Knoten angebracht (Bild 65 a) und im zweiten Fall mit Hilfe der oben beschriebenen Vorgehensweise auf die Knoten der Querschnittsstirnfläche im Schnittpunkt eingetragen (Bild 65 b).

Zur Beurteilung der Berechnungsergebnisse werden die Hauptspannungen dargestellt. Um eine Aussage über die "richtige" Spannungsverteilung treffen zu können, wurde das gesamte Tragwerk mit Volumenelementen modelliert und berechnet. Bild 65 c zeigt daraus den Ausschnitt mit dem linken Auflagerbereich als Referenz für die Detailberechnungen.

Es zeigt sich, daß die konzentrierte Eintragung der Balkenschnittgrößen zu einer Störung des Spannungszustandes führt, die wiederum selbst als D–Bereich anzusehen ist (Bild 65 a). Die Untersuchung des Auflagerbereichs kann nur dann ein sinnvolles Ergebnis ergeben, wenn sich der D–Bereich, der aus der Auflagerung herrührt, und der D–Bereich aus der Lasteintragung nicht überlappen. Bei konstanter Trägerhöhe heißt dies, daß zur Untersuchung des Auflagerbereichs ein doppelt so großer Bereich feiner modelliert und berechnet werden muß.

Bild 65 b zeigt den Spannungszustand, wie er sich darstellt, wenn die Schnittgrößen mit dem oben abgeleiteten Verfahren auf die einzelnen Knoten des Querschnitts verteilt werden. Abgesehen von Skalierungsunterschieden entspricht er weitestgehend dem ganz unten dargestellten Spannungszustand des komplett modellierten Trägers. Werden die Schnittgrößen also nach diesem Verfahren als äußere Kräfte aufgebracht, so könnten die Bereichsgrenzen für eine D–Bereichsmodellierung in diesem Beispiel relativ eng gewählt werden, da durch die Lasteintragung kaum eine Störung des Spannungszustandes eingetragen wird.

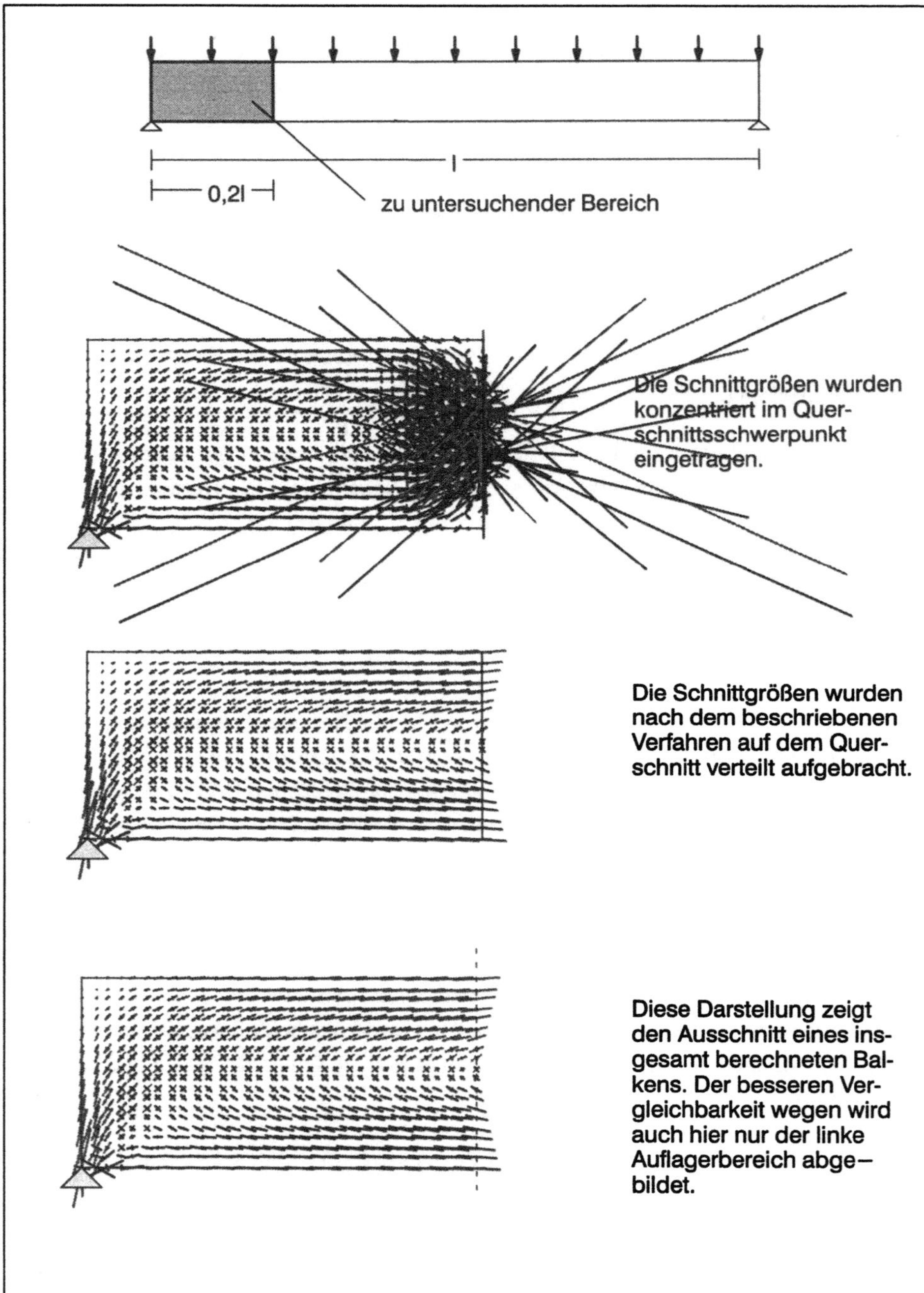

Bild 65: Aufbringen äußerer Kräfte am Schnittufer

5.4.7 Modellfindung für räumliche Stabwerkmodelle

Rückert beschreibt in seiner Arbeit (Rückert, 1992) die verschiedenen Verfahrensweisen zur Modellfindung, abhängig vom zu bearbeitenden Problemtyp. Er unterscheidet dabei zunächst zwischen den Methoden "von Hand" und einer computerunterstützten Vorgehensweise. Die dargestellte Systematik (s.Bild 66) ist bei ihm auf die Behandlung ebener Probleme beschränkt.

Neuere computerunterstützte Verfahren, wie sie Fonseca (1995) aus einer Analogie der Lastabtragung mit Strömungsvorgängen ableitet, haben weder bei Rückert noch hier Eingang gefunden. Der Grund liegt ausschließlich in der zeitlichen Überschneidung der Forschungsarbeiten. Für die Zukunft wird auch eine Integration der Methodik nach Fonseca angestrebt.

Wie eingangs bereits erläutert wurde, soll hier im wesentlichen die Übertragbarkeit der Systematik von Rückert von ebenen auf räumliche Probleme untersucht werden. Der Schwerpunkt liegt dabei natürlich im Bereich der computerunterstützten Methodik. Deshalb wurde dieser Bereich im folgenden Schaubild zusätzlich gekennzeichnet (grau hinterlegt).

Die von Rückert angestellten grundsätzlichen Überlegungen hinsichtlich der Analogie von feinen Stabnetzen und dem elastischen Spannungszustand kann ohne weiteres auf die räumliche Betrachtung übernommen werden. Die Deutung des Stabwerkmodells als schubspannungsfreies Netz von vierknotigen Scheibenelementen, die ihrerseits wiederum durch Stäbe abgebildet werden können, ist dazu nur um die dritte Dimension zu erweitern. Aus den vierknotigen schubspannungsfreien Scheibenelementen werden dann schubfreie achtknotige Volumenelemente, die wiederum jeweils durch drei Stäbe in den Hauptspannungsrichtungen abgebildet werden können.

Die computerunterstützten Methoden lassen sich demgegenüber nicht so leicht auf die räumliche Problematik übertragen. Die einzelnen Verfahrensweisen sollen im weiteren näher auf ihre Übertragbarkeit hin untersucht werden.

Die manuelle Vorgehensweise (Verwendung von Mustern oder freie, interaktive Definition des Modells aufgrund von Erfahrung) kann bei räumlichen Problemstellungen genau gleich angewandt werden. Dazu muß lediglich die Möglichkeit zur interaktiven Bearbeitung von räumlichen Strukturen geschaffen werden. Dies geschah durch die Entwicklung des 3D–CAD–Programms und einer Erweiterung des graphischen Interfaces auf 3D–Funktionalität. Durch dieses Interface werden im gesamten Programmsystem interaktive 3D–Operationen für beliebige Anwenderprogramme verfügbar.

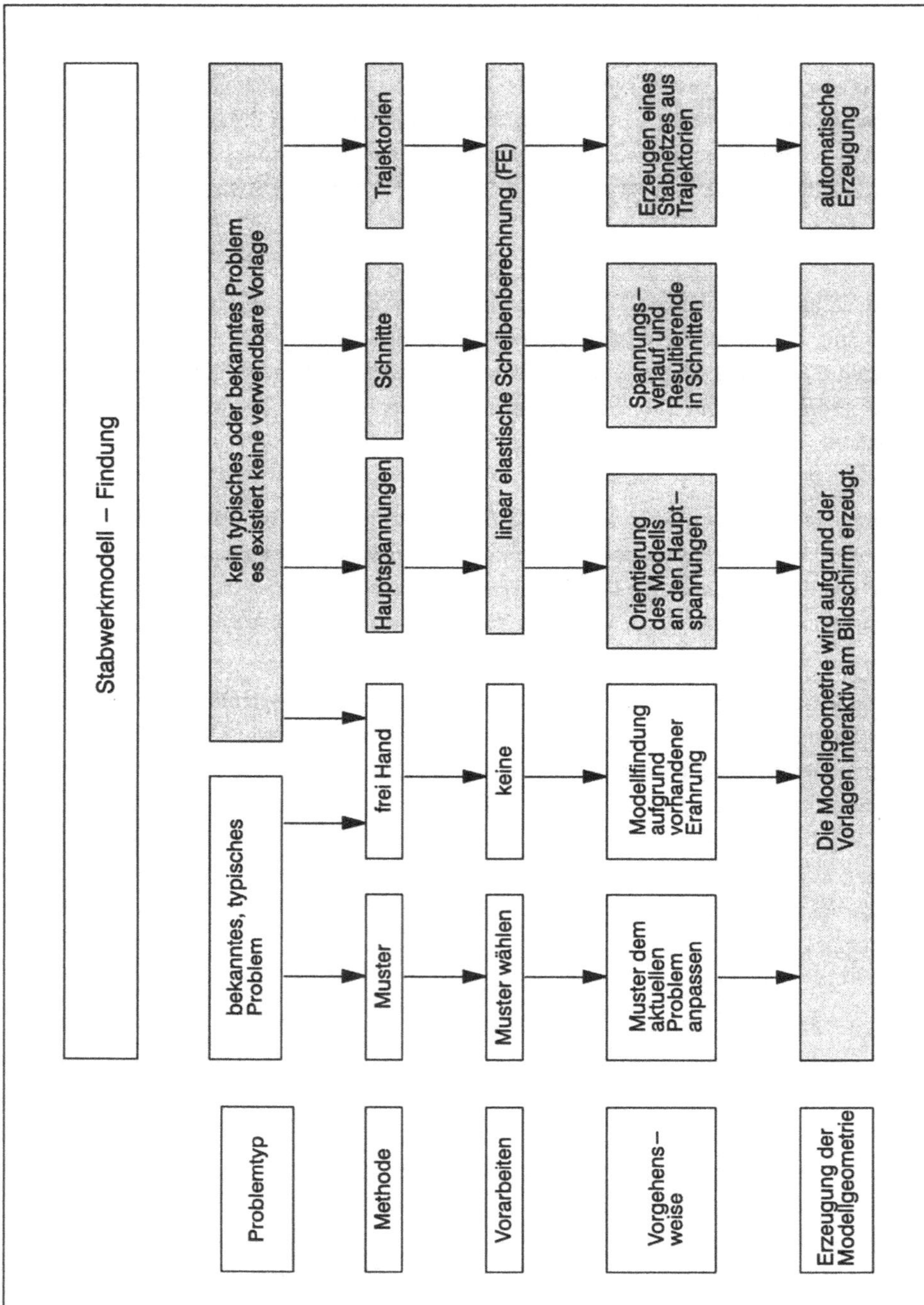

Bild 66 Stabwerkmodellfindung nach Rückert (1992)

5.4.7.1 Modellfindung mit Hauptspannungen

Am Beispiel der Berechnung und Verwendung von Hauptspannungen zur Stabwerkmodellfindung läßt sich anschaulich zeigen, wie groß der Schritt von der ebenen Betrachtung zur räumlichen Problembearbeitung ist.

Der ebene Spannungszustand kann durch die folgenden drei Größen beschrieben werden:

- σ_x: Normalspannung in x–Richtung
- σ_y: Normalspannung in y–Richtung
- τ_{xy}: Schubspannung

Bei Drehung des Koordinatensystems um den Winkel α verändern sich die Spannungskomponenten wie folgt:

$$\sigma_\xi = 1/2\ (\sigma_x+\sigma_y) + 1/2\ (\sigma_x-\sigma_y)\cos 2\alpha + \tau_{xy}\sin 2\alpha \quad (5.1)$$
$$\sigma_\eta = 1/2\ (\sigma_x+\sigma_y) - 1/2\ (\sigma_x-\sigma_y)\cos 2\alpha - \tau_{xy}\sin 2\alpha \quad (5.2)$$
$$\tau_{\xi\eta} = -\ 1/2\ (\sigma_x-\sigma_y)\sin 2\alpha + \tau_{xy}\cos 2\alpha \quad (5.3)$$

Aus der Bedingung $\tau_{\xi\eta}=0$ für die Hauptspannungsrichtung läßt sich der Winkel der Hauptspannungen sofort direkt ableiten:

$$\tan 2a = \frac{2\tau_{xy}}{\sigma_y - \sigma_x} \quad (5.4)$$

Setzt man diesen Winkel in die obigen Gleichungen ein, so kann daraus auch der Betrag der jeweiligen Hauptspannung einfach ermittelt werden. Zur Bestimmung der Hauptspannungsrichtung und der entsprechenden Beträge sind also je Ergebnispunkt nur drei Terme auszuwerten. Im Gegensatz dazu ist der numerische Aufwand zur Bestimmung räumlicher Hauptspannungen wesentlich größer. Der räumliche Spannungszustand kann durch 6 Komponenten beschrieben werden, die im folgenden der Übersichtlichkeit halber graphisch dargestellt sind.

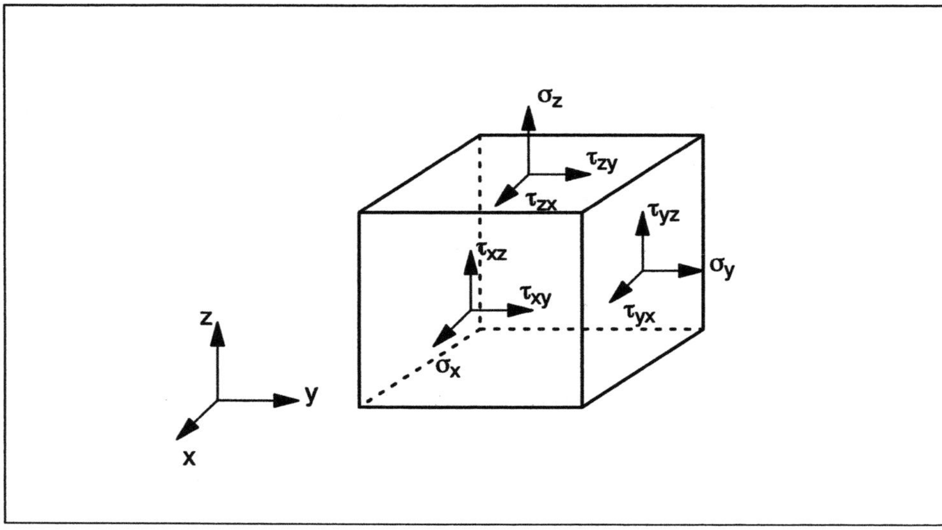

Bild 67 Räumliche Spannungskomponenten

Die Spannung, die senkrecht auf einer geneigten Ebene (definiert durch die Richtungscosinus l,m,n) wirkt, kann dann komponentenweise wie folgt angeschrieben werden (s. hierzu bspw. Timoshenko, 1951):

$$X = \sigma_x l + \tau_{xy} m + \tau_{xz} n \tag{5.5}$$
$$Y = \tau_{xy} l + \sigma_y m + \tau_{zy} n \tag{5.6}$$
$$Z = \tau_{xz} l + \tau_{yz} m + \sigma_z n \tag{5.7}$$

Die Spannungskomponenten X,Y,Z lassen sich im weiteren auch wie folgt ausdrücken:
X=Sl, Y=Sm, Z=Sn
Unter der Annahme, daß l,m,n die Richtung einer Hauptspannung sei, ergeben sich zur Berechnung der Hauptspannungsrichtung die drei folgenden Bedingungen:

$$0 = (\sigma_x - S)l + \tau_{xy} m + \tau_{xz} n \tag{5.8}$$
$$0 = \tau_{xy} l + (\sigma_y - S)m + \tau_{zy} n \tag{5.9}$$
$$0 = \tau_{xz} l + \tau_{yz} m + (\sigma_z - S)n \tag{5.10}$$

Für dieses Gleichungssystem existiert immer dann eine Lösung, wenn die Determinante zu null wird. Daraus folgt:

$$\begin{aligned} S^3 - (\sigma_x + \sigma_y + \sigma_z)S^2 + (\sigma_x\sigma_y + \sigma_y\sigma_z + \sigma_x\sigma_z - \tau_{yz}{}^2 - \tau_{xz}{}^2 - \tau_{yz}{}^2)S \\ - (\sigma_x\sigma_y\sigma_z + 2\tau_{yz}\tau_{xz}\tau_{xy} - \sigma_x\tau_{yz}{}^2 - \sigma_y\tau_{yz}{}^2 - \sigma_z\tau_{xy}{}^2) = 0 \end{aligned} \tag{5.11}$$

Diese Gleichung läßt sich mittels verschiedener Verfahren lösen (Bronstein 1974 S.117 ff). Der numerische Aufwand dabei ist unabhängig vom gewählten Verfahren jeweils beträchtlich. Bei der Programmierung der Hauptspannungsdarstellung wurde aus Gründen der Programmiereffizienz ein numerisches Verfahren zur Eigenwertbestimmung des Gleichungssystems (Gleichung 5.8 – 5.10) eingebunden.

Die Probleme, die bei der Verwendung einer räumlichen Hauptspannungsdarstellung als Vorlage für ein interaktiv zu entwerfendes Stabwerkmodell entstehen, lassen sich ebenfalls am einfachsten in der Gegenüberstellung mit der ebenen Vorgehensweise darstellen. Während die Vorgehensweise bei einer ebenen Scheibe (s. dazu Rückert 1992, S.55) anschaulich und auch einfach handhabbar ist, gibt es bei der Bearbeitung eines räumlichen Problems grundsätzlich zwei Schwierigkeiten:

- Die Darstellung der Hauptspannungen ist wenig anschaulich (s. Bild 68). Der Kraftfluß läßt sich bei weitem nicht so einfach aus der graphischen Darstellung ablesen, wie dies im Ebenen der Fall ist. Auch unter Zuhilfenahme gleichzeitiger Darstellung verschiedener Ansichten ist die Interpretation, die bei dieser Verfahrensweise allein Aufgabe des Anwenders ist, schwierig.
- Die interaktive Eingabe von Punkten im Raum (hier Anfangs– und Endpunkt eines Stabes) ist problematisch, solange keine Punkte gepickt werden können, da die Information auf dem Bildschirm immer zweidimensional ist und ein Punkt auf dem Bildschirm im räumlichen Modell einer Gerade entspricht. Eine alphanumerische Eingabe scheidet in aller Regel aus, da die Koordinaten der Stäbe ja nicht exakt bekannt sind.

Die folgende Darstellung (Bild 68) zeigt das Hauptspannungsbild eines Quaders, der durch eine vertikale Linienlast belastet und auf seinen 4 Eckpunkten gestützt ist. Im Quader wurde zusätzlich eine Aussparung vorgesehen.

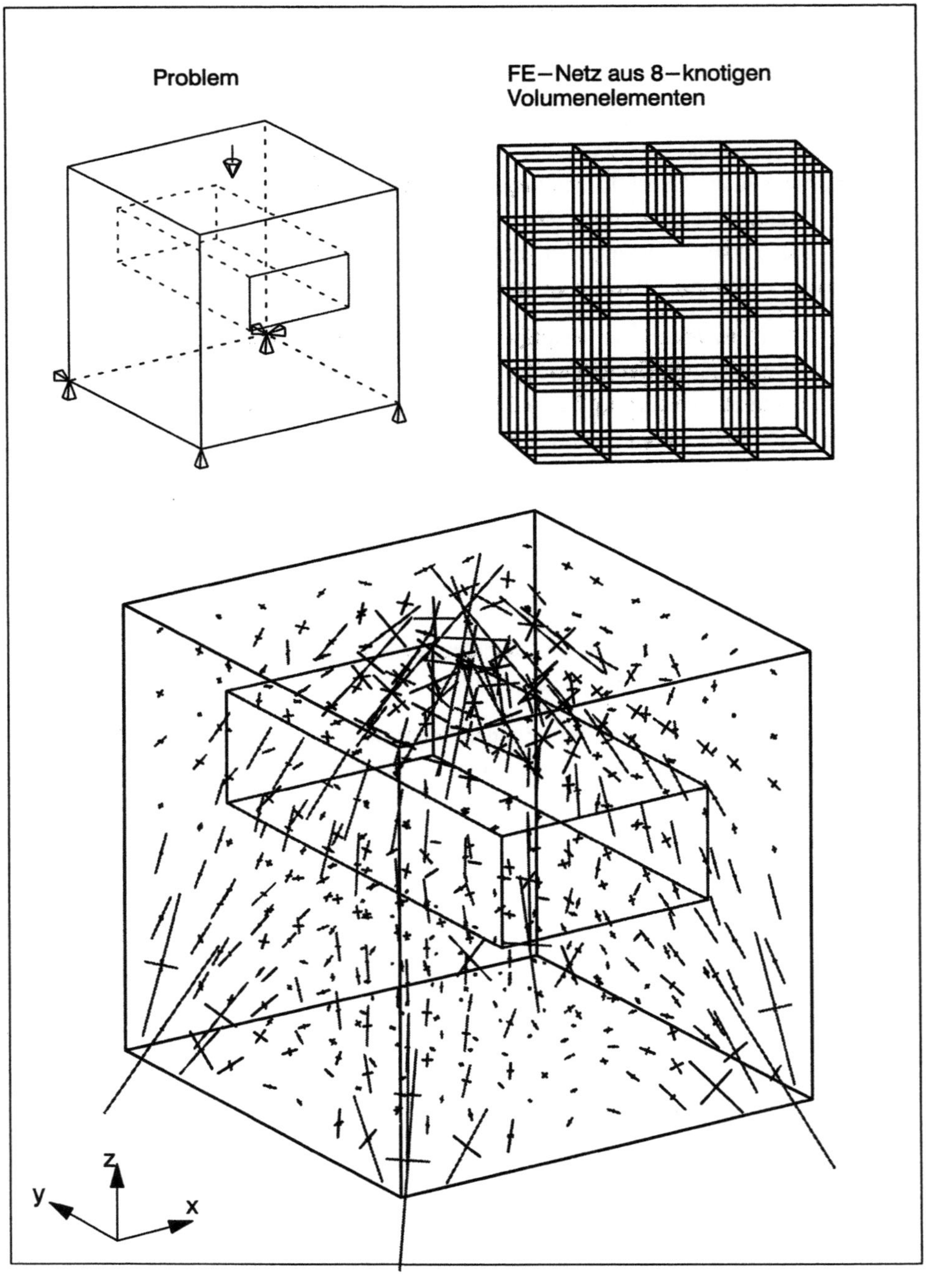

Bild 68 Hauptspannungen bei Volumenelementen

Die Darstellung der Hauptspannungen kann dadurch übersichtlicher gemacht werden, daß vier unterschiedliche Ansichten (Projektionen) gleichzeitig dargestellt werden (Bild 69).

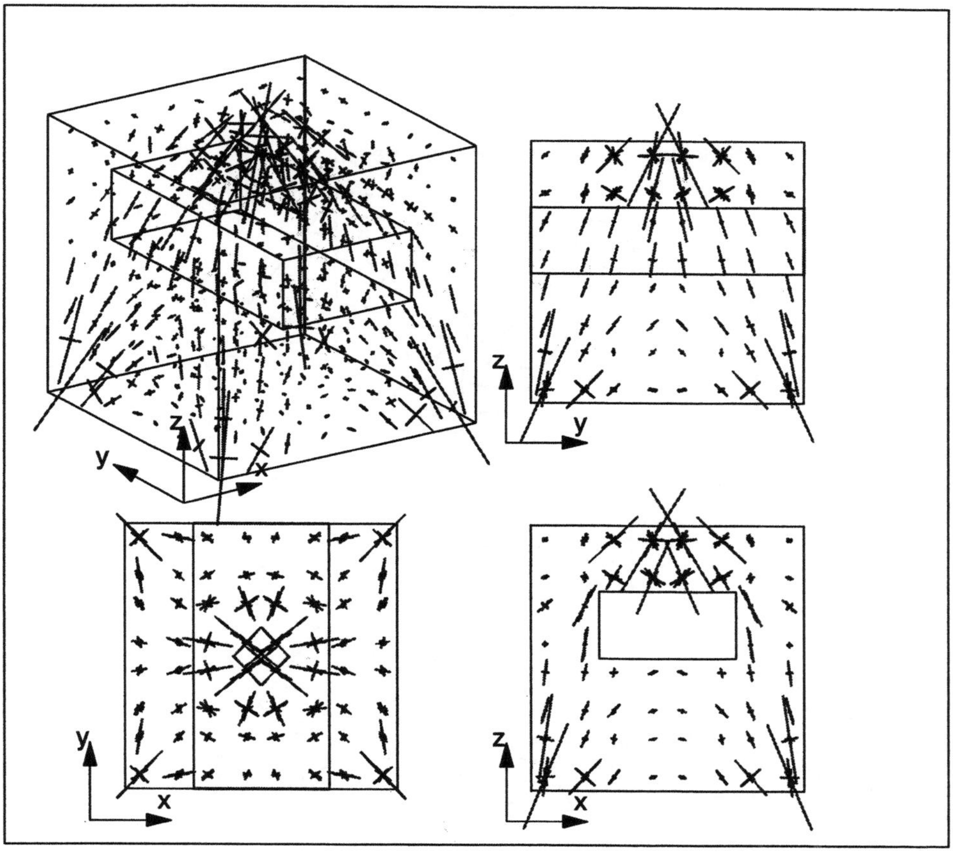

Bild 69 Hauptspannungen in vier Ansichten

Diese Art der Darstellung (beliebige Ansichten eines Modells können parallel und gleichzeitig auf dem Bildschirm dargestellt werden) wurde im CAD–Programm realisiert. Die Übersichtlichkeit ist trotz der relativ groben Einteilung (je Quaderseite nur 4 Finite Elemente) für einen interaktiven Entwurf eines Stabwerkmodells nicht ausreichend. Zusätzliche Darstellungmöglichkeiten müssen deshalb zur Verfügung gestellt werden.

5.4.7.2 Modellfindung mit Spannungsschnitten und Resultierenden

Um den Spannungsverlauf in einem Körper weiter zu veranschaulichen, wurde innerhalb des Programmsystems bei der Auswertung von Schnittgrößen die Möglichkeit geschaffen, Spannungsverläufe entlang von Schnittebenen zu bestimmen und darzustellen (Bild 70).

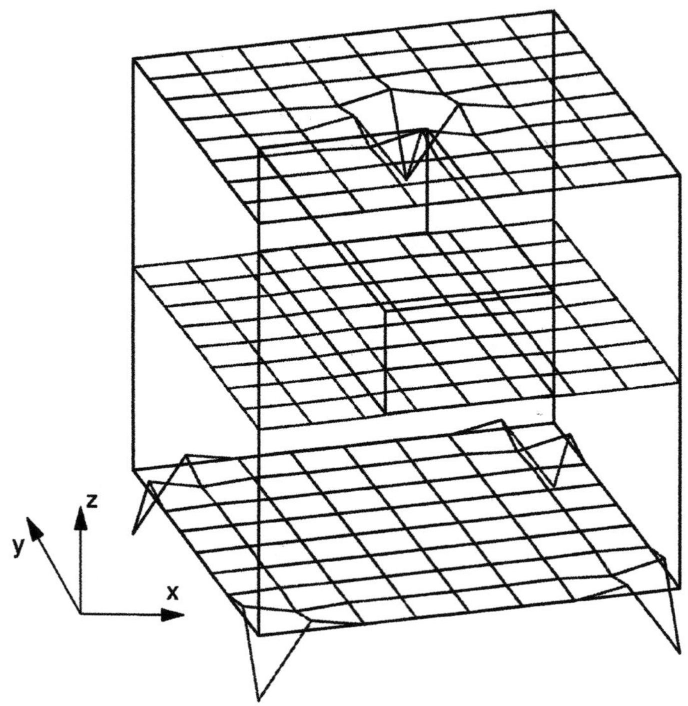

Bild 70 Spannung in Schnitten

Die Darstellung des Spannungsverlaufs in Schnittebenen ist für die Beurteilung des Tragverhaltens sicher hilfreich, reicht aber noch nicht für die Ableitung von Stabwerkmodellen aus. Dazu sind vielmehr Resultierende in den jeweiligen Ebenen zu bestimmen und entsprechend darzustellen. Der Betrag R und die Lage der Spannungsresultierenden (x,y) läßt sich aus einer ebenen Spannungsverteilung f(x,y) wie folgt bestimmen:

$$R = \int_V dv \quad => \quad R = \iint f(x,y)dxdy$$

$$x = \frac{\int_V xdv}{\int_V dv} \quad => \quad x = \frac{\iint xf(x,y)dxdy}{\iint f(x,y)dxdy}$$

$$y = \frac{\int_V ydv}{\int_V dv} \quad => \quad y = \frac{\iint yf(x,y)dxdy}{\iint f(x,y)dxdy}$$

$$z = \frac{\int_V zdv}{\int_V dv} \quad =>$$

$z=0$ (der Angriffspunkt der Resultierenden liegt in diesem Beispiel in der horizontalen Schnittebene)

Ist der Spannungsverlauf nicht durch eine Funktion beschrieben, sondern durch die Angabe der Spannungswerte in einzelnen Punkten, so vereinfacht sich die Bestimmung der Resultierenden folgendermaßen:

$$R = \sum_{i=1}^{i=n} V(i)$$

$$x = \frac{\sum_{i=1}^{i=n} xV(i)}{\sum_{i=1}^{i=n} V(i)}$$

$$y = \frac{\sum_{i=1}^{i=n} yV(i)}{\sum_{i=1}^{i=n} V(i)}$$

Dabei bezeichnet V(i) das Volumen (Spannungsvolumen) eines Körpers, der durch seine Grundfläche und 4 Stützwerte an den Ecken definiert ist. Dieses Volumen kann näherungsweise, wie in Bild 71 dargestellt, berechnet werden. Die Näherung ist bei einer entsprechend feinen Einteilung als ausreichend genau anzusehen. Kontrollen sind z.B. für das oben dargestellte Problem einfach durch den Vergleich der Summe der Resultierenden mit der gesamt aufgebrachten Last möglich.

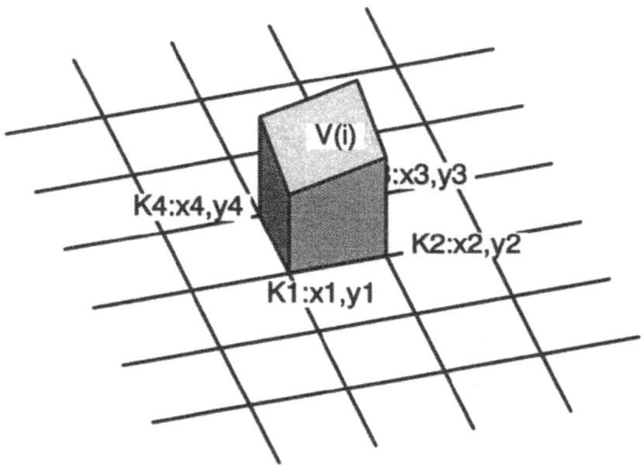

Näherung:

$$V(i) = \frac{\sum_{n=1}^{n=4} f(x(n), y(n))}{4} A(i) \qquad \textit{mit } A(i) = \textit{Grundfläche}$$

Bild 71 Volumenberechnung

Diese Vorgehensweise ist bei der Auswertung von FE–Ergebnissen sinnvoll, da die Ergebnisse der FE–Berechnung immer in den Knotenpunkten ausgegeben werden und durch die Knoten immer ein regelmäßiges Netz von auszuwertenden kleinen Flächen entsteht.

Soll der Verlauf der Resultierenden eine Aussage über die Lastabtragung liefern, so genügt die Berechnung einer einzigen Spannungsresultierenden meist nicht. Im oben dargestellten Beispiel würden die Spannungsresultierenden senkrecht von der Lasteinbringung zur unteren Quaderbegrenzung verlaufen. Sollen mehrere Resultierende berechnet werden, so muß die Einteilung der Schnittebenen in einzeln auszuwertende Bereiche vom Anwender vorgegeben werden. Während im ebenen Fall die Schnittgerade vom Anfangspunkt zum Endpunkt automatisch sukzessive in Bereiche eingeteilt und ausgewertet werden kann und dazu als interaktive Steuerung nur die Anzahl der Bereiche oder die Größe der einzelnen Resultierenden vorzugeben ist, muß für die Berechnung und Auswertung im räumlichen Fall eine umfangreichere Interaktion stattfinden. Bild 72 zeigt das Ergebnis einer solchen Auswertung.

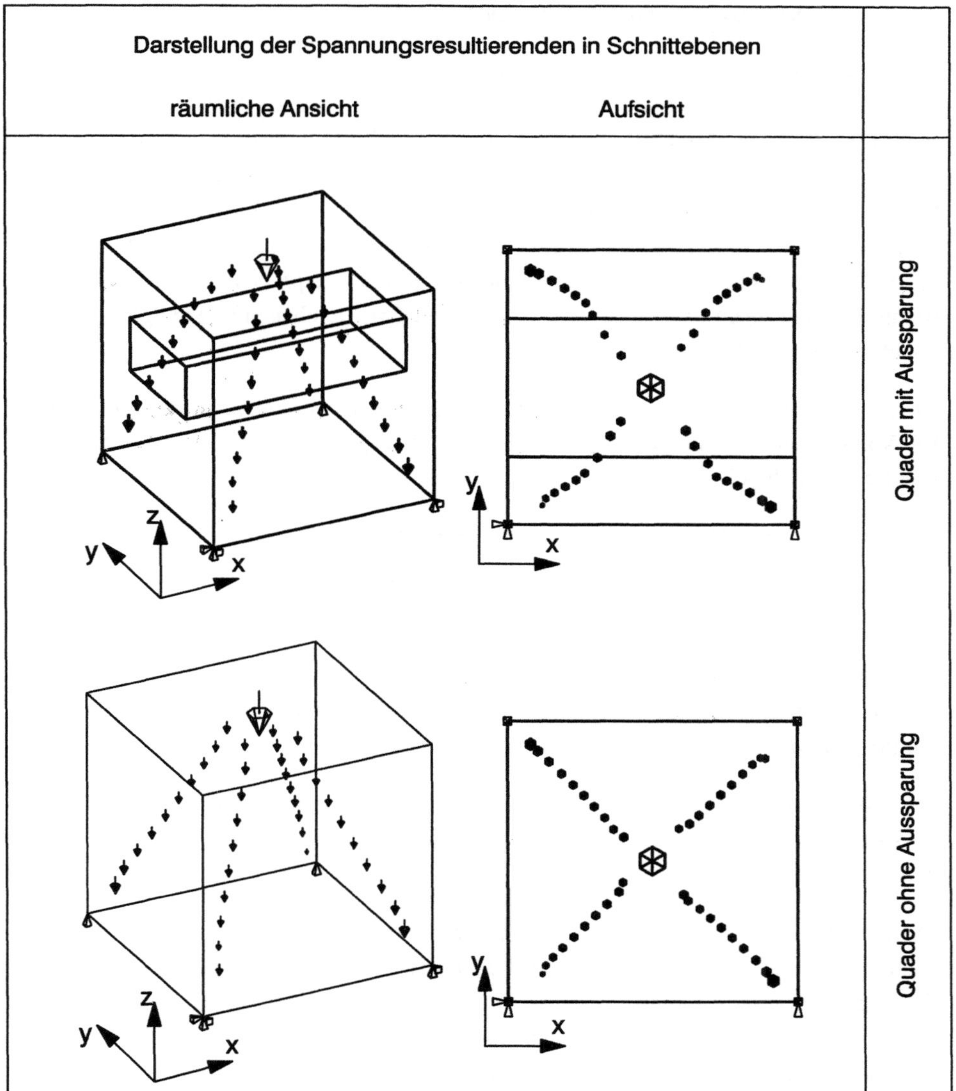

Bild 72 Spannungsresultierende in Schnitten

5.4.7.3 Modellfindung mit Trajektorien

Die Verwendung von Spannungsresultierenden als Hilfsmittel zur Stabwerkmodellfindung ist im räumlichen Fall ebenso wie im ebenen bei bestimmten Last-/Lagerkonstellationen sehr hilfreich (im ebenen Fall z.B. Einfeldscheibe mit Last von oben: Die Lastpfade werden zwar abgelenkt, erfahren aber nur relativ kleine Richtungsänderungen; s.hierzu auch Schlaich/Schäfer,1993). Bei vielen Fällen führt die Betrachtung bzw. Verwendung der Spannungsresultierenden jedoch nicht zu einem befriedigenden Stabwerkmodell (im ebenen Fall z.B. Einfeldscheibe, Last unten angehängt: Die Lastpfade durchlaufen sehr große Richtungsänderungen). Für diese Konstellationen führte im ebenen Fall lediglich die Betrachtung der Trajektorien zum Ziel.

Ausgehend von der Berechnung der Hauptspannungen in den Integrationspunkten eines FE-Volumenmodells sind bis zur Darstellung der Trajektorien folgende Bearbeitungsschritte zu durchlaufen:

- Extrapolation aller Spannungen auf die Knoten
- Interaktive Definition der Trajektorienstartpunkte
- Berechnen und Darstellen der einzelnen Trajektorien

Der erste Punkt wird entweder bereits vom FE-Programm während der Berechnung der elastischen Lösung bearbeitet oder muß – wie in unserem Falle – in einem kleinen Nachlaufprogramm separat erledigt werden.

Der zweite Schritt ist mit Hilfe der realisierten Programmstruktur – bei der ja sämtliche CAD-Funktionalität auch beliebigen Anwenderprogrammen zur Verfügung steht – interaktiv mit großem Komfort möglich.

Die Berechnung und Darstellung der Trajektorien erfolgt analog der Vorgehensweise im ebenen Fall. Im Startpunkt – der in aller Regel bereits auf der Oberfläche des FE-Modells definiert wird – werden zunächst mittels linearer Interpolation die Spannungskomponenten bestimmt, aus denen dann die Hauptspannungen berechnet werden können. Die zur definierten Startrichtung nächstliegende Trajektorienrichtung wird ausgewählt und weiterverfolgt. Der nächste Punkt wird durch Schnitt einer Geraden, die durch Startpunkt und Trajektorienrichtung definiert ist, mit sämtlichen Oberflächen aller Finiten Volumenelemente gefunden. In diesem Punkt erfolgt wiederum eine Spannungsinterpolation und Richtungsbestimmung. Das Vorgehen wird ansatzweise in Bild 73 verdeutlicht.

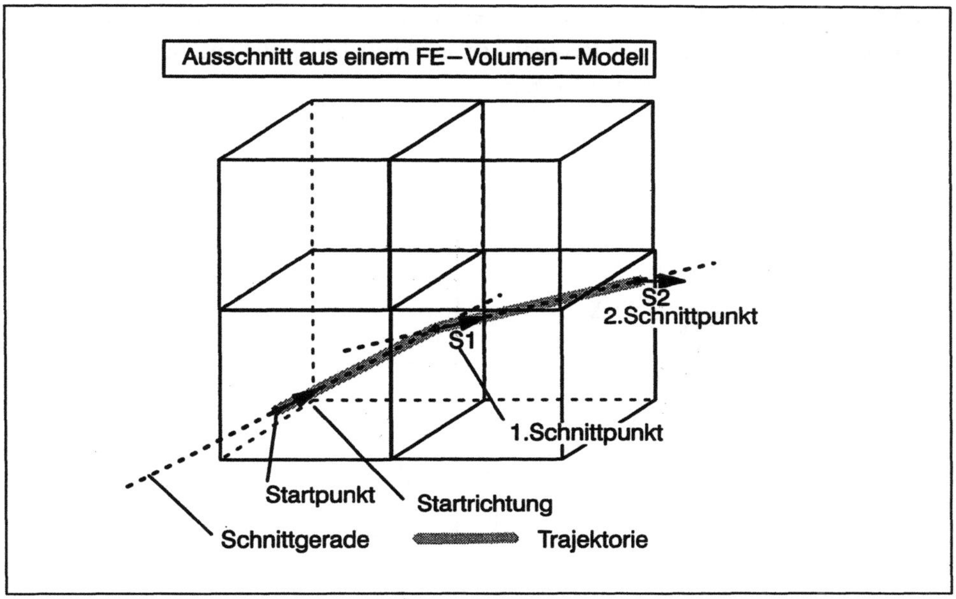

Bild 73 Trajektorienberechnung

Die Abweichung der dargestellten Trajektorie vom wirklichen Verlauf hängt von mehreren Parametern ab:

- Von der Netzeinteilung des FE–Netzes
- Vom Interpolationsverfahren
- Vom angenommenen Trajektorienverlauf innerhalb eines Elementes

Eine Verbesserung des Ergebnisses kann also sowohl durch eine Verfeinerung des Netzes wie auch durch ein verbessertes Interpolationsverfahren oder weiterreichende Annahmen zum Trajektorienverlauf erreicht werden. Für die Verwendung der Trajektorien ist hier jedoch eine hohe numerische Genauigkeit des Verlaufs nicht wichtig, da der Verlauf der Trajektorien ja lediglich einen Aufschluß über das Tragverhalten liefern soll. Gleichwohl kann die Genauigkeit der Trajektorienberechnung meist sehr einfach durch folgende anschaulichen Regeln überprüft werden:

- Am unbelasteten Rand verlaufen die Trajektorien senkrecht, bzw. parallel zur Oberfläche.
- Symmetrische Spannungszustände haben symmetrische Trajektorienverläufe zur Folge (z.B. Eintrittshöhe gleich Austrittshöhe bei den horizontalen Trajektorien einer von oben belasteten Einfeldscheibe)

Auch bei einer relativ groben Auflösung (im vorliegenden Beispiel wurde der Quader durch 4x4x4 = 64 achtknotige Volumenelemente modelliert), einer einfachen Interpolation (linear) sowie der Annahme des elementweisen geraden Trajektorienverlaufs ergibt sich für das bereits mehrfach gezeigte Beispiel eine anschauliche Darstellung, aus der der Kraftfluß relativ gut abgelesen werden kann.

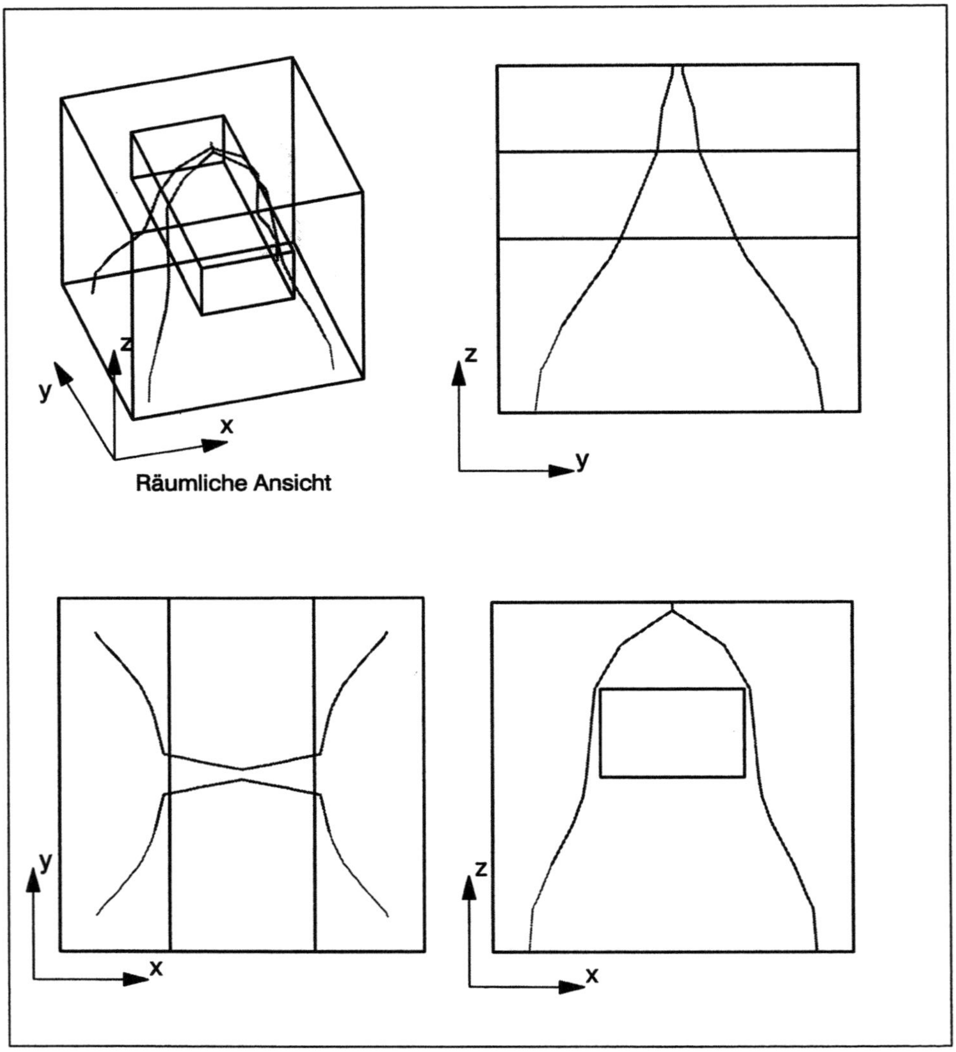

Bild 74: Trajektorienverlauf

Die Verwendung von Trajektorien zur automatischen Ableitung von Stabnetzen ist im räumlichen Fall nicht möglich, da sich zwei im Raum verlaufende Linien nicht notwendigerweise schneiden und deshalb eine automatische Verknüpfung der sich kreuzenden Trajektorienscharen an den Schnittpunkten unmöglich wird.

Der Entwurf eines Stabwerkmodells erfolgt deshalb unter Berücksichtigung der beschriebenen Hilfsmittel interaktiv durch den Anwender. Ein Beispiel dafür zeigt das nächste Bild. Die Stabbreiten, die im ebenen Fall ebenfalls automatisch berechnet werden konnten, müssen nunmehr von Hand eingegeben werden. Eine Überprüfung des eingegebenen Systems ist aufgrund der realisierten Programmstruktur, bei der ja alle Visualisierungsmöglichkeiten des CAD–Programms automatisch auch allen Anwenderprogrammen zur Verfügung stehen, problemlos möglich.

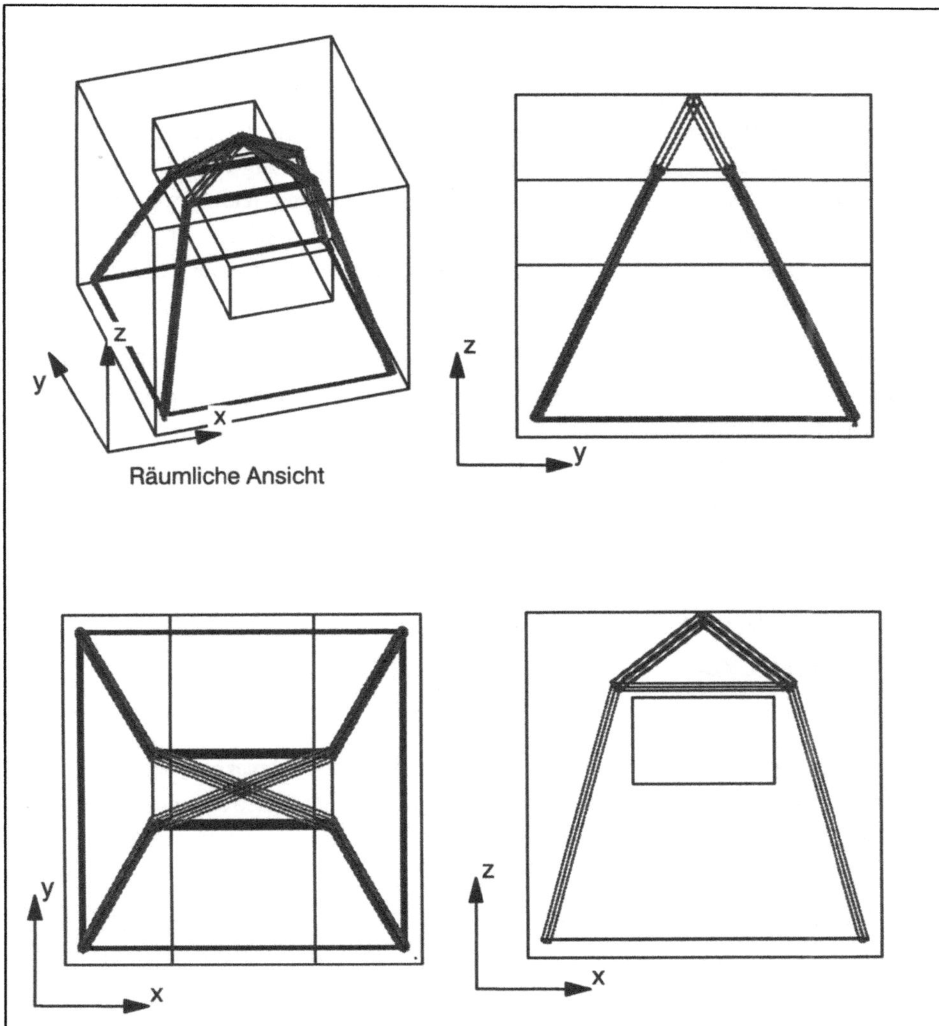

Bild 75 Stabwerkmodell mit Stabkräften

Die weitergehende konstruktive Bearbeitung (z.B. Entwurf eines Bewehrungslayout, Berücksichtigung der konstruktiven Durchbildung bei der Berechnung etc.) kann im Rahmen dieser Arbeit nicht durch fertig entwickelte Programmbausteine begleitet werden. Es sei jedoch der Vollständigkeit halber darauf hingewiesen, daß sich hier noch ein weites Betätigungsfeld auftut. Vor allem im Anschluß entsprechender nc–fertigungstechnischer Prozesse an den konstruktiven Planungsprozeß liegt ein hohes Forschungs– und Entwicklungspotential.

5.4.8 Auswertung

Die Bewertung eines Entwurfs findet zum Teil durch einfache Inaugenscheinnahme einer graphischen Modellierung, zum Teil aber auch durch numerische Auswertungen statt. Im folgenden sollen beispielhaft einige Möglichkeiten zur Auswertung vorgestellt und miteinander verglichen werden, die derzeit bereits im Programmsystem realisiert wurden. Diese Auswahl stellt natürlich keinen Anspruch auf Vollständigkeit, sondern soll lediglich zeigen, daß die Einbindung solcher Auswertungsalgorithmen vom Grundsatz her möglich und mit relativ geringem Aufwand zu integrieren sind.

Der Schwerpunkt der bereits realisierten Auswertungsmöglichkeiten liegt auf dem Gebiet der Beurteilung des Tragverhaltens eines Bauwerks. Um das Tragverhalten näher beurteilen zu können, ist zunächst eine Berechnung des gesamten Tragwerks durchzuführen. Für eine erste Abschätzung reicht dazu eine linear elastische Berechnung mittels der FE–Methode sicher aus. Die Berechnungsergebnisse (Schnittgrößen und Verformungen) sind dann im Anschluß daran auszuwerten und für alternative Entwürfe gegenüberzustellen. Die Auswertung erfolgt nach drei alternativen Kriterien:

- Formänderungsenergie
- Kraft x Weg
- Massen

Diese Größen werden bei der Auswertung über das gesamte Tragwerk aufsummiert. Die Minimierung dieser Größen durch Betrachtung verschiedener Tragwerksalternativen hat grundsätzlich eine andere Auswirkung. Sie soll im folgenden dargestellt werden.

Formänderungsenergie

Unter der Formänderungsenergie versteht man diejenige mechanische Energie, die ein deformierter elastischer Körper speichert. Für den räumlichen Spannungszustand läßt sich die Formänderungsenergie wie folgt anschreiben:

$$\pi^* = \frac{1}{2}[\sigma_x\varepsilon_x + \sigma_y\varepsilon_y + \sigma_z\varepsilon_z + \tau_{xy}\gamma_{xy} + \tau_{yz}\gamma_{yz} + \tau_{zx}\gamma_{zx}]$$

Beschränkt man die Auswertung zunächst auf Systeme mit linienförmigen Traggliedern (statische Modellierung mit Truss– oder Beamelementen), so ergeben sich die für das Gesamtsystem auszuwertenden Terme zu:

$$\pi^* = \int^{l} \frac{N^2}{2EA} + \frac{M_t^{\ 2}}{2GI_T} + \frac{M_y^{\ 2}}{2EI_y} + \frac{M_z^{\ 2}}{2EI_z} + \frac{V_y^{\ 2}}{2GA_s} + \frac{V_z^{\ 2}}{2GA_s} dx$$

Unter Vernachlässigung der Schub– und Torsionsverformungen ergibt sich die gesamte Formänderungsenergie eines Stabtragwerkes mit n Stäben zu:

$$\pi^* = \sum_{i=1}^{i=n} \int^{l} \frac{N^2}{2EA} + \frac{M_y^{\ 2}}{2EI_y} + \frac{M_z^{\ 2}}{2EI_z} dx$$

Bei linear elastischem Verhalten entspricht die Formänderungsenergie der Arbeit, die von allen äußeren Kräften am Gesamtsystem verrichtet wird. Sie ist demnach ein Maß für die Steifigkeit der Lastabtragung. Werden zwei alternative Tragsysteme miteinander verglichen, so führt eine Minimierung der Formänderungsenergie bei gleichen äußeren angreifenden Lasten stets zum steiferen Tragwerk. Der Aufwand für die Konstruktion (Massen) geht lediglich über die Eigenlast in die Betrachtung ein. Dies widerspricht dem Ideal leichter, filigraner Tragwerke, die äußere Belastungen zum Teil nur mit großen Verformungen aufnehmen können. Der Vergleich und die Beurteilung grundsätzlich verschiedener Tragwerksalternativen scheint vor diesem Hintergrund mit diesem Kriterium eher fragwürdig. Der Vergleich ähnlicher Tragwerke im Hinblick auf die Steifigkeit kann hingegegen durchaus von Nutzen sein.

Kraft x Weg

Die Minimierung des Produkts Kraft x Weg (sprich "Kraft mal Weg"), das bei einer normalkraftbeanspruchten Struktur einfach durch das Aufsummieren des Produkts der Einzelstabkräfte mit den entsprechenden Stablängen gefunden werden kann, über das gesamte Tragwerk führt bei alternativen Stabtragwerken zu einer optimierten Anordnung der einzelnen Tragglieder. Die Ausbildung der einzelnen Tragglieder – und damit ihrer Steifigkeit – bleibt weitgehend unberücksichtigt. Dieses Kriterium eignet sich demnach zur Auswahl des Tragwerkstyps und zur Optimierung der Bauteilanordnung (s. dazu auch FOGIB (1994), Kapitel Tragwerkslogik).

Massen

Die Berechnung der für die Konstruktion benötigten Massen ist nicht nur für die ökonomische Betrachtung (Kosten) wichtig, sondern liefert auch eine Aussage über die "Ökonomie des Tragverhaltens". Eine Minimierung der für die Konstruktion notwendigen Massen führt zum einen wie das vorgenannte Kriterium zu einer optimierten Anordnung von Traggliedern und zudem zu einer optimierten Ausbildung der einzelnen Tragglieder. Eine Betrachtung der Massen setzt aber bereits eine Bemessung der einzelnen Bauteile voraus und kann deshalb nicht in einem frühen Stadium des Vorentwurfs erfolgen.

Im folgenden soll an kleinen Beispielen die Auswirkung der verschiedenen Betrachtungen diskutiert werden. Im ersten Vergleich werden Tragsysteme verglichen, die lediglich die Aufgabe haben, eine Einzellast über eine vertikale Strecke zu führen.

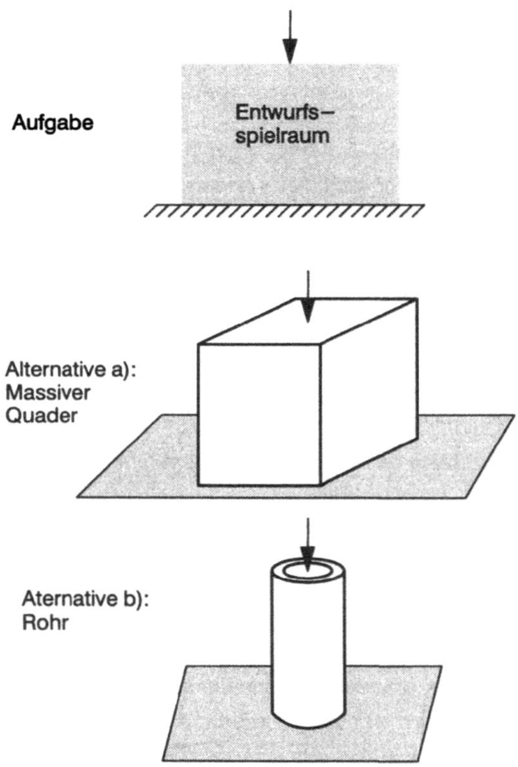

Auswertekriterien

FÄE	KxW	Massen
klein	const.	groß
groß	const.	klein

Bild 76 Auswertungskriterien bezüglich des Tragverhaltens (Beispiel 1)

Der Vergleich bestätigt die oben gemachten Aussagen bzgl. der verschiedenen Kriterien, ist aber in dieser Form nicht weiter aussagekräftig. In aller Regel kann man davon ausgehen, daß alle Bauteile ökonomisch ausgebildet werden. Eine Materialverschwendung, wie

im gezeigten Vergleich bei der Variante a) findet normalerweise nicht statt. Vielmehr werden alle Bauteile entsprechend ihrer Belastung bemessen und ausgebildet. In einem frühen Stadium des Vorentwurfs reicht häufig eine Bemessung mittels zulässiger Spannungswerte aus. Die Querschnittsfläche A ermittelt sich dann bei einer konstanten Normalkraft N und einer zulässigen Spannung σ_{zul} zu:
$A=N/\sigma_{zul}$

Die Auswirkung dieser Annahme auf die Auswertekriterien zeigt das nächste Beispiel. Verglichen werden alternative Tragsysteme, die die Aufgabe haben, eine mittige Einzellast (die beliebig entlang ihrer Wirkungslinie verschoben werden darf) auf zwei Auflagerpunkte zu führen. Untersucht werden drei Strebenwerke, die eine unterschiedliche Stichhöhe aufweisen. Es wird dabei kein Unterschied zwischen zulässiger Druck- und Zugspannung gemacht.

Die Übereinstimmung der Kriterien (s. Tabelle in Bild 77) kann für die genannten Voraussetzungen auch formelmäßig nachgewiesen werden. Zunächst wird dazu das Kriterium Kraft x Weg angeschrieben:

$$K_{(KW)} = \sum_{i=1}^{i=n} N_i * l_i$$

Als nächstes wird die Formänderungsenergie näher untersucht. Sie reduziert sich bei auf Normalkraft beanspruchten Stabtragwerken mit bereichsweiser konstanter Normalkraft zu:

$$K_{(FÄE)} = \sum_{i=1}^{i=n} \frac{N_i^2}{2EA_i} * l_i$$

Setzt man hier die Bedingung $A=N/\sigma_{zul}$ ein, so erhält man:

$$K_{(FÄE)} = \frac{\sigma_{zul}}{2E} \sum_{i=1}^{i=n} N_i * l_i = \frac{\sigma_{zul}}{2E} K_{(KW)}$$

Das Kriterium der Formänderungsenergie ist demanch in diesem Fall über einen konstanten Parameter mit dem Kriterium "Kraft x Weg" gekoppelt. Gleiches läßt sich auch für das Kriterium der Massen nachweisen. Zunächst gilt:

$$K_{(Massen)} = \sum_{i=1}^{i=n} A_i * l_i$$

Aufgabe

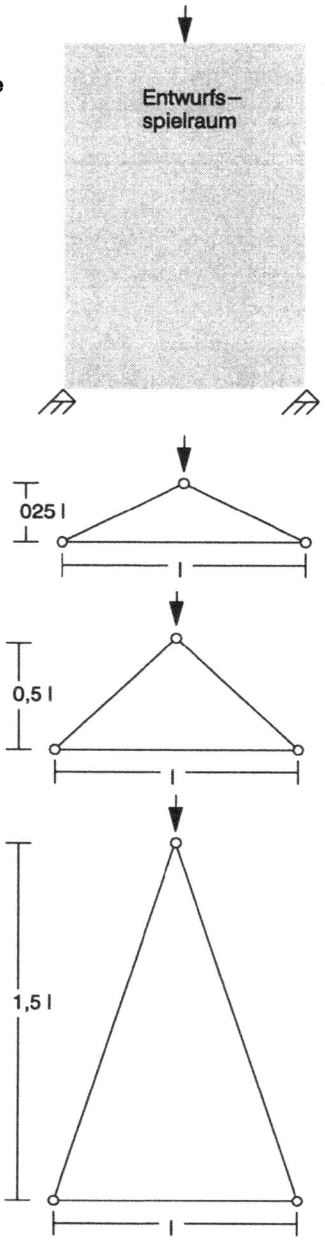

Auswertekriterien

FÄE	KxW	Massen
groß	groß	groß
klein	klein	klein
groß	groß	groß

Bild 77 Auswertungskriterien bezüglich des Tragverhaltens (Beispiel 2)

Setzt man dann wiederum die Bedingung $A=N/\sigma_{zul}$ ein, so erhält man:

$$K_{(Massen)} = \frac{1}{\sigma_{zul}} \sum_{i=1}^{i=n} N_i * l_i = \frac{1}{\sigma_{zul}} K_{(KW)}$$

Für die Annahme einer einheitlichen ausschließlich am vereinfachten Spannungskriterium orientierten Bauteilbemessung sind demnach die drei gezeigten Kriterien gleichwertig. Geht man nun noch einen Schritt weiter und führt statt der zuvor gezeigten Querschnittsbestimmung über σ_{zul} eine echte Bemessung mit dem Ziel minimaler Querschnitte aller Tragglieder durch, so sind unter anderem zwei Effekte zu berücksichtigen:

- Für Druckglieder wird meist Knicken maßgebend. Gegenüber der reinen Normalkraftspannungsbetrachtung ist in Druckgliedern ein erhöhter Aufwand zur Sicherung der Knickstabilität notwendig. Druckglieder erfordern bei gleicher Last einen erhöhten Materialaufwand.
- Für die Ausbildung reiner Zugglieder stehen höherwertige Werkstoffe zur Verfügung. Der Materialverbrauch kann durch ihren Einsatz weiter reduziert werden.

Die Umsetzung dieser Erkenntnisse führt zu folgender vergleichender Betrachtung:

Entwurfsaufgabe:
Aufständerung bzw. Aufhängung eines Trägers mit vorgegebenem Stützabstand.

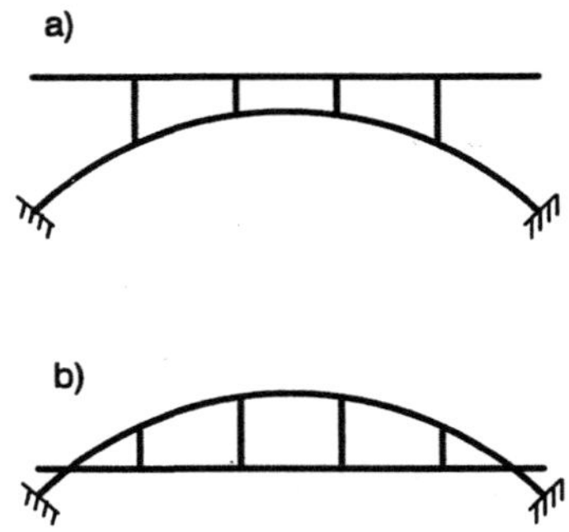

Auswertekriterien

FÄE	KxW	Massen
klein	const.	groß
groß	const.	klein

Die Alternativen sind so gewählt, daß die Summe der Strebenlängen in Alternative a) der Summe der Hängerlängen in Alternative b) entspricht. Der Bogen ist beides mal identisch, ebenso der aufzuhängende/abzustützende Balken sowie die Stützweiten.

Bild 78 Auswertungskriterien bezüglich des Tragverhaltens (Beispiel 3)

Wie eingangs bereits erwähnt bleibt die Ausbildung der einzelnen Tragglieder bei einer vergleichenden Betrachtung mit dem Kriterium Kraft x Weg bei ansonsten gleichen Verhältnissen ohne Auswirkung. Eine Querschnittsreduktion bei den Zuggliedern sowie eine Querschnittsversteifung bei den Druckgliedern führt bei den beiden restlichen Kriterien zu einer entgegengesetzten Veränderung. Ist eine verformungsarme Lastabtragung das Ziel, muß die Formänderungsenergie minimiert werden. Soll unter Berücksichtigung der maximal zulässigen Verformung eine Konstruktion mit minimalem Materialaufwand gefunden werden, so ist das entsprechende Kriterium zu minimieren.

Die Beispiele zeigen, daß ein Vergleich verschiedener Tragwerksalternativen mit allen drei Kriterien sinnvoll sein kann. Die Auswahl des Kriteriums und die Bewertung der Aussagekraft einer vergleichenden Betrachtung hängt vom Tragsystem und dem bereits erreichten Ausarbeitungsgrad sowie vor allem natürlich vom Ziel der Optimierung ab.

Eine Bewertung der verschiedenen Kriterien kann und soll im Rahmen dieser Arbeit nicht vorgenommen werden. Vielmehr sollte hier lediglich auf die Unterschiede in der Anwendung der unterschiedlichen Kriterien hingewiesen werden, die bereits heute vom realisierten Programmsystem in der Auswertung unterstützt werden. Die Beurteilung des Tragverhaltens bleibt damit weiterhin Sache des Anwenders, lediglich die Hilfsmittel für die entsprechenden Untersuchungen wurden geschaffen und stehen ihm bei der Untersuchung unterschiedlicher Tragwerksalternativen zur Verfügung.

5.5 Programmierung

Die Anforderungen, die an die Programmierung eines komplexen Programmsystems von Seiten der Programmiertechnik her gestellt werden und in Kapitel 3 eingehender untersucht wurden, lassen sich wie folgt zusammenfassen:

- Die Verwendung standardisierter Programmiersprachen (Hochsprachen) ist eine Voraussetzung für die Portierfähigkeit des Programmsystems auf andere Hardwareumgebungen. In Zeiten sehr kurzer Lebenszyklen der Hardwareplattformen und Betriebssystemversionen ist die Portierfähigkeit entscheidend für die Lebensdauer von Softwareentwicklungen.
- Die Programmstruktur sollte modular angelegt werden, sodaß einzelne Bausteine unabhängig voneinder gewartet und weiterentwickelt werden können.
- Für Standardaufgaben sollten Programmbibliotheken angelegt werden, um Mehrfachprogrammierungen zu vermeiden.
- Die Realisierung muß sich an der Entwicklungsumgebung orientieren; bestehende Programmbausteine sind möglichst in das gesamte Konzept einzubinden. Dies reduziert den Entwicklungsaufwand erheblich und sichert zumindest bereichsweise die Fehlerfreiheit des Programmsystems.

Die Unterschiede der in Frage kommenden Programmiersprachen wurden ebenfalls in Kapitel 3 dargestellt. Für die Realisierung fast aller Programmkomponenten, die im Rahmen dieser Arbeit entstanden sind, wurde Fortran 77 gewählt. Folgende Gründe waren dafür ausschlaggebend:

- Die Entwicklung des 3D–CAD–Programmes setzte auf dem bereits vorhandenen, in Fortran geschriebenen, 2D–CAD–Programm auf. Außerdem wurde für die Graphik eine Fortranbibliothek von GKS verwendet.
- Im Entwurfsprogramm wurde das Datenbanksystem des CAD–Programms verwendet. Der Grund hierfür liegt in der Erfahrung, die in der vergangenen Zeit mit diesem System gesammelt wurde. Das Datenbanksystem ist ebenfalls in Fortran geschrieben. Zudem ist die Programmierschnittstelle (zwischen CAD–Programm und Anwenderprogrammen) derzeit nur in Fortran realisiert.

- Zusätzliche Programmbausteine, die Daten aus der FE–Datenbank benutzen, wurden ebenfalls in Fortran geschrieben, da auch hier nur eine Fortranschnittstelle zur FE–Datenbank existiert.
- Die einzige Ausnahme bildet ein Programmbaustein zur Visualisierung räumlicher Modelle mit Hilfe des Graphikstandards PEX auf Workstations der Firma HP. Hier waren C–Programmbausteine zu realisieren, da es derzeit – zumindest von der Firma HP – nur eine C–Schnittstelle zu PEX gibt.

Der Einsatz von Fortran scheint zwar antiquiert, ermöglichte aber eine sehr schnelle Entwicklung des gesamten Programmsystems, da viele Bausteine direkt integriert werden konnten. Die entscheidenden Nachteile von Fortran 77 (kein variables Datenmanagement, relativ wenig Möglichkeiten zur Typklassifizierung, etc.) werden in der bereits verabschiedeten neueren Version des Programmierstandards (Fortran 90) weitestgehend ausgeräumt. Die Anwendung von Fortran ist vor diesem Hintergrund auch heute noch zu vertreten.

Die Modularität des Programmsystems ist bereits durch die Struktur (s. Kapitel 4) vorgegeben. Durch die Verwendung der von Rückert (1992) entwickelten Interprozeßkommunikation können völlig selbständige Programme zu einem System integriert werden. Innerhalb der einzelnen Programme wurde bei der Programmierung Wert auf möglichst modulare Strukturen gelegt.

Routinen für häufig vorkommende Programmieraufgaben (z.B räumliche Konstruktionsaufgaben) wurden in Bibliotheken organisiert, die von beliebigen Anwenderprogrammen verwendet werden können. Um die Anwendung dieser Bibliotheken auch anderen Entwicklern zu ermöglichen, wurden entsprechende Dokumentationen ausgearbeitet.

5.6 Datenmanagement

Ausgehend von den dem Entwurf zugrunde liegenden Grundlagendaten entstehen während dem Entwurfsprozeß ständig neue Daten. Die Informationen über das Bauwerk werden permanent erweitert und auch verändert. Solange die verschiedenen Bearbeitungsprozesse voneinander entkoppelt sind – z.B. Bearbeiten von Konstruktionsplänen und Aufstellen statischer Berechnungen – kann die Datenkonsistenz nur durch einen sehr zeitaufwendigen und fehleranfälligen permanenten Datenaustausch oder –abgleich zwischen allen Beteiligten erreicht werden.

Sind diese Prozesse in einem System integriert, so kann die Datenkonsistenz viel einfacher erreicht und sichergestellt werden, da es für alle Teilprozesse einen einheitlichen Stammdatensatz gibt, aus dem die für die Teilprozesse notwendigen Daten abgeleitet werden können. Mit dieser Integration wird also auch über die erreichte Datenkonsistenz ein Beitrag zur Verbesserung der Planungsqualität geleistet.

Bedenkt man die während der gesamten Planungszeit anfallenden Datenmengen (von FE–Datenbanken bis zu gerenderten Visualisierungen etc.), so scheint es kaum möglich, diese Daten alle zentral in einer Datenbank abzulegen und zu verwalten. Dies ist auch nicht sinnvoll, da verschiedene Programme bereits eigene funktionierende Datenbanksysteme haben, die nach ihren spezifischen Anforderungen optimiert sind. Es gibt also immer eine mehrfache Beschreibung des Bauwerks in verschiedenen Programmsystembereichen. Der gesamte Datenbestand kann somit zwar nicht redundanzfrei, sollte aber zumindest konsistent gehalten werden. Die Lösung liegt in der zentralen Organisation weniger, für die Erzeugung spezifischer Bauwerksbeschreibungen ausreichender Daten, den sogenannten Stammdaten.

Diese Stammdaten enthalten lediglich "Erzeugungsvorschriften" für die Geometrie der einzelnen Bauteile sowie zusätzliche Bauteilattribute (Materialkenner, Verknüpfungsvorschriften, etc.). Die von diesen Stammdaten ableitbaren spezifischen Bauwerksbeschreibungen (statische Modellierung, graphische Modellierung, etc.) können weitgehend automatisch aus den Stammdaten erzeugt werden.

Soll zu einem bestehenden Entwurf eine Alternative untersucht werden, so müssen dazu zunächst die Stammdaten manipuliert werden (z.B. Veränderung des Stichs eines Bogens). Im nächsten Schritt werden dann die automatisch ableitbaren Modelldaten erzeugt. Eine Beurteilung der neu erzeugten Alternative in statischer, konstruktiver oder auch gestalterischer Hinsicht erfolgt dann immer auf einer konsistenten Datenbasis. Durch die hierarchische Verknüpfung verschiedener Bauteile können also sehr weitreichende Veränderungen der gesamten Bauwerksbeschreibung (eine Veränderung des Bogenstichs führt automatisch auch zu einer Veränderung der Streben oder Hänger zwischen Bogen und Brückenträger) durch eine geringfügige Änderung der Erzeugungsvorschrift erreicht und auf konsistenter Datenbasis beurteilt werden.

6 Beispiel

Im folgenden soll an einem Anwendungsbeispiel der erreichte Stand der Realisierung dokumentiert werden. Die Vorteile, die im Entwurfsprozeß durch die Verwendung der Computerunterstützung gegenüber einer üblichen Bearbeitungsweise entstehen, sollen dabei jeweils deutlich gemacht werden.

6.1 Entwurfsaufgabe

Da es heute immer noch schwierig ist, eine geeignete reelle Aufgabenstellung auf elektronischer Basis zur Verfügung gestellt zu bekommen, wurde für das Anwendungsbeispiel eine "künstliche Umgebung" definiert. Die Situation, in der der Entwurf stattfinden soll, ist gekennzeichnet durch ein tief eingeschnittenes Flußtal, über das ein Verkehrsweg mit einer Breite von ca 10m geführt werden soll. Entlang des Flusses verlaufen direkt am Wasser ein Fußweg, sowie auf halber Hanghöhe ein Fuß– und Radweg. Die Gründungsverhältnisse werden als sehr gut angenommen, so daß seitens der Gründung keine Einschränkungen für den Entwurf zu beachten sind.

Bild 79: Beispiel: Ausgangssituation

Die Trasse für den Verkehrsweg wurde mit Hilfe üblicher Methoden (Verwendung von Klothoiden, Kreisbögen und Geradenstücken) entworfen und über die bestehende Schnittstelle ins Gelände übernommen. In der oben dargestellten Ausgangssituation wird der Verkehrsweg auch im Bereich des Brückenbereiches als dünne Platte dargestellt. Die Lage und Geometrie der Brückenachse wird in der weiteren Bearbeitung des Entwurfs direkt aus dieser Vorgabe übernommen, muß also nicht erneut eingegeben oder definiert werden.

```
#----------------------------------------------------------
#         Eingabedatei fuer das Programm BAUROAD
#----------------------------------------------------------
#--------1.:  Definition der Trasse im Grundriss -----------
#
*s                          : Streckenteilung alle 10m
10.00
erstes Element
*f
*l                          : Line, (x,y,z,Laenge,Winkel)
 -130.42 -277.268 100. 0.6666
*k                          : Klothoide (r1,r2,a)
 0. -150. 100.
*k                          : Klothoide (r1,r2,a)
 -150. 0. 200.
*k                          : Klothoide (r1,r2,a)
 0. 150. 200.
*k                          : Klothoide (r1,r2,a)
 150. 0. 200.
*l                          : Line (Laenge)
  237.0
*k                          : Klothoide (r1,r2,a)
 0. -150. 200.
*k                          : Klothoide (r1,r2,a)
 -150. 0. 200.
*k                          : Klothoide (r1,r2,a)
 0. 150. 200.
*k                          : Klothoide (r1,r2,a)
 150. 0. 100.
*l                          : Line (Laenge)
 100.
#----------------------------------------------------------
#--------2.:  Definition der Trasse im Aufriss ------------
*g
*f
*l                          : Line (z,Laenge,Winkel)
      40. 2000. 0.
#----------------------------------------------------------
#--------3.:  Definition der Querschnitte -----------------
*q
*t
      10.0               0.5  : Breite, Hoehe
#----------------------------------------------------------
```

Bild 80 Eingabedatei für Verkehrsweg

Bild 80 zeigt die Eingabedatei für die Definition des Verkehrsweges. Diese Datei wird vom Programm BAUROAD in ein Format übersetzt, das im Brückenentwurfsprogramm zum Einlesen von Verkehrswegen vorgegeben wurde (siehe dazu auch Deinhardt, 1994).

Im oben dargestellten Beispiel wurde lediglich der Hauptverkehrsweg, der anschließend auch als Brückenachse weiterverwendet soll, über diese Schnittstelle ins Entwurfsprogramm übernommen. Die beiden parallel zum Fluß verlaufenden Fuß- und Radwege wurden über die Geländebeschreibung eingegeben.

6.2 Entwurfsalternativen

Zunächst stellt sich die Frage nach dem Grundtyp der zu entwerfenden Brücke. Aus Gründen der topologischen Situation und der Gründungsverhältnisse kommt auf jeden Fall eine Bogenbrücke in Frage; sie soll deshalb im weiteren näher untersucht werden. Als feste Randbedingung wird dabei lediglich die Lage des Verkehrsweges vereinbart. Nach einer Vorstudie wird zudem die Geometrie des Bogens (parabelförmiger Verlauf, Stich) festgelegt. Untersucht werden soll im weiteren die Anzahl der Pfeiler, also die Stützweite des Überbaus, sowie die Form der Pfeiler.

Dabei soll insbesondere die Interaktion zwischen dem Tragverhalten und der gestalterischen Wirkung deutlich gemacht werden. Folgende Alternativen wurden mit Hilfe des Entwurfsprogramms erzeugt und gegenübergestellt:

- Variante 1: Die Fahrbahn ist in relativ kurzen Abständen auf den Bogen aufgeständert. Die Pfeiler sind relativ dünne Scheiben und haben über die Höhe eine konstante Breite. Der Pfeilerabstand wird im gesamten Bereich von Widerlager über Bogen bis zum Widerlager konstant gehalten.
- Variante 2: Der Pfeilerabstand wird im Vergleich zu Variante 1 wesentlich vergrößert.
- Variante 3: Der Pfeilerabstand liegt zwischen dem der ersten beiden Varianten. Die Pfeiler selbst haben einen Querschnitt, der sich in der Längsansicht bis zur halben Höhe verjüngt und nach oben wieder auf dieselbe Breite zunimmt. Die Veränderung hat einen parabolischen Verlauf. Die Pfeiler zwischen Widerlager und Bogen weisen weiterhin eine über die Höhe konstante Breite auf.
- Variante 4: Der Pfeilerabstand ist wie bei Variante 3. Die Form der Pfeiler ist jedoch verändert. Die Breite der Pfeiler wächst vom Fußpunkt bis zum oberen Abschluß parabolisch an. Der Bogen selbst erhält einen Querschnitt, der im Kämpfer nahezu quadratisch und im Scheitel sehr flach ist.
- Variante 5: Aus Variante 2 wird diese Variante entwickelt, indem der Bogen zu einem Stabbogen verändert wird.
- Variante 6: Bei dieser Alternative werden die Pfeiler in je drei Segmente aufgelöst. Die Pfeiler sind im unteren Bereich als Rundstützen ausgebildet und verzweigen nahe der Balkenunterkante in zwei weitere Rundstützen, auf denen der Balken ausmittig gestützt wird. Der Bogen selbst erhält einen quadratischen Querschnitt.

Der Brückenträger wird in allen Fällen als gevouteter Plattenquerschnitt ausgebildet. Die Anschlüsse der Pfeiler an den Bogen und der Pfeiler an den Brückenträger erfolgen soweit möglich monolithisch. Auf den Widerlagern wird der Brückenträger in Längsrichtung verschieblich aufgelagert.

6.3 Beurteilungsgrundlagen

Die graphische Darstellung von Brücken erfolgte bisher in aller Regel durch eine Gesamtansicht des Bauwerks. In dieser Darstellung wurden die Bauteile mit realen Abmessungen abgebildet. Die Querschnitte der einzelnen Bauteile wurden in Schnitten verdeutlicht; die wesentlichen Bauwerksabmessungen wurden eingetragen. Bild 81 zeigt diese Darstellung für eine der im weiteren ausführlich dokumentierten Varianten.

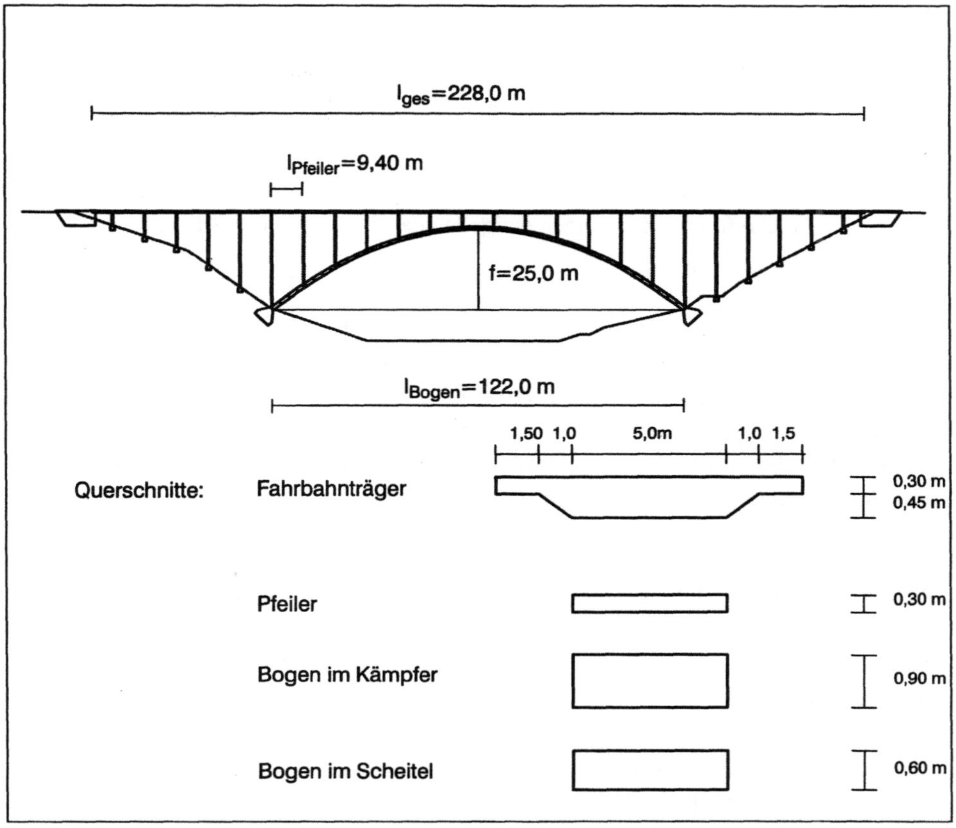

Bild 81 Klassische Darstellung einer Brücke

Diese Darstellung erlaubt nur eine eingeschränkte gestalterische Beurteilung des Bauwerks, da dazu wesentlich mehr Ansichten benötigt würden. Der Vorteil einer vollständigen räumlichen Modellierung des Bauwerks liegt nun darin, daß beliebig viele Ansichten vom entwerfenden Ingenieur kritisch betrachtet und vergleichend gegenübergestellt werden können.

Für die Beurteilung der gestalterischen Qualität wurden vier Ansichten wie folgt festgelegt. Zunächst wurde eine Brückenalternative interaktiv im Programm entworfen und im 3D–CAD–Programm dargestellt. Von dort wurde die gesamte graphische Darstellung über eine Schnittstelle in ein Visualisierungsprogramm (BAUCAD–3D–VIEW) übernommen, mit dem es möglich ist, in Echtzeit durch das Modell zu wandern und geeignete Ansichten für das Modell zu finden. Möglich wird dies durch die Verwendung der Graphikbibliothek PEX auf einer speziell für diese Zwecke konfigurierten HP–Workstation.

Ausgewählt wurden folgende Ansichten:

- Position 1: Der Betrachter steht auf halber Hanghöhe.
- Position 2: Der Betrachter befindet sich auf dem Fluß in einiger Entfernung zur Brücke.
- Position 3: Der Betrachter befindet sich auf dem Verkehrsweg, der über die Brücke führt, jedoch noch einige hundert Meter vor der Brücke.
- Position 4: Der Betrachter unterquert die Brücke auf dem Uferfußweg.

Diese Positionen wurden anschließend wieder ins CAD–Programm übernommen. Dort wurden die vier entsprechenden Ansichten definiert. Zur Beurteilung der gestalterischen Qualität wurde das Raytracing–Programm POVRAY (s. Wells (1993)) über eine eigens dafür geschaffene Schnittstelle an das CAD–Programm angeschlossen. Jede Entwurfsalternative konnte danach mit dem Entwurfsprogramm erzeugt, über das CAD–Programm dargestellt und anschließend im Raytracing–Programm für die exakt gleichen Ansichten visualisiert werden.

Wegen der besseren Vergleichsmöglichkeit wurden auf den nächsten vier Bildern (Bild 82–85) jeweils alle sechs Entwurfsalternativen gegenübergestellt. Dies führt aufgrund der relativ schlechten Wiedergabe auf Papier zu Darstellungen, die im Detail nicht mehr zu beurteilen sind. Um diesen Zustand etwas zu verbessern, wurde bei den dargestellten Abbildungen nicht die vom oben beschriebenen Standort aus tatsächlich vorhandene Ansicht des gesamten Bauwerks in seiner Umgebung, sondern lediglich ein Ausschnitt davon dargestellt. Offensichtlich wird dies bei der Ansicht 2, bei der in Bild 83 von jeder Ansicht nur der Streifen dargestellt wird, in dem sich das Bauwerk befindet.

Bild 82 Varianten 1–6, Position 1

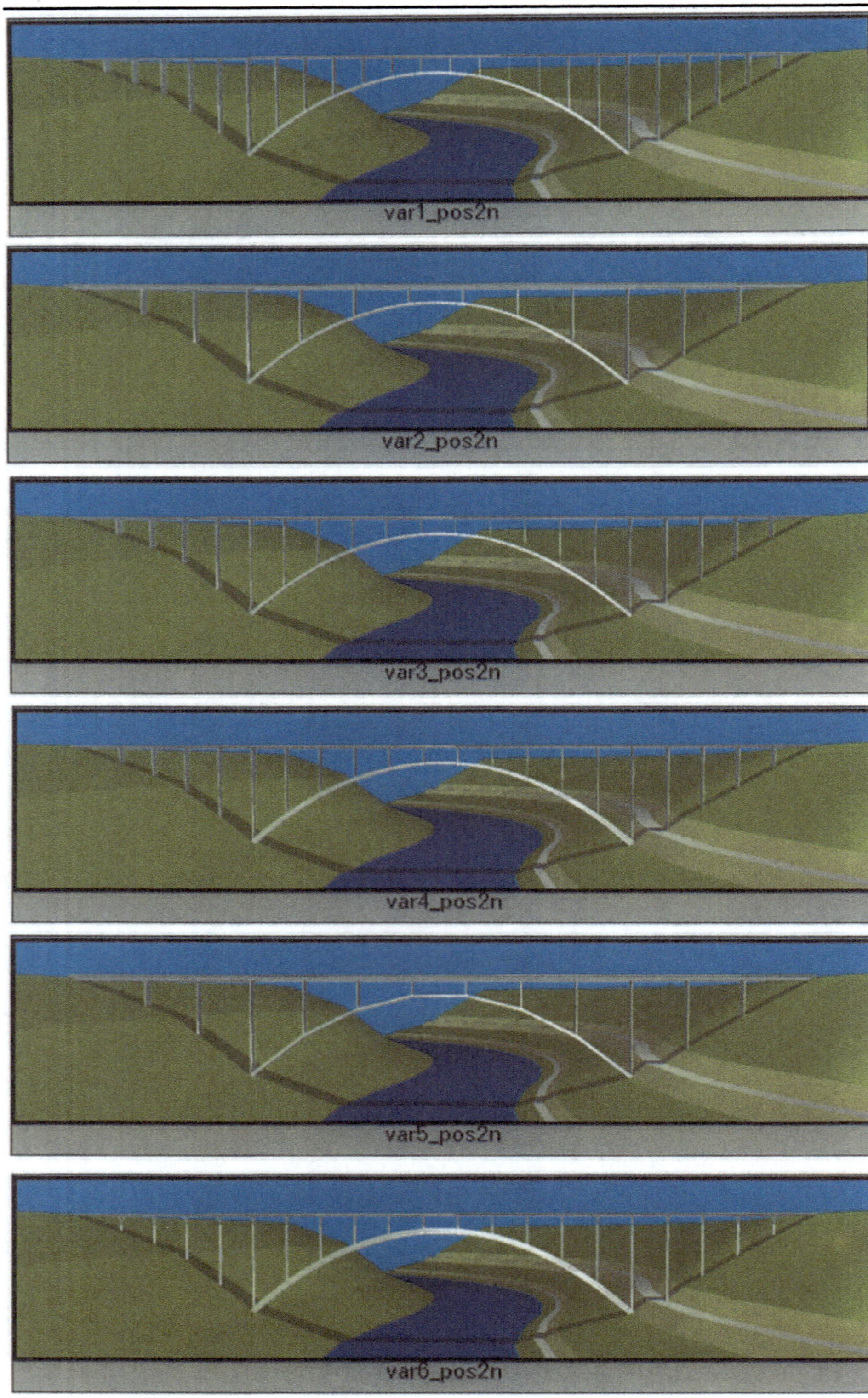

Bild 83 Varianten 1–6, Position 2

Bild 84 Varianten 1–6, Position 3

Bild 85 Varianten 1–6, Position 4

Zur Beurteilung des globalen Tragverhaltens wurde jeweils eine Idealisierung des gesamten Tragwerks mit Balkenelementen vorgenommen (Bild 86). Die Steifigkeiten der einzelnen Balkenelemente werden dabei automatisch aus der für die Darstellung definierten Geometrie für die Berechnung übernommen. Die Unterteilung der Bauteile in Einzelelemente erfolgt analog der graphischen Darstellung.

Der große Vorteil der hier beschriebenen computerunterstützten Vorgehensweise liegt darin, daß alle Entwurfsänderungen – wie bspw. Querschnittsänderungen oder auch Veränderungen der Pfeilerabstände – nur einmal (im Entwurfsprogramm) vorgenommen werden müssen und sich anschließend sowohl in der graphischen Modellierung wie auch in der statischen Modellierung niederschlagen. Die Untersuchung der Alternativen findet dadurch auf einer für jede Alternative konsistenten Datenbasis statt. Dies ist umso wichtiger, je mehr Änderungen an den einzelnen Alternativen vorgenommen werden.

Zur Beurteilung des Tragverhaltens wurden für alle Alternativen zunächst drei Lastfälle untersucht:

- Gleichlast auf dem Brückenträger
- Halbseitige Verkehrslast auf dem Brückenträger
- Konstante Temperaturerwärmung der gesamten Brücke

Im folgenden (Bilder 86–89) sind für alle Varianten die Ergebnisse der Berechnungen gegenübergestellt, wobei lediglich der Momentenverlauf gezeigt wird. Es werden für alle Varianten die gleichen Skalierungsfaktoren zur Darstellung angewandt, so daß eine grobe Abschätzung des unterschiedlichen Tragverhalten auch durch die bloße Inaugenscheinnahme der graphischen Darstellungen möglich wird. Besonders deutlich sind die Unterschiede beim Lastfall "halbseitige Verkehrslast" (Bild 88) und beim Lastfall "Temperatur" (Bild 89) zu erkennen.

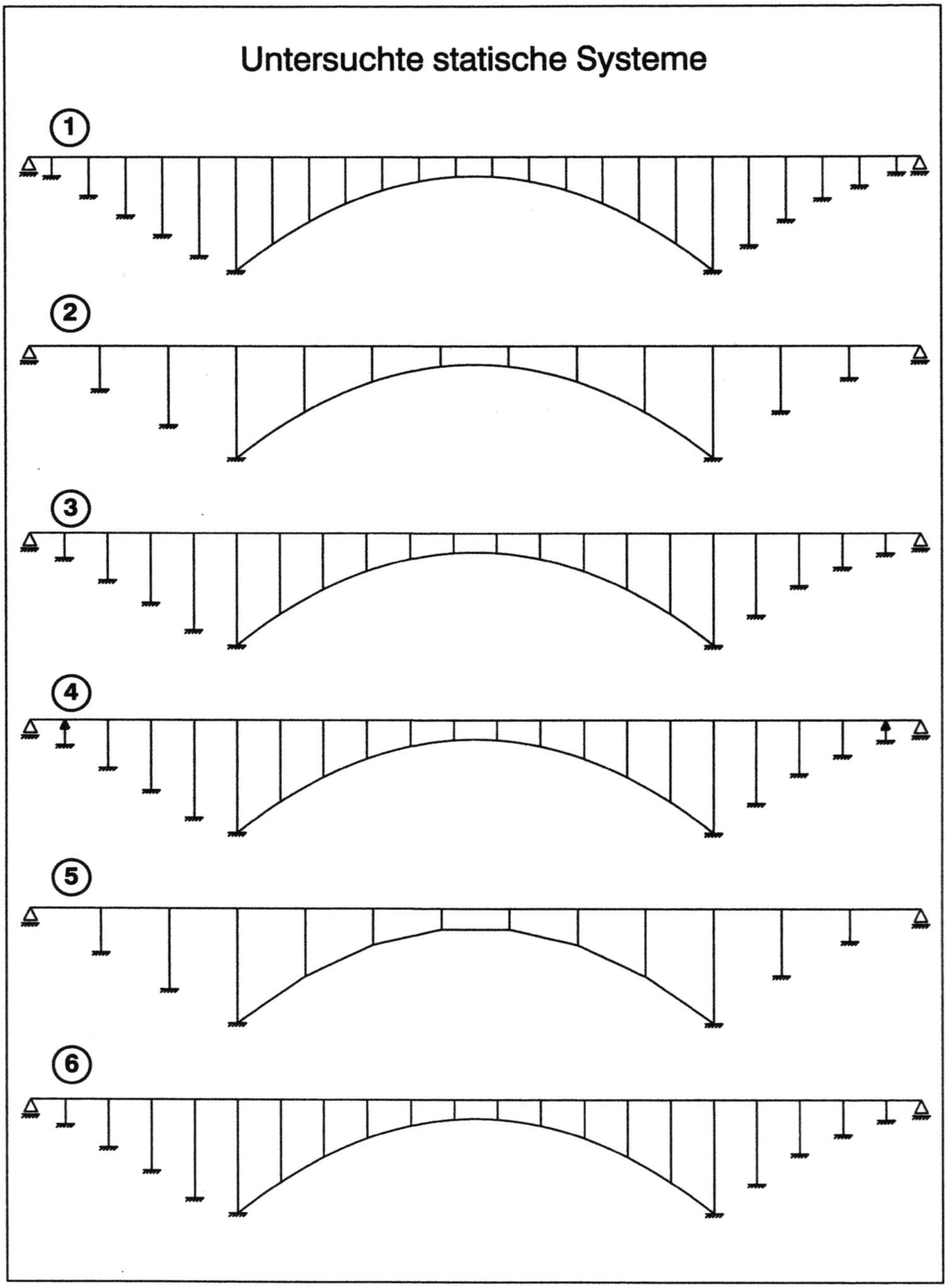

Bild 86 Varianten 1–6, statische Systeme

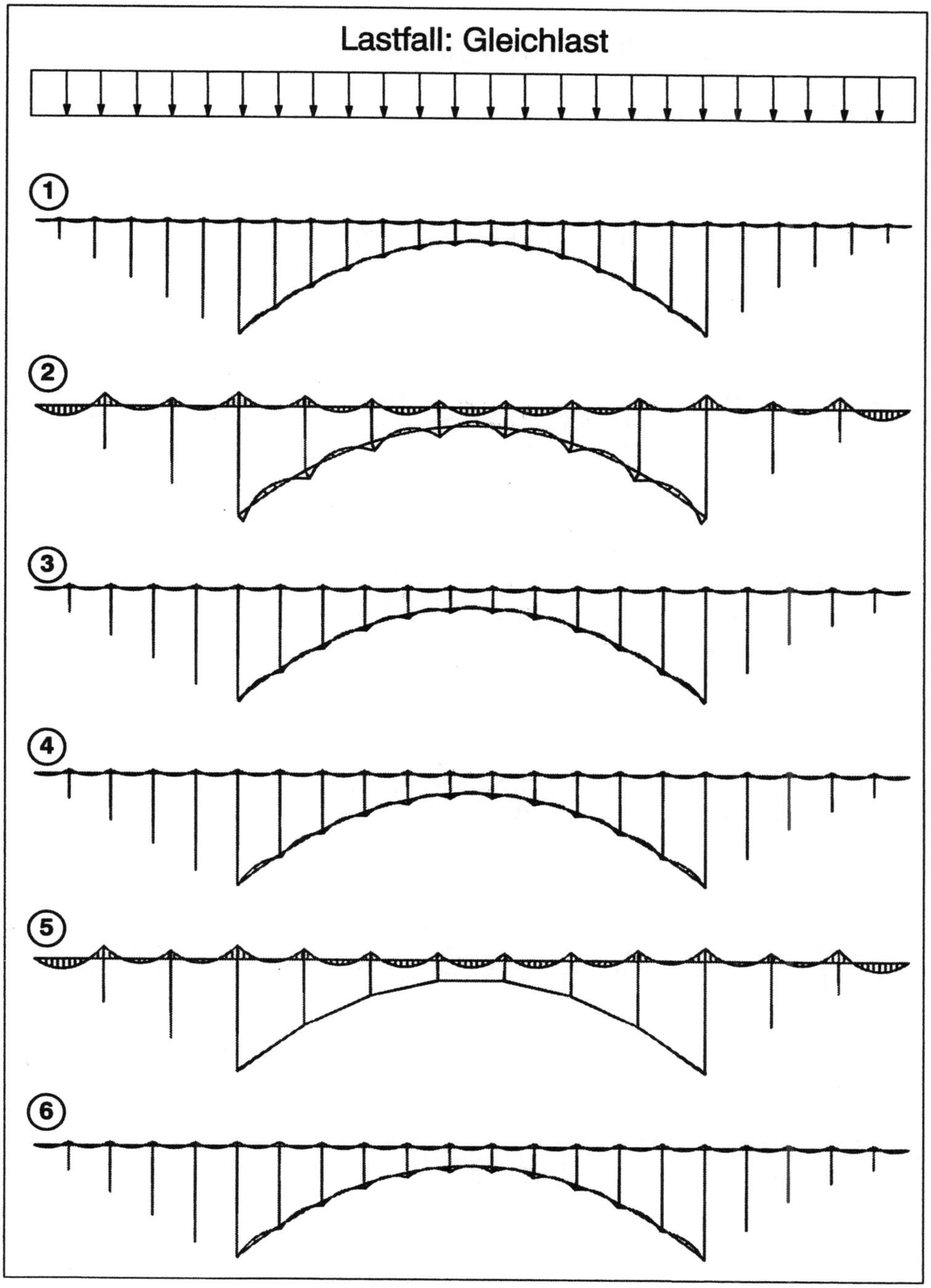

Bild 87 Varianten 1–6, Momentenverlauf bei Gleichlast

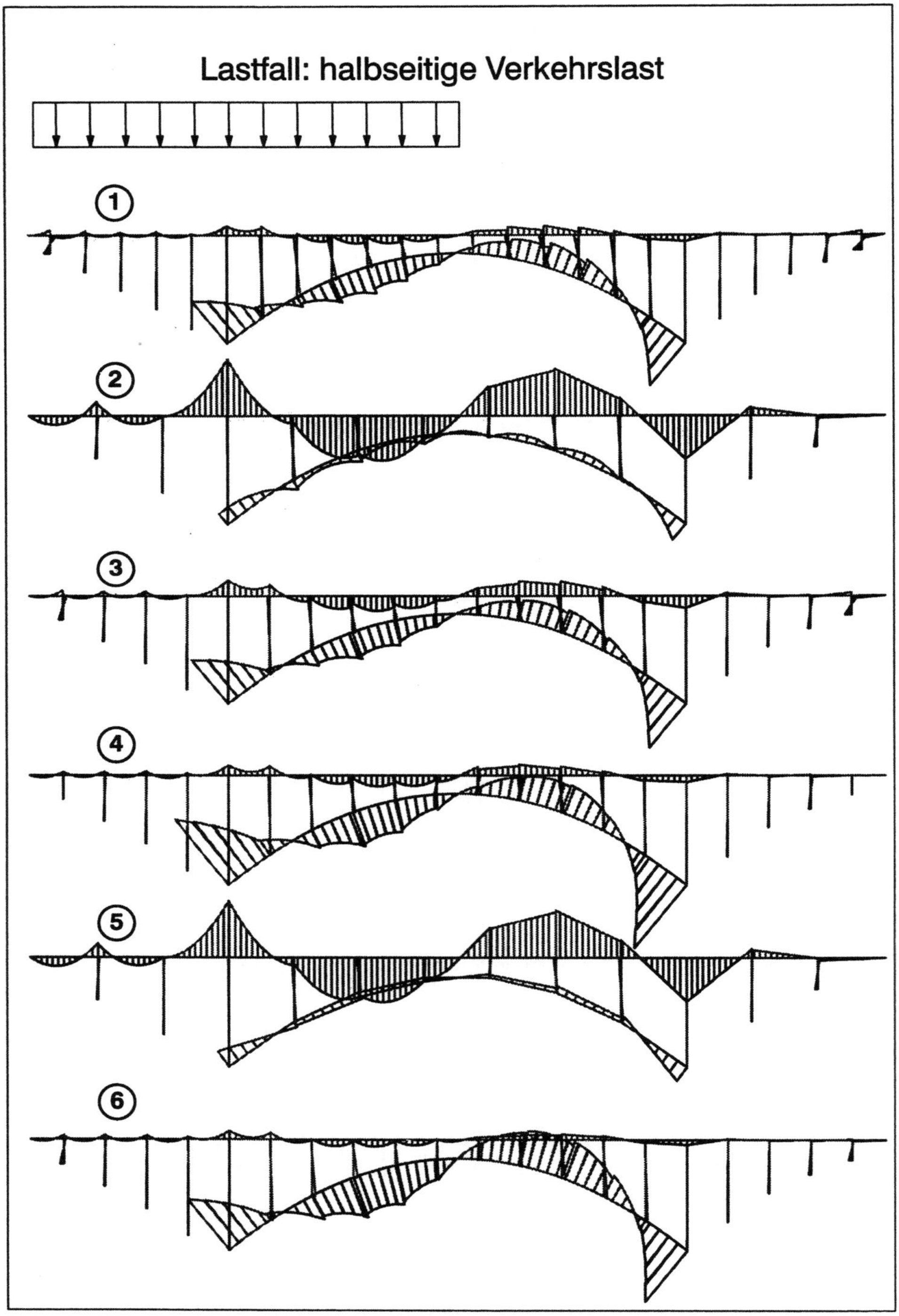

Bild 88 Varianten 1 – 6, Momentenverlauf bei halbseitiger Verkehrslast

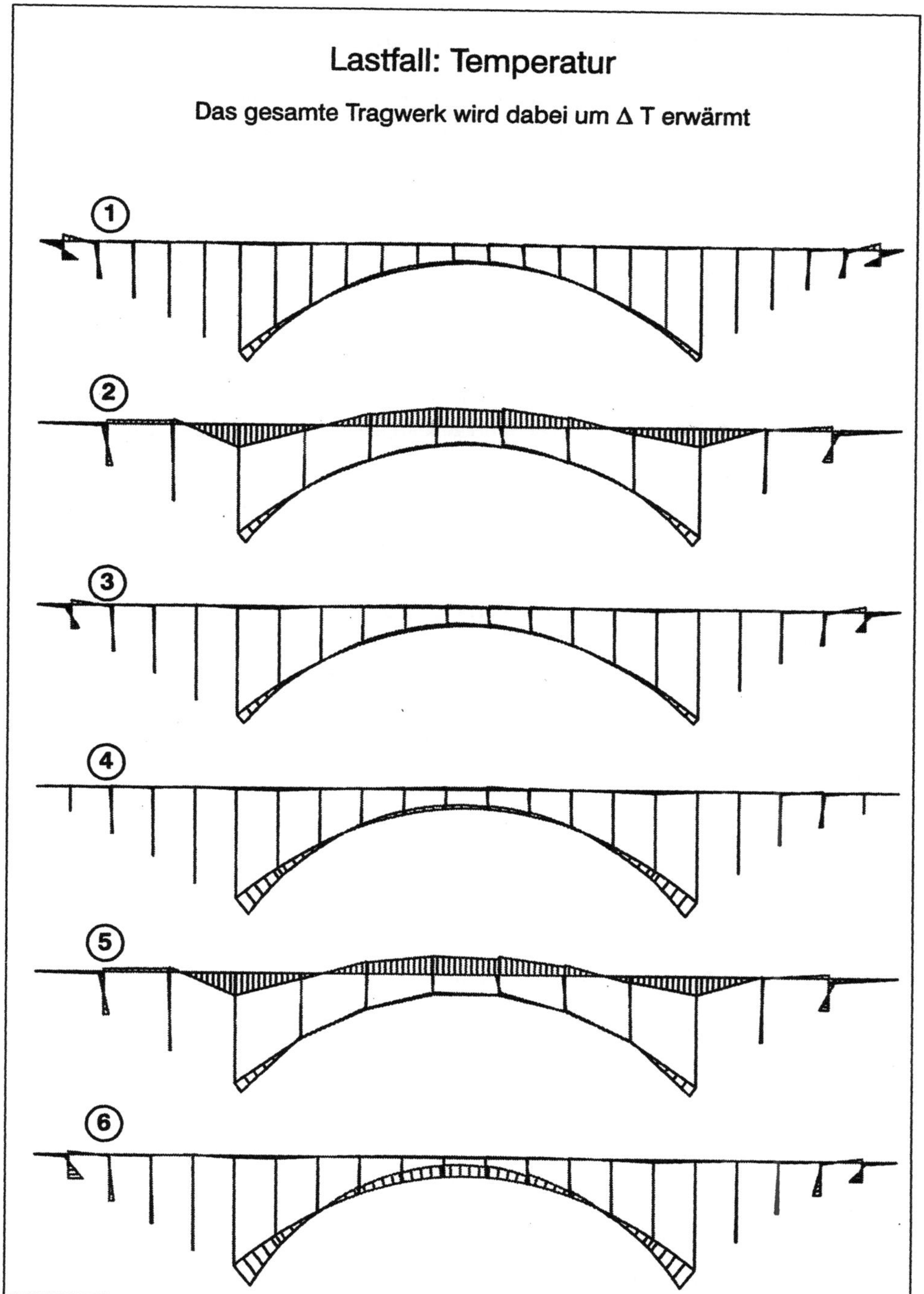

Bild 89 Varianten 1–6, Momentenverlauf bei Temperaturlastfall

6.4 Beschreibung des Entwurfsprozesses

Im weiteren soll der Entwurfsprozeß für die gestellte Aufgabe – wie er in diesem Beispiel dokumentiert ist – näher erläutert werden. Dabei sollen sowohl die Gründe für die Ausarbeitung der einzelnen Alternative, wie auch die Vorgehensweise bei der jeweiligen Umsetzung (im weiteren kursiv gedruckt) aufgezeigt werden.

6.4.1 Variante 1

Den Ausgangspunkt bildet die Variante 1. Um den Brückenträger in der Ansicht (Bild 83) schlank zu halten, wurde eine relativ kurze Spannweite bzw. ein kleiner Pfeilerabstand gewählt. Aus der Schrägansicht (Bild 82–1 und 84–1) wirkt die aus der Entfernung sehr filigrane Struktur jedoch sehr massiv. Die schräge Durchsicht ist fast völlig verbaut.

Die Erzeugung dieser Alternative im Entwurfsprogramm läuft wie folgt ab. Zunächst werden die für die verschiedenen Bauteile notwendigen Querschnitte graphisch definiert. Anschließend wird ein Bauteil BALKEN entlang der ja vorhandenen Bauteilachse mit dem einzugebenden Querschnitt verlegt. Das Bauteil BOGEN wird graphisch interaktiv durch seine beiden Fußpunkte sowie die Bogenform (parabolisch), den Bogenstich sowie den Bogenquerschnitten in Fußpunkt und Scheitel definiert. Die Stützen im Geländebereich werden bezogen auf das lokale Koordinatensystem über ihre Kopfpunkte lokalisiert. Der Fußpunkt wird dann automatisch durch die Lage des Kopfpunktes und das eingegebene Gründungsniveau – hier im Beispiel wird vereinfachend das Geländeniveau benutzt – gefunden.

Im Bogenbereich wird ein Bauteilverband STREBENFELD zwischen Bogen und Balken definiert. Einzugeben sind dabei die Querschnitte der einzelnen Pfeiler sowie die Pfeiler–anzahl bzw. –abstände.

6.4.2 Variante 2

Die verbaute Schrägdurchsicht bei Variante 1 (deutlich zu sehen in Bild 82–1) führt zur Verminderung der Pfeileranzahl und damit zu einer Erhöhung der Trägerspannweiten. Die größeren Spannweiten des Überbaus erfordern einen wesentlich höheren Brückenträger. Dies wird sowohl in der Fernansicht (Bild 83–2) wie aber auch vor allem aus der Nähe (Bild 85–2) deutlich sichtbar.

Um diese Alternative im Entwurfsprogramm zu erzeugen, wird zunächst die Brückenbeschreibung der Alternative 1 kopiert (dies gilt im wesentlichen auch für alle folgenden Alternativen). Anschließend müssen lediglich die Pfeileranzahl im STREBENFELD verringert, der Pfeilerabstand im Geländebereich verkleinert und die Querschnitte der Bauteile angepaßt werden.

6.4.3 Variante 3

Die nächste Alternative wurde wegen der großen Biegemomente im Überbau (s.Bild 87–2) bzgl. der Pfeilerabstände zwischen den ersten beiden angesiedelt. Um dem Effekt der verbauten Schrägdurchsicht entgegenzuwirken, wurde eine Pfeilerform gewählt, die einen nicht konstanten Querschnitt über die Höhe aufweist. Die Schrägdurchsicht (Bild 82–1) ist dadurch ähnlich frei wie bei Alternative 2, aber es entfällt der sehr massive Brückenträger (Bild 85–3). Als Nachteil verbleibt eine relativ unruhige Situation (unterschiedliche Pfeilerform auf dem Bogen und im Gelände) und eine Pfeilerform, die zumindest im Scheitelbereich des Bogens nicht befriedigt

Um diese Variante im Programm zu erzeugen, wird wiederum zunächst die Variante 1 kopiert, da dann die Pfeilerform im Geländebereich belassen werden kann. Anschließend ist die Pfeileranordnung zu korrigieren sowie die Querschnittsform der Pfeiler im Bogenbereich neu zu definieren.

6.4.4 Variante 4

Diese Nachteile der Variante 3 führen zur nächsten Alternative; dabei wird der Pfeilerabstand belassen, jedoch die Form der Pfeiler verändert. Der Querschnitt wächst nun im Pfeiler vom Fußpunkt bis zur oberen Begrenzung parabolisch an. Um die Querschnittsänderung bei allen Pfeilern ähnlich verlaufen zu lassen, müssen die Fußpunktquerschnitte der langen Pfeiler schmaler sein als bei den kurzen, wie bspw. im Scheitelbereich des Bogens. Dies hat wiederum Auswirkungen auf den Querschnitt des Bogens. Er bekommt im Fußpunkt einen nahezu quadratischen Querschnitt und wird im Verlauf bis zum Scheitel ein immer breiteres und flacheres Rechteck.
Um die großen Biegemomente beim Temperaturlastfall vor allem bei den sehr kurzen Pfeilern zu vermeiden, werden diese gelenkig an den Überbau angeschlossen (s. Bild 89–4).

Zunächst wird die Beschreibung der Variante 3 kopiert. Anschließend muß der STREBEN-VERBAND in Einzelstützen aufgelöst werden, da die einzelnen Pfeiler im Bogenbereich ja unterschiedliche Querschnittsformen aufweisen. Anschließend werden diese Querschnitte zunächst graphisch interaktiv definiert und anschließend den einzelnen Bauteilen zugewiesen.

6.4.5 Variante 5

Als weitere Alternative soll ein Stabbogen untersucht werden. Diese Form verspricht bei relativ großen Pfeilerabständen ein besseres Tragverhalten gegenüber der reinen Bogenform. Der gestützte Brückenträger wird beim Lastfall Gleichlast wie bei Variante 2 beansprucht, die Momentenbeanspruchung des Stabbogens wird gegenüber dem Bogen in Variante 2 jedoch erheblich reduziert (vgl. Bild 87–2 mit Bild 87–5).

Diese Alternative ist ausgehend von der Variante 2 durch einen einzigen Funktionsaufruf zu erzeugen. Dabei wird lediglich ein Kenner (Stabbogen: Ja/Nein) aktiviert. Alle anderen Bauteile bleiben von dieser Veränderung unberührt.

6.4.6 Variante 6

Die Schnittgrößenberechnung für den Temperaturlastfall zeigt bei allseits monolithischen Bauteilverbindungen sehr große Momente insbesondere bei den kurzen Stützen (besonders deutlich in Bild 89–1). Diese müssen also gelenkig an den Träger angeschlossen werden. Das nachfolgende Bild 90 zeigt dazu einen Spannungsverlauf eines kurzen Pfeilers aus Variante 4, der zur Vermeidung eben dieser Momente gelenkig an den Überbau angeschlossen wurde.

Um den Spannungszustand im kurzen Pfeiler berechnen zu können, wird die Methode "Herauslösen eines D–Bereichs" angewandt. Zunächst wird dabei eine Balkenberechnung des gesamten Tragwerks durchgeführt. Anschließend wird der Pfeiler als Scheibe modelliert und die Randschnittgrößen am oberen Rand als äußere Last aufgebracht. Der Spannungszustand wird dann mittels einer erneuten FE–Berechnung des Teilsystems bestimmt.

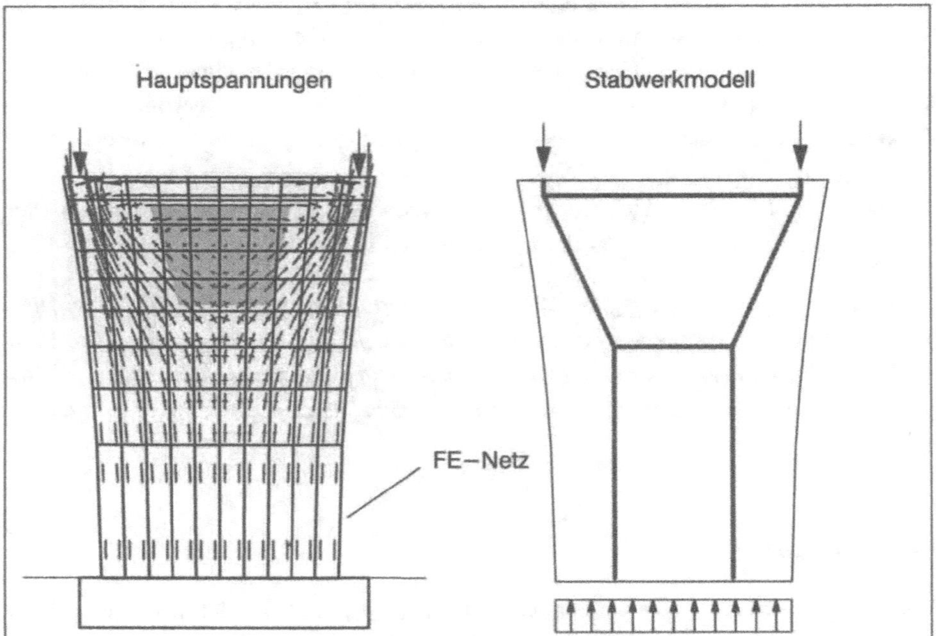

Bild 90 Spannungsverlauf im widerlagernahen Pfeiler in Variante 4

Es zeigt sich, daß im oberen Bereich zwischen den Lagern ein nahezu spannungsfreier Bereich vorhanden ist (grau hinterlegt), der in einem nächsten Schritt im Sinne einer Materialminimierung ausgespart wird (=> Öffnung). Außerdem kann das Zugband vom oberen Rand des Pfeilers in den Plattenquerschnitt des Überbaus verlagert werden. Bild 91 zeigt diese alternative Pfeilerform.

Diese Zwischenstudie zeigt, daß ein nahtloser Übergang von der globalen Berechnung hin zur lokalen Betrachtungsweise des D–Bereichs möglich ist. Sie soll jedoch nicht Eingang in die vergleichende Betrachtung der Entwurfsalternativen finden.

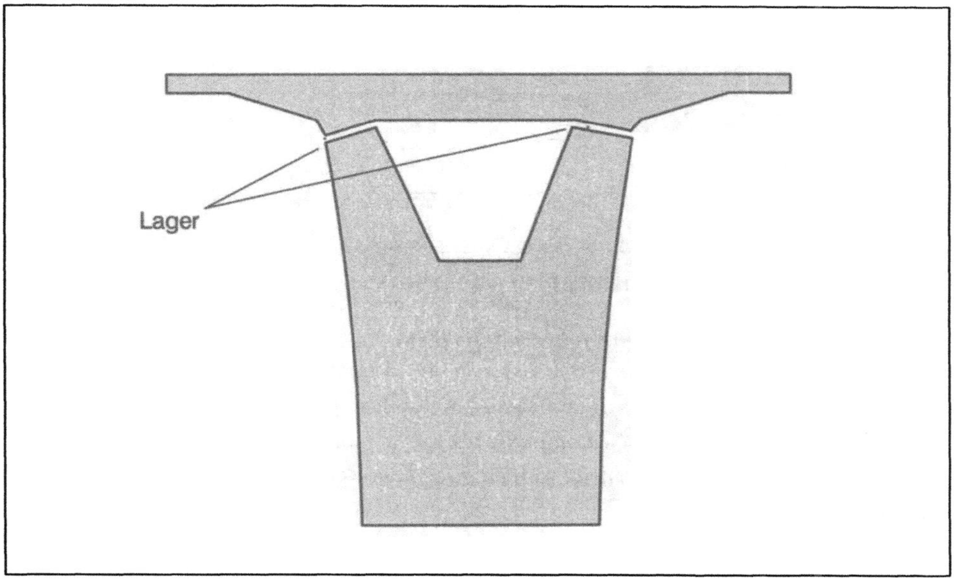

Bild 91 Alternative Pfeilerform für Variante 4

Ein weiterer Schritt ist dann die Vermeidung der aufwendigen Lagerkonstruktion. Dazu muß der Querschnitt des Pfeilers weiter verringert werden, um die Biegesteifigkeit zu vermindern (Bild 92). Dies führt im kritischen Lastfall (Temperatur) zu einer erheblich geringeren Momentenbeanspruchung des Pfeilers. Der bis dahin massive Pfeiler wird dazu in drei Teilstücke aufgelöst, die in der Summe eine sehr geringe Biegesteifigkeit aufweisen und deshalb wieder monolithisch mit dem Überbau verbunden werden können. Diese alternative Pfeilerform wird – nach dieser Zwischenuntersuchung – über die gesamte Brückenlänge eingebracht.

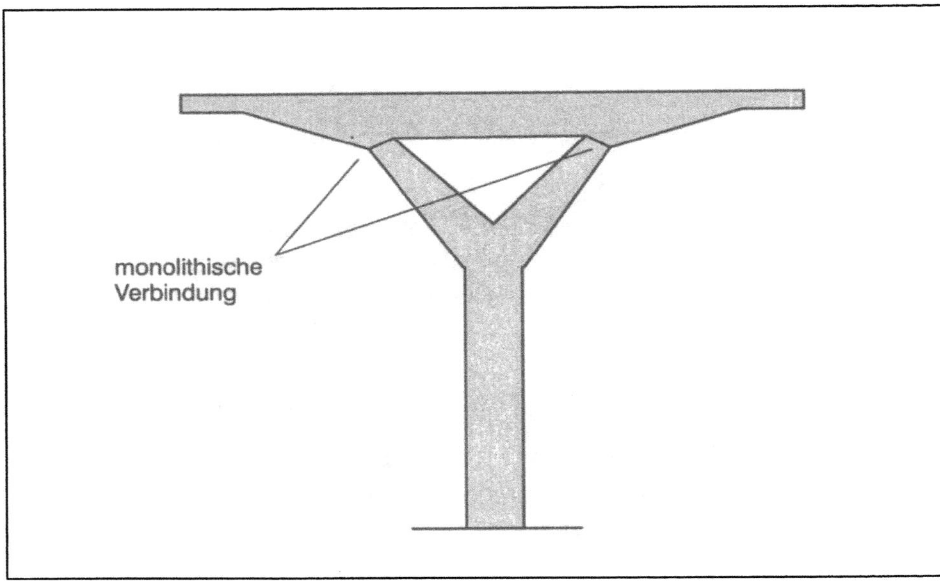

Bild 92 Pfeilerform für Variante 6

Um die endgültige Variante 6 im Programm zu erzeugen, werden zunächst die Querschnitte der einzelnen Pfeiler in Rundquerschnitte verändert. Anschließend wird ein Abstand zwischen Pfeilerkopf und Brückenträger eingegeben. An dem nun vorhandenen Pfeilerkopf werden zwei neue STÜTZEN vom Kopfpunkt bis zum exzentrischen Anschlußpunkt am Brückenträger erzeugt. Anschließend werden diese neuen Stützen über die gesamte Brükkenlänge kopiert.

6.5 Zusammenfassung

Das Beispiel sollte zeigen, wie die Bearbeitung einer Entwurfsaufgabe mit Hilfe des derzeit realisierten Programmsystems erfolgt. Die sehr schnelle Erzeugung von Alternativen – in aller Regel können Ausgangssysteme kopiert und anschließend einfach verändert werden – erlaubt die Betrachtung und Gegenüberstellung vieler Entwurfsalternativen in kurzer Zeit.

Die Integration der statischen und der graphischen Modellierung führt auch bei einer großen Anzahl untersuchter Alternativen zu einer sicheren, weil konsistenten Datenhaltung. Jede Veränderung der Bauteilgeometrie schlägt sich sowohl im graphischen wie auch im statischen Modell nieder.

Die Entwurfsvariante 6 zeigt besonders, daß auch Abweichungen von Standardentwürfen (die Pfeilerform wird bei Variante 6 in ein dreiteiliges System aufgelöst) mit dem realisierten Programmsystem zu bearbeiten sind. Der Aufwand zur Bearbeitung dieser Entwurfsvariante liegt nur unwesentlich über dem zur Bearbeitung der anderen Varianten. Dies ist sehr wichtig, da der Aufwand, der zur Untersuchung einer Variante erbracht werden muß, häufig darüber entscheiden wird, ob diese Untersuchung auch durchgeführt wird.

Eine abschließende Bewertung der aufgezeigten Alternative wird vom Programmsystem nicht vorgenommen. Die Beurteilung der Entwurfsalternativen sowie die Entscheidung für oder gegen eine weitere zu untersuchende Alternative bleibt weiterhin allein beim Programmanwender. Die möglichst breite Unterstützung des Anwenders durch den Computer beim Entwurf und der Ausarbeitung von verschiedenen Alternativen soll die Grundlage von getroffenen Entscheidungen verbessern, nicht jedoch zu automatischen Entscheidungsprozessen führen.

7 Zusammenfassung

Ziel der Arbeit war es, zu untersuchen, wie der Tragwerksplaner beim Entwerfen von Brücken möglichst umfassend durch den Computer unterstützt werden kann. Es sollte, ausgehend von einer Situationsanalyse und allgemeinen Anforderungen, die an ein solches Entwurfswerkzeug zu stellen sind, für diese Computerunterstützung zunächst ein Konzept entwickelt werden, das schließlich auch in ein Programmsystem umzusetzen war.

Die Vorteile des Computers sollen dabei genutzt werden, ohne die Freiheit beim Entwerfen einzuschränken. Die Unterstützung durch den Computer soll vielmehr zu einer Entlastung des Ingenieurs von sich ständig wiederholenden Aufgaben führen und ihm damit eine stärkere Zuwendung zu den eigentlichen entwerferischen Aufgaben ermöglichen. Durch die Möglichkeit, viele verschiedene Alternativen in relativ kurzer Zeit untersuchen und qualifiziert beurteilen zu können, soll ein Beitrag hin zu mehr Entwurfsvielfalt geleistet werden.

Um die im Rahmen einer Entwurfsstudie anfallenden Datenmengen beurteilen zu können, soll der Ingenieur durch entsprechende numerische und graphische Auswertungen unterstützt werden. Durch eine konsistente Datenhaltung im gesamten Prozeß soll darüber hinaus ein Beitrag zur Verbesserung der Planungsqualität geleistet werden.

Nach der Einführung in die Thematik wurde in Abschnitt 2 zunächst eine Situationsanalyse durchgeführt. Hier wurde der Entwurfsprozeß hinsichtlich einer möglichen Computerunterstützung untersucht und seine Einbettung in den gesamten Planungsablauf dargestellt. Zudem wurde eine Beschreibung des derzeitigen Standes der für Entwurfsarbeiten in Betracht kommenden Hard– und Software vorgenommen. Es zeigte sich, daß für viele Teilbereiche meist ausreichend gute Werkzeuge zur EDV–Unterstützung vorhanden sind. Unzureichend ist aber in allen Fällen die Verknüpfung der einzelnen Programme untereinander. Für den Entwurf von Brücken selbst gibt es bisher keine Unterstützung seitens einer daraufhin spezialisierten Software. Die derzeit bekannten Entwicklungen in dieser Richtung genügen den hier gestellten Anforderungen an ein Entwurfswerkzeug bei weitem nicht.

In Abschnitt 3 wurden zunächst die Anforderungen, die an eine umfassende EDV–Unterstützung beim Entwurf von Brücken zu stellen sind, herausgearbeitet. Als wesentlichste Anforderungen stellten sich folgende Punkte heraus:

- Der eigentliche kreative Teil des Entwurfs kann und soll nicht automatisiert werden, da nur die Subjektivität in der Entwurfsphase für die entsprechende Vielfalt der entworfenen Brücken sorgt.
- Der entwerfende Ingenieur ist jedoch sowohl bei der Bewertung seines Entwurfs wie auch bei der möglicherweise notwendig werdenden Veränderung seines Entwurfs möglichst effizient zu unterstützen.

- Die Bewertung eines Bauwerks erfolgt immer anhand verschiedener Kriterien, die einzeln untersucht werden müssen. Diese Untersuchungen sind möglichst schnell durchzuführen; der Datenbestand muß dabei konsistent sein.
- Die Untersuchung und Beurteilung von sich häufig ändernden Bauwerksalternativen erfordert eine Integration der statischen, graphischen und konstruktiven Modellbildung. Dabei sind Teilmodelle jeweils direkt aus den gemeinsamen Stammdaten abzuleiten.

Auf Grundlage dieser Anforderungen wurde in Abschnitt 4 ein Konzept entwickelt, das im weiteren Verlauf der Arbeit als Grundlage zu einer Realisierung eines Programmsystems diente. Das Konzept besteht zum wesentlichen aus zwei Teilen:

Der erste Teil ist eine Systematik zur Beschreibung eines Brückenbauwerks; diese mußte so angelegt werden, daß sich einerseits die Anforderungen hinsichtlich Entwurfsvielfalt und Manipulationsmöglichkeit erfüllen lassen, sich diese aber andererseits auch auf den Computer übertragen läßt. Erreicht wurde dies durch die Verwendung von nur zwei Elementen zur Bauwerksbeschreibung (linienförmiges Grundelement und Bauteilverband) und einer sehr variablen Positionsbeschreibung (lokale Systeme, hierarchische Anordnung etc.) dieser Elemente.

Der zweite Teil besteht aus einem Konzept für die Programmstruktur, mit der die gewünschte Integration der verschiedenen Teilprozesse möglich wird. Hier wird beschrieben, wie die einzelnen Teilkomponenten (Programmodule) unter Berücksichtigung bereits vorhandener Bausteine in einem Gesamtsystem angeordnet werden und wie die Kommunikation zwischen den Einzelbausteinen stattfindet.

In Abschnitt 5 wird die Realisierung des Programmsystems beschrieben. Bei der Umsetzung des Konzepts in ein Programmsystem war neben der Lösung programmtechnischer Standardaufgaben zunächst eine Programmstruktur zu entwickeln, die ausgehend von den Randbedingungen am Institut eine Umsetzung des Konzepts unter Berücksichtigung vorhandener Ressourcen ermöglicht. Die Randbedingungen sind in EDV–technischer Hinsicht gekennzeichnet durch die vorhandenen Soft– und Hardwarekomponenten sowie die vorhandene eigene Erfahrung im Umgang mit Programmiersprachen und Datenbanksystemen.

Neben dem Entwurf eines Gesamtkonzepts für das Programmsystem mußten auch für die einzelnen Programmbausteine noch inhaltliche und konzeptionelle Probleme gelöst werden. So mußte zunächst eine Struktur für ein 3D–CAD–Programm entwickelt werden, das den Aufgaben gerecht wird, die sich für das CAD–Programm aus seiner Einbettung im Gesamtsystem ergeben. Die Verwendung des CAD–Programms als zentraler Steuermodul (graphisches Interface) mußte dabei ebenso berücksichtigt werden, wie die Erschließung weiterer Visualisierungsmöglichkeiten durch die Anbindung kommerzieller Software über standardisierte Schnittstellen.

Für den wesentlichen Baustein des Programmsystems – das eigentliche Entwurfsprogramm – mußte eine völlig neue Struktur erarbeitet werden. Sie zeichnet sich durch die bauteilorientierte Elementlogik und eine hierarchische Struktur der einzelnen Elemente aus.

Im Entwurfsprogramm findet die Integration der unterschiedlichen, zum großen Teil automatisch ablaufenden, Modellierungsprozesse statt. Diese Integration ist notwendig zur Erhaltung der Datenkonsistenz und liefert somit einen entscheidenden Beitrag zur Planungsqualität. Außerdem ermöglicht sie die programmtechnische Unterstützung einer ganzheitlichen Entwurfsbewertung anhand unterschiedlicher Bewertungskriterien. Sie ist die Voraussetzung für eine umfassende Unterstützung des Ingenieurs bei der Bewältigung von Entwurfsaufgaben, wenn diese Unterstützung über die heute bereits in der Praxis eingesetzten EDV–Werkzeuge hinausgehen soll.

Ausschlaggebend für die Anwendbarkeit und den Nutzen des Programmsystems ist abgesehen von einer sinnvollen Struktur im wesentlichen die Akzeptanz beim Programmanwender. Sie wird in dem entwickelten Entwurfsprogramm dadurch verbessert, daß die seither übliche Arbeitsweise ("Vom Groben ins Feine") weitgehend auch bei der Entwurfsbearbeitung mit Computerunterstützung beibehalten werden kann. Nicht das Werkzeug schreibt die Vorgehensweise vor, sondern der Anwender bearbeitet den Entwurf und die Bauteile in einer von ihm gewählten Reihenfolge und in einem von ihm gewählten Detaillierungsgrad, der im Laufe des Entwurfs immer weiter erhöht werden kann. Die Kommunikation zwischen Entwurfsprogramm und Entwerfer orientiert sich dabei an für den Anwender bekannten Fachausdrücken für Bauteiltypen und Manipulationsmöglichkeiten.

Die Integration unterschiedlicher Grundlagendaten in den programmunterstützten Entwurfsprozeß ermöglicht die Anbindung anderer Ingenieurdisziplinen (Geodäsie, Geotechnik, Straßen– und Verkehrswesen, etc.) in das Konzept der EDV–Unterstützung. Entsprechende Schnittstellen zur Datenübergabe wurden geschaffen und ihre Anwendung an Beispielen demonstriert.

Neben der Unterstützung des komplexen Entwurfsprozeß in seiner Gesamtheit lag ein weiterer Schwerpunkt der Arbeit auf der Integration der Bemessung auf Grundlage des Konzepts der Stabwerkmodelle in den gesamten Bearbeitungsprozeß. Stabwerkmodelle eignen sich dazu, das Tragverhalten von Tragwerksbereichen zu untersuchen und zu veranschaulichen. Die Stabwerkmodelle sollten sich dabei jeweils an der Elastizitätstheorie orientieren. Die Berechnung der elastischen Lösung wird durch die realisierten Programmbausteine wesentlich erleichtert; Werkzeuge zur Stabwerkmodellfindung bei räumlichen Problemstellungen wurden vorgestellt.

Den Abschluß des Kapitels 5 "Realisierung" bildet der Themenkomplex "Auswertung". Hier ging es darum zu zeigen, welche numerischen Auswertungen derzeit vom Programm unterstützt werden. Der Schwerpunkt lag dabei auf Untersuchungen hinsichtlich des Tragverhaltens. Verschiedene Kriterien wurden vorgestellt und ihre Aussagekraft an einigen Beispielen erläutert.

Im letzten Kapitel 6 "Beispiele" sollte schließlich das konkrete Beispiel einer Bogenbrücke den gesamten Umfang der erreichten Unterstützungsmöglichkeiten mit dem im Rahmen dieser Arbeit entwickelten Programmsystem aufzeigen. Dieses Beispiel zeigt, daß die gesteckten Ziele in konzeptioneller Hinsicht erreicht wurden. Die Umsetzung des Konzepts konnte im Rahmen dieser Arbeit zwar nicht vollständig durchgeführt werden, aber dies war auch nicht das Ziel. Die wesentliche Zielsetzung war vielmehr, durch die Umsetzung des Konzepts zum einen den Nachweis der Realisierbarkeit zu führen und zum anderen eine Rückkopplung von der Realisierung zur Konzeption zu erhalten.

Viele Bereiche wurden im konzeptionellen Teil lediglich kurz angesprochen. Dies gilt zum Beispiel für die Anbindung moderner Fertigungsmethoden (nc–Steuerung) oder aber auch für die Einbindung numerischer Optimierungsprozesse bei der Auswahl alternativer Tragstrukturen. Diese Bereiche sollten Gegenstand weiterführender Arbeiten sein. Gleichwohl hat das Programmsystem einen Grad der Entwicklung erreicht, bei dem es schon in der Lehre z.B. zur Bearbeitung von Diplomarbeiten eingesetzt werden kann. Es wird sich im Alltag zeigen müssen, was noch zu tun ist, um die hohen Ansprüche hinschtlich der allgemeinen Qualitätsverbesserung, der angestrebten Entwurfsvielfalt und der Datenkonsistenz zu erfüllen.

Literatur

ABAQUS (1992)	ABAQUS User's Manual, Version 5.2, Hibbitt, Karlsson & Sorensen, Inc.
ANSYS (1992)	ANSYS User's Manual for Revision 5.0, Swanson Analysis Systems Inc., Dec. 1992
Autodesk (1994)	Autocad, Reference Manual
Bacow, A. (1986)	mit K.E. Kruckmeyer: Bridge Design – Aesthetics and Developing Technologies, Massachusetts Department of Public Works
Bechlars, J. (1986)	mti R. Buhtz: GKS in der Praxis, Springer Verlag Berlin
Beucke, K. (1993)	Stand der Integration von Statik und Bemessung im Entwurfs– und Konstruktionsprozeß, Baustatik und Baupraxis, Tagungsheft BB5, München 1993, 15.1–15.15
Bock, T. (1994)	mit H. Weingartner: Innovationen auf Baustellen in Japan, Bautechnik 71 (1994), Heft 2,S.70–76
Born (1991)	Referenzhandbuch Dateiformate,Addison–Wesley (Deutschland) GmbH, Bonn, München 1991
Bronstein, I.N. (1974)	mit K.A.Semendjajew: Taschenbuch der Mathematik, 14. Auflage, Verlag Harri Deutsch, Frankfurt am Main
Deinhardt, N. (1994)	Der Informationsfluß in der Brückenplanung, Diplomarbeit am Institut für Tragwerksentwurf und –konstruktion, Universität Stuttgart (1994)
Duddeck, H. (1993)	Entwicklung der Berechnungsmodelle des Bauingenieurs: Woher? Wohin?, Verlag Ernst & Sohn, Bautechnik 70 (1993), Heft 11, S.640–649
Ekchian, D.C. (1993)	"Bridges" – A Real–Time Consutling System for the Construction of Bridges, Forum Bauinformatik München 1993, VDI–Verlag Reihe 20, Nr.99, S.164–170
Fischbach, R. (1994)	Modellbildung: Grundlagen und industrielle Bedeutung; Bauinformatik, 2/94, S.256–263 sowie 3/94, S.114–119
FOGIB (1994)	Forschergruppe "Ingenieurbauten – Wege zu einer ganzheitlichen Betrachtung", Fortsetzungsantrag für 1995–96 vom Institut für Tragwerksentwurf und –konstruktion, Universität Stuttgart, November 1994
Foley, J.D. (1984)	mit A. Van Dam: Fundamentals of Interactive Computer Graphics, Addison–Wesley Publishing Company (1984)
Fonseca, J. (1994)	PENFEM – Finite Element Programm, Eingabebeschreibung; ENCIL, Porto (Portugal)

Fonseca, J. (1995) Zum Bemessen und Konstruieren von Stahlbetonplatten und -scheiben mittels Lastpfad-Analogien, Dissertation an der Universität Stuttgart 1995

Friedl, D. (1993) Objektorientierte Datenbasis für rechnerunterstützten Tragwerksentwurf, Forum Bauinformatik München 1993, VDI-Verlag, Reihe 20, Nr.99, S.53-59

Gabriel, K. (1991) "Heiter", ein Beitrag zur Serie "in die Jahre gekommen" der Zeitschrift db über das Münchner Olympiastadion, Deutsche Bauzeitung 5/91, S.107-122

Gaskins (1992) PEXLIB Programming Manual, 3D Programming in X; O'Reilly&Associates, Inc.

GRAL-CGM (1989) GRAL-CGM, Reference Manual der Fa. GTS-GRAL GmbH, Darmstadt

Groth, A. (1990) Methodische Beiträge zur Beschreibung von Anforderungen an integrierte DV-Systeme (CAD) für verteilte Bauentwurfsorganisationen, VDI-Verlag, Reihe 4, Nr. 99

Haas , W. (1993) CAD-Datenaustausch-Knigge, STEP-2DBS für Architekten und Bauingenieure, Springer-Verlag Berlin, 1993

Harrington, S. (1988) Computergrafik - Einführung durch Programmierung, McGraw-Hill Book Company GmbH, Hamburg (1988)

HOAI (1991) Honorarordnung für Architekten und Ingenieure, in der vom 1.1.1991 an geltenden Fassung, im Bundesanzeiger

Holgate, A. (1986) The Art in Structural Design, Clarendon Press Oxford 1986

HP/OSF-Motif (1989) Programmer's Reference, Hewlett-Packard Company

Hübner, P. (1992) CAD zum Entwerfen und Verwerfen, ein Beitrag in: BI - Benutzerinformation des Rechenzentrums Stuttgart, Ausgabe 2, 1992

IVBH (1991) IVBH-Kolloquium "Konstruktionsbeton" - Schlußbericht des Kolloquiums, organisiert vom Institut für Tragwerksentwurf und -konstruktion an der Universität Stuttgart, 1991

Jäger, K.-W. (1991) Schnittstellen bei CAD/CAE-Systemen, VDI-Verlag GmbH, Düsseldorf, 1991

Leonhardt, F. (1990) Brücken: Ästhetik und Gestaltung; erschienen in der Deutschen Verlagsanstalt 1990

Kiener, G. (1990) Modellbildung für Stabtragwerke mit Elementen veränderlicher Steifigkeit, 4. Fachtagung Baustatik-Baupraxis, Universität München 1990, 19.1-19.23

Menn, C. (1990) Stahlbetonbrücken; erschienen im Springer-Verlag 1990

Müller, N. (1993) Objektorientiertes Denken; Bauinformatik 5/93, S.214-217

Osterloh, H. (1991) Straßenplanung mit Klothoiden und Schleppkurven, Einrechnung von Trasse und Gradiente. Bauverlag GmbH, Wiesbaden und Berlin, 1991

Quercia and O'Reilly (1990) X Window System User's Guide, O'Reilly & Associates, Inc.

Ramm, E. (1990) mit J.Müller: Problemfälle bei FE–Modellierungen, 4. Fachtagung Baustatik–Baupraxis, Universität Hannover (1990), 9.2–9.24

Ramm, E. (1993) mit N.Fleischmann und A.Burmeister: Modellierung mit Faltwerkselementen; 5.Fachtagung Baustatik–Baupraxis, Universität München (1993), 4.1–4.19

Reineck (1995) Der Schadensfall Sleipner und die Folgerungen für den computerunterstützten Entwurf von Tragwerken aus Konstruktionsbeton; Beitrag zur Tagung der Deutschen Vereinigung für computerorientierte Mechanik (GACM) : "Finite Elemente in der Baupraxis" Februar 1995 an der Universität Stuttgart

RRZN (1993) Die Programmiersprache C++ für C–Programmierer, Regionales Rechenzentrum für Niedersachsen/Universität Hannover

RRZN (1991) C – Die Programmiersprache, Regionales Rechenzentrum für Niedersachsen/Universität Hannover

RRZN (1987) Fortran 77, Sprachumfang, Regionales Rechenzentrum für Niedersachsen/Universität Hannover

Rudolph (1993) mit T.Stürznickel und L.Weissenberger: Der DXF–Standard, in Zusammenarbeit mit Autodesk, Dr. L. Rossipaul Verlagsges. mbH, 1993

Rudolph, Kröplin (1994) Über die systematische Bewertung von Konstruktionen, Bauingenieur 69 (1994), Springer–Verlag, S.3–11

Rückert, K.(1991) mit V.Schreiber: Computerunterstütztes Modellieren, Bemessen und Konstruieren im Stahlbetonbau, Abschlußbericht zum Forschungsvorhaben (Schl 172/14–1,2) der Deutschen Forschungsgesellschaft.

Rückert, K. (1992) Entwicklung eines CAD–Programmsystems zur Bemessung von Stahlbetontragwerken mit Stabwerkmodellen, Dissertation an der Universität Stuttgart 1992

Ruth, J. (1993) Werkstoffverhalten in Grenzflächenbereichen der Tragelemente von Bauwerken, Dissertation an der Universität Stuttgart 1993

Schlaich, J. (1989) Practices which Integrate Architecture and Engineering, in "Bridging the Gap", Proceedings of the symposium held at the Guggenheim Museum, New York, April 1989, Library of Congress, S.109–122

Schlaich, J. (1990) Hängebrücken – heute noch ?,4. Fachtagung Baustatik–Baupraxis, Universität Hannover (1990) , 1.1–1.23

Schlaich, J. (1991)	The Computer between Science and Practice in Structural Engineering; Structural Engineering International 1/91, S.35–37
Schlaich, J. (1991)	Der Entwurf der Talbrücke "Obere Argen", Baukultur 6/91, S.18–21
Schlaich, J. (1992)	mit R.Bergermann: Fußgängerbrücken 1977–1992, Katalog zur Ausstellung an der ETH Zürich von Hans Jochen Oster
Schlaich, J. (1993)	mit K.–H. Reineck: Die Ursache für den Totalverlust der Betonplattform Sleipner A, Verlag Ernst & Sohn, Beton– und Stahlbetonbau 88 !993), Heft 1, S.1–4
Schlaich, J. (1993)	mit K.Schäfer: Konstruieren im Stahlbetonbau, Beitrag zum Betonkalender des Jahrgangs 1993
Schlaich, J. (1994)	Steg über die Autobahn bei Kirchheim/Teck; Beton– und Stahlbetonbau 89 (1994), Heft 2, S.40–44
Schnellenbach, M. (1991)	Wissensbasierte Integration und Steuerung computergestützter Entwurfsprozesse im Stahlbau, Dissertation, veröffentlicht in: Institut für konstruktiven Ingenieurbau Ruhr–Universität Bochum, Technisch–wissenschaftliche Mitteilungen, Dezember 1991, Mitteilung Nr. 91–15
Schreiber, V. (1994)	Dokumentationen zum Programmsystem: – BRIDES, Handbuch zum Brückenentwurfsprogramm, mit P. Teuffel – GC3_CAD, Handbuch zur 3D–Konstruktionsbibliothek, – G3_CAD, Handbuch zur 3D–Programmierschnittstelle, – BAUCAD–3D, Handbuch zum 3D–CAD–Programm, Inst. für Tragwerksentwurf und –konstruktion, Universität Stuttgart
Schweizerhof, K. (1990)	mit H. Gebhard und R. Klarmann: Modellprobleme bei zusammengesetzten Flächentragwerken; 4. Fachtagung Baustatik–Baupraxis, Universität Hannover (1990), 10.1–10.20
Scordelis, A.C. (1991)	Analysis of Structural Concrete Systems, Beitrag zum IABSE Colloquium Stuttgart 1991, Bericht, S.253 –269
Smith, I.F.C. (1991)	Computers: Research Tools or Design Aids ?, Structural Engineering International, 3/91, S.47–49
Stegmüller, H. (1989)	mit K.–U.Bletzinger und S.Kimmich: Finite Element Programmsystem CARAT– Eingabebeschreibung, Institut für Baustatik, Universität Stuttgart
Stuurstraat (1994)	Expertensysteme als Hilfe bei Entwurf und Bemessung, Beitrag zum 29. Forschungskolloquium des DAfStb am 24. und 25.3.1994 in Delft
Timoshenko, S. (1951)	mit J.N.Goodier: Theory of Elasticity, McGraw–hill Book Company, Inc. New York

Weber, B. (1990) Die integrierte Automatisierung von Entwurfsprozessen des Konstruktiven Ingenieurbaus auf Mikrocomputern, Habilitationsschrift, veröffentlicht in: Institut für konstruktiven Ingenieurbau, Ruhr-Universität Bochum, Technisch-wissenschaftliche Mitteilungen Juli 1990, Mitteilung Nr. 90-5

Weber, B. (1992) Integrierte Entwurfsautomatisierung im Bauwesen, Darmstädter Massivbau-Seminar, "Cad und Expertensysteme im Bauwesen", Darmstadt 1992

Wells, D. (1993) mit Young, C.:Ray Tracing Creations, Generate 3-D Photorealistic Images on the PC, Library of Congress Cataloging-in-Publication Data, 1993

Witte, W. (1993) mit E.Rank und C.Diessenbacher: CAD-Datenimport und Visualisierungstechniken; Bauinformatik 1/93, S.25-30

Zienkiewicz, O.C. (1971) with J.D. Davies and I.J.Sommerville: Analysis of Various Types of Bridges by the Finite Element Method, in Developments in Bridge Design and Construction, Crosby Lockwood & Son Ltd.

Zürn, M. (1992) mit U. Laun und U. Küster: Objektorientierte Programmierumgebung für Anwendungen der linearen Algebra in Fortran 90, Forschungs- und Entwicklungsberichte des Rechenzentrums der Universität Stuttgart (1992)

GPSR Compliance

The European Union's (EU) General Product Safety Regulation (GPSR) is a set of rules that requires consumer products to be safe and our obligations to ensure this.

If you have any concerns about our products, you can contact us on ProductSafety@springernature.com

In case Publisher is established outside the EU, the EU authorized representative is:

Springer Nature Customer Service Center GmbH
Europaplatz 3
69115 Heidelberg, Germany

Batch number: 10584556

Printed by Printforce, the Netherlands